乐训AP课程指定辅导教程

AP® 物理C：电磁学

Physics C: Electricity and Magnetism

主编 曹庆琪 方维华

南京大学出版社

图书在版编目(CIP)数据

AP 物理 C：电磁学 / 曹庆琪，方维华主编. 一南京 ：南京大学出版社，2014.11

AP 考试系列教程

ISBN 978-7-305-11189-1

Ⅰ. ①A… Ⅱ. ①曹… ②方… Ⅲ. ①电磁学一高等学校一入学考试一美国一教材 Ⅳ. ①O4

中国版本图书馆 CIP 数据核字(2013)第 046548 号

出版发行　南京大学出版社
社　　址　南京市汉口路 22 号　　　邮　编　210093
出 版 人　金鑫荣

丛 书 名　AP 考试系列教程
书　　名　AP 物理 C：电磁学
主　　编　曹庆琪　方维华
责任编辑　胥橙庭　董　颖　　　编辑热线　025-83592655

照　　排　南京南琳图文制作有限公司
印　　刷　南京新洲印刷有限公司
开　　本　889×1194　1/16　印张 11.5　字数 340 千
版　　次　2014 年 11 月第 1 版　　2014 年 11 月第 1 次印刷
ISBN　978-7-305-11189-1
定　　价　45.00 元

网址：http://www.njupco.com
官方微博：http://weibo.com/njupco
官方微信号：njupress
销售咨询热线：(025) 83594756

乐训AP课程辅导教材编写委员会

序

AP是美国大学先修课程“Advanced Placement”的缩写；AP考试是由美国大学理事会(College Board)主办的全球性统一考试；AP教育则是一种国际通用的学分认证课程体系，其目的是让一些学有余力的高中生能够先行修读大学的基础课程，从而使这些优秀学生能够在进入大学之后免修这些课程，节省出更多的时间和精力去挑战其他更感兴趣的课程。此外，合格的AP考试成绩也往往是进入世界名校更有力的筹码。事实上，由于AP课程的学术性与大学低年级阶段相同课程的要求是同样的，所以在北美乃至世界其他国家的大学招生过程中，AP考试成绩通常被作为衡量学生学习能力的重要标准之一。

近年来，随着我国高等教育国际化和全球化趋势的快速发展，越来越多的高中生致力于赴北美及欧洲名校深造，越来越多的中国家长愿意把孩子送出国门，去国外接受高等教育，及早培养孩子的国际视野，为今后参与全球化社会的竞争打下坚实的基础。在此背景下，AP课程在中国也逐渐引起学校、家长和学生的更多关注。美国AP教育模式在规定统一标准性的同时，又具有极大的灵活性。一方面，每年的AP课程考试是全球统一的，合格标准是不变的，因此保证了课程所内蕴的学术性内涵；另一方面，课程教材、教学体系、教学方法、课堂评价等各种具体的课程教学活动却又是可以自行设计、因地制宜的。那么，如何设计出适合中国学生认知特点、符合中国学生文化背景、但又不失学术水准的高质量AP课程与教材，就成为了当前亟待解决的重要问题之一。

然而，AP教育在中国尚无先例，目前我国高等教育与中等教育的衔接问题还没有形成制度性的改革行动。其中跨文化教育问题更需要教育研究者和实践者共同努力和探索。乐训文教基金会长期致力于宣传、推广和实施AP课程，并在AP课程、教材、教学的本土化上做了大量的探索。近年来，每年有众多学生通过乐训文教基金会接受了AP教育，并由此成功地踏上欧美名校的求学之路。考虑到今后AP课程的更高质量的可持续发展，乐训文教基金会开始与南京大学教师和中学教师合作，进行相关课程和教材的开发工作。我们希望，也相信乐训文教基金会能把这项工作做好，让AP课程在中国大地上能不断结出丰硕的果实；我们也愿意与乐训一起，在进行美国框架下的AP课程开发的同时，对我国自己的AP课程进行研究，探索我国高等教育与中等教育衔接的课程模式。

总体而言，已经出版的系列教材，紧扣AP考试大纲，能够根据高中生的认知与情意特点，使用浅显易懂的语言和生动的案例来讲解抽象的学术理论。而且，教材采取中英文结合的编写方式，既考虑中国学生的学习习惯和基础，又适当地引入英文语境。例如在“重要名词解释”、大多数图表和习题中都采用英文表述。

南京大学教育研究院与美国乐训文教基金会的合作既是高等教育国际化的产物，也是教育研究为社会服务的初步尝试。我们认为，与美国乐训文教基金会的合作可以提高我们对高等教育与中等教育衔接问题的研究水平，提升我们国际化人才培养模式的水平，促进我们的研究工作更好地与社会需求接轨，进一步转变我们的学术研究范式，提高教育研究的实用性。我们希望通过我们的真诚合作能够为推进中国教育改革与发展做一点贡献。

南京大学教育研究院　张红霞

2014-10-8

Contents 目录

第一章 静电学(Electrostatics)

1. 电荷(Charge)

人们关于电的认识,最早来源于自然界中的闪电以及人为的摩擦起电等现象。经过不断地研究和探索发现,所有的电现象都起源于物质所携带的电荷。

实验证明,物体所携带的电荷有两种,而且也只存在这两种电荷。为区别起见,我们将一种称为正电荷,另一种称为负电荷。带电物体之间存在相互作用:带相同种类电荷的物体之间互相排斥,带不同种类电荷的物体之间互相吸引,这种相互作用称为电性力。物体携带电荷的多少,可影响相互之间电性力的大小。表示物体携带电荷多少程度的物理量称为电荷量,一般用符号 q(或 Q)来表示。正电荷的电荷量用正数表示,负电荷的电荷量用负数表示。在国际单位制中,电荷量的单位为库仑(C),其定义由载流导线电流定义导出。具体定义如下:当导线中的恒定电流为 1 A 时,在 1 s 内流过导线横截面积的电荷量为 1 C。

电荷守恒定律(Conservation of charges):研究发现,可以通过摩擦等方式使物体带电,但当使一个物体带一种电荷的同时,总会使另外的物体带另一种电荷。任何可以使电荷量在物体间发生转移的过程中,电荷的总量不会发生变化。

我们知道,宏观物体都是由分子、原子组成的,而所有元素的原子都是由一个带正电的原子核和若干带负电的核外电子(e)组成,原子核通常又是由一定数量带正电的质子(p)和不带电的中子(n)组成。在质子、中子、电子这些微观粒子中,每个质子带有 $+e$(约 1.6×10^{-19} C)的电荷,每个电子带有 $-e$ 的电荷,中子不带电。在一般物理过程中,这些微观粒子有可能在不同原子间或不同物体间发生转移,但每种微观粒子的数目和带电量均不会发生变化,因此系统的总电量一定保持不变,这就是电荷守恒定律。在近代物理学的研究中,发现微观粒子也可能发生变化,如一个正电子和一个负电子相遇时有可能湮灭成光子;反之,光子在一定条件下也有可能转化为一个正电子和一个负电子形成的电子对。在这些变化中,微观粒子发生了变化,但变化过程仍然维持变化前后系统电荷量的总代数和不变。因此,电荷守恒定律仍然是成立的。

2. 库仑定律(Coulomb's law)

带电物体的一个重要性质就是相互之间的电性力。一般来说,电性力与带电物体的带电量、相互距离、物体形状、大小、电荷分布及周围其他物体分布都有关系,要确定其具体关系比较困难。为简单起见,和在力学问题中采用质点观念一样,当带电体的形状、大小等因素与它们间的距离比较起来可以忽略时,可将带电体看做带有电荷的质点,称为点电荷。采用点电荷的观念处理问题,则电性力仅与所带电量的大小及相互之间的距离有关。

在 1785 年,库仑就通过扭秤实验研究了点电荷之间的作用力现象,并总结了点电荷之间的静电相互作用所遵循的基本规律,因此这一规律被称为库仑定律。库仑定律的内容如下:在真空中,两个静止的点电荷之间相互作用力的大小与这两个点电荷所带的电荷量的乘积成正比,和它们距离的平方成反比,方向沿着这两个点电荷的连线方向,且同号电荷间相互排斥,异号电荷间相互吸引。其公式为

$$\boldsymbol{F}_{12}=\frac{1}{4\pi\varepsilon_0}\frac{q_1q_2}{r_{12}^2}\hat{\boldsymbol{r}}_{12}=\frac{1}{4\pi\varepsilon_0}\frac{q_1q_2}{r_{12}^3}\boldsymbol{r}_{12}$$

如图 1-1 所示，其中力 $\boldsymbol{F}_{12}$ 为电荷 1 受到电荷 2 的作用力，公式中 q_1、q_2 分别为两个电荷所带的电荷量，r_{12} 为两电荷间的距离，$\boldsymbol{r}_{12}$ 为电荷 2 指向电荷 1 的矢径，$\hat{\boldsymbol{r}}_{12}$ 为和矢量 $\boldsymbol{r}_{12}$ 同向且大小为 1 的单位矢量(单位矢量对公式的数值计算没影响，仅用于表示相应的矢量方向)。

不论两个电荷是同号电荷还是异号电荷，库仑定律的公式都同样适用。当 q_1 和 q_2 同号时，力 $\boldsymbol{F}_{12}$ 的方向和 $\boldsymbol{r}_{12}$ 的方向相同，表明 q_2 对 q_1 的作用力为排斥力；当 q_1 和 q_2 异号时，力 $\boldsymbol{F}_{12}$ 的方向和 $\boldsymbol{r}_{12}$ 的方向相反，表明 q_2 对 q_1 的作用力为吸引力。

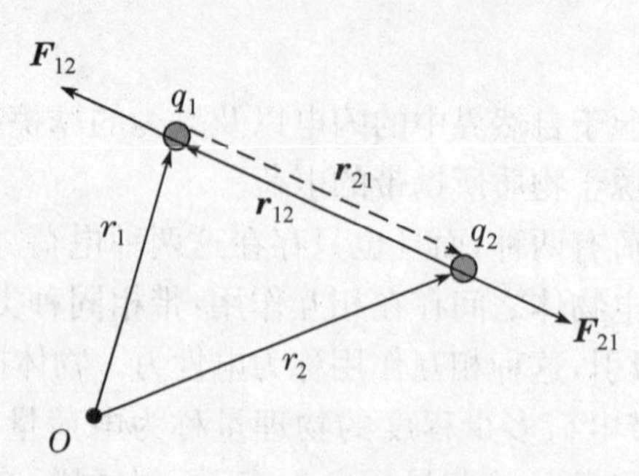

图 1-1　两个点电荷之间的作用力

公式中的比例系数我们采用了 $\frac{1}{4\pi\varepsilon_0}$ 的形式(在中学通常用 k)，其中 ε_0 称为真空介电常数，其数值为

$$\varepsilon_0 \approx 8.85 \times 10^{-12}\ \mathrm{C^2/(N \cdot m^2)}$$

整个系数：$\frac{1}{4\pi\varepsilon_0} = \frac{1}{4\pi \times 8.85 \times 10^{-12}} \approx 9.0 \times 10^9\ \mathrm{N \cdot m^2/C^2}$。

采用这一稍显复杂的系数形式，一是由于在以后由库仑定律推导出的一些常用公式和方程中，形式却可以比较简化；另外，真空介电常数 ε_0 是电学中一个很重要的基本常数，以后的电学问题中也会经常用到，而且它和我们在磁学中采用的常量 μ_0(真空磁导率)的乘积的倒数等于真空中的光速 c 的平方：$c^2 = \frac{1}{\varepsilon_0 \mu_0}$。

实验还证明，若真空中存在多个点电荷时，各对点电荷间的作用力是相互独立、互不影响的，即任何一对点电荷间的作用力都遵循库仑定律，不会因为周围是否存在其他电荷而发生变化。因此，当真空中存在多个点电荷时，任一点电荷受到的总静电力作用等于其他各点电荷单独存在时对该点电荷施加的静电力的总矢量和，即

$$\boldsymbol{F}_1 = \boldsymbol{F}_{12} + \boldsymbol{F}_{13} + \cdots = \sum_i \boldsymbol{F}_{1i} = \sum_i \frac{1}{4\pi\varepsilon_0} \frac{q_1 q_i}{r_{1i}^3} \boldsymbol{r}_{1i}$$

这一结论称为静电力的叠加原理。

有了库仑定律和叠加原理，就可以求解静电学的各种问题了。

例题 1-1　求氢原子中电子和质子之间电力与万有引力之比。已知：质子质量 $m_\mathrm{p} = 1.67 \times 10^{-27}$ kg，质子电量 $q_\mathrm{p} = +e = 1.60 \times 10^{-19}$ C，电子质量 $m_\mathrm{e} = 9.1 \times 10^{-31}$ kg，电子电量 $q_\mathrm{e} = -e = -1.60 \times 10^{-19}$ C。

解：由力学中的万有引力公式，当电子和质子距离为 r 时，其相互之间的万有引力为

$$F_G = G\frac{m_\mathrm{e} m_\mathrm{p}}{r^2}$$

而由库仑定律，电子和质子间的电力大小为

$$F_\mathrm{e} = \frac{1}{4\pi\varepsilon_0} \frac{|q_\mathrm{e} q_\mathrm{p}|}{r^2}$$

因此，其电力和万有引力之比为

$$\frac{F_e}{F_G}=\frac{\frac{1}{4\pi\varepsilon_0}\frac{|q_e q_p|}{r^2}}{G\frac{m_e m_p}{r^2}}=\frac{\frac{1}{4\pi\varepsilon_0}|q_e q_p|}{Gm_e m_p}$$

$$=\frac{\frac{1}{4\pi\times 8.85\times 10^{-12}}\times(1.60\times 10^{-19})^2}{6.67\times 10^{-11}\times 9.1\times 10^{-31}\times 1.67\times 10^{-27}}\approx 2.27\times 10^{39}$$

电子和质子间的电力的作用大小约比其相互之间的万有引力的大小大 10^{39} 倍。因此，对一般物体之间的相互作用，其电磁相互作用造成的影响一般远大于万有引力作用的影响。只有在涉及地球、天体等质量非常大的物体时，才考虑万有引力的作用(物体的重力实际上也是物体和地球之间的万有引力的作用)。

例题 1-2　两个电量都是 $+q$ 的点电荷，相距 $2a$，连线的中点为 O。今在它们连线的垂直平分线上放另一电荷 q'，q' 与 O 点相距 b。

(a) 求 q' 所受静电力；

(b) q' 放在哪一点受力最大？

解：(a) 如图 1-2 所示建立坐标系。两个带电量为 $+q$ 的点电荷分别位于 $(-a,0)$ 和 $(a,0)$ 处，电荷 q' 位于 $(0,b)$ 处。两个 $+q$ 点电荷到电荷 q' 的位矢分别为 $\boldsymbol{r}_1=a\boldsymbol{i}+b\boldsymbol{j}$，$\boldsymbol{r}_2=-a\boldsymbol{i}+b\boldsymbol{j}$。

显然，电荷 q' 分别受到两个 $+q$ 点电荷的库仑力的作用，分别为

$$\boldsymbol{F}_1=\frac{1}{4\pi\varepsilon_0}\frac{qq'}{r_1^3}\boldsymbol{r}_1=\frac{1}{4\pi\varepsilon_0}\frac{qq'}{(a^2+b^2)^{3/2}}(a\boldsymbol{i}+b\boldsymbol{j})$$

$$\boldsymbol{F}_2=\frac{1}{4\pi\varepsilon_0}\frac{qq'}{r_2^3}\boldsymbol{r}_2=\frac{1}{4\pi\varepsilon_0}\frac{qq'}{(a^2+b^2)^{3/2}}(-a\boldsymbol{i}+b\boldsymbol{j})$$

因此，电荷 q' 受到两个 $+q$ 电荷的总作用力为

$$\boldsymbol{F}=\boldsymbol{F}_1+\boldsymbol{F}_2=\frac{1}{4\pi\varepsilon_0}\frac{qq'}{(a^2+b^2)^{3/2}}(a\boldsymbol{i}+b\boldsymbol{j})+\frac{1}{4\pi\varepsilon_0}\frac{qq'}{(a^2+b^2)^{3/2}}(-a\boldsymbol{i}+b\boldsymbol{j})$$

$$=\frac{1}{2\pi\varepsilon_0}\frac{qq'b}{(a^2+b^2)^{3/2}}\boldsymbol{j}$$

即电荷 q' 受到的静电力大小为 $\frac{1}{2\pi\varepsilon_0}\frac{qq'b}{(a^2+b^2)^{3/2}}$，方向沿着 y 轴正方向。

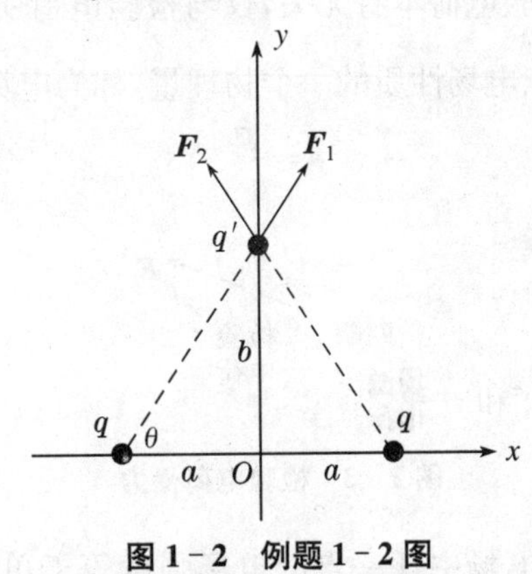

图 1-2　例题 1-2 图

(b) 要求静电力的最大值，即 $F=\frac{1}{2\pi\varepsilon_0}\frac{qq'b}{(a^2+b^2)^{3/2}}$ 相对于 b 变化的最大值问题，令 $\frac{dF}{db}=\frac{qq'}{2\pi\varepsilon_0}\frac{a^2-2b^2}{(a^2+b^2)^{5/2}}=0$，可求得 $b=\pm\frac{\sqrt{2}}{2}a$。

由于电荷 q' 在 y 的正半轴上，舍去负值，可得 $b=\frac{\sqrt{2}}{2}a$。

即当 $b=\frac{\sqrt{2}}{2}a$ 时，电荷 q' 受力最大。将 $b=\frac{\sqrt{2}}{2}a$ 代入 F 的表达式中，可得此最大值为 $F_{\max}=\frac{\sqrt{3}qq'}{9\pi\varepsilon_0 a^2}$。

3. 电场　电场强度

(1) 电场(Electric field)

实验发现，真空中的两个点电荷之间会发生相互作用。那么，这种相互作用是直接发生的超距作用，还是需要什么中间媒介来传递的呢？

由于即使在真空中两个相隔的电荷间也能发生相互作用，因此在电磁学研究的早期很长一段时间内，人们都认为电荷间的相互作用是一种超距作用，这种作用的传递既不需要中间的媒介，也不需要时间。

随着近代物理学的研究，人们发现电荷之间的作用力并不是超距的，一处电荷的变化，需要一定时间后其影响才能传递到另一处。这一传递所花费的时间一般很短，传递速度很快，但仍然可以被观察到(实验上已观察到这一速度大小为 3×10^8 m/s，即光速)。因此，在近代物理学中，人们采用的电场的观念，即任何电荷在其周围空间激发电场，电场对处在其中的电荷产生作用力。电荷和电荷之间的相互作用，是通过一个电荷激发的电场对另一个电荷的作用来实现的。而电场的建立和传递需要一定的时间。因此，电荷间的作用力的变化也需要一定时间。

电磁场(包括电场和以后章节中研究的磁场)也是一种物质形态，它分布在一定的空间范围内，也同样具有能量、动量等属性，和其他物质一样。

(2) 电场强度

任何物质都要通过一定的物理量来描述其性质。对电场来说，其一个典型的特性就是对处在电场中的电荷会产生力的作用。因此，我们定义电场强度(或称场强)$\boldsymbol{E}$ 这一物理量来描述电场的这一特性。

如图 1-3 所示，对一定电荷产生的电场，我们可以将一检验电荷 q_0(检验电荷要求放入后不会影响原来的电荷分布及电场，而且检验电荷应可看做点电荷以检验某点的电场情况)放入电场中，检验电荷会受到力 $\boldsymbol{F}$ 的作用。我们发现，检验电荷在某确定点处受到的力 $\boldsymbol{F}$ 与检验电荷所带的电荷量大小和正负有关，但其比值 $\frac{\boldsymbol{F}}{q_0}$ 却与检验电荷本身无关，仅与检验电荷所处位置的电场情况有关。因此，我们可以用这一比值作为描述该点电场性质的一个物理量，称为电场强度：

$$\boldsymbol{E}=\frac{\boldsymbol{F}}{q_0}$$

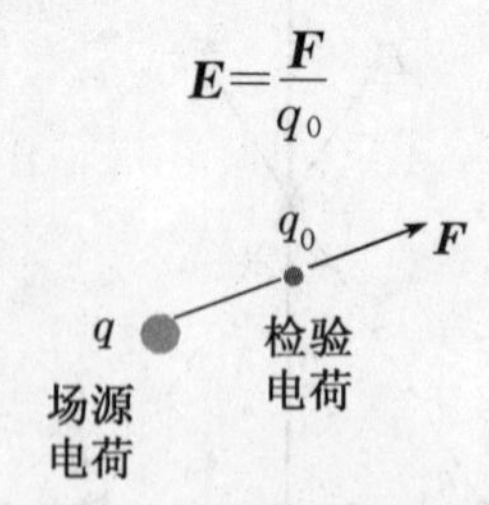

图 1-3　检验电荷受力

显然，电场强度是一个矢量。电场中任一点的电场强度等于单位正电荷在该点受到的电场力。电场中不同位置的电场强度一般不同，即对一确定的电场，电场强度随空间不同位置(坐标)发生变化，可以将电场强度 $\boldsymbol{E}$ 表示成空间坐标的函数：$\boldsymbol{E}(\boldsymbol{r})$ 或 $\boldsymbol{E}(x,y,z)$，所有这些场强的总体形成一矢量场。

电场强度的单位为 N/C 或 V/m。

对一确定电场，若知道了电场强度的分布函数，我们就可以知道任意位置处的电场强度，从而计算出将一个电荷 q 放到该位置时所受到的电场力的作用(设电荷放置不改变原来的电场分布)：$\boldsymbol{F}=q\boldsymbol{E}$。显然，正电荷受到的电场力 $\boldsymbol{F}$ 的方向和该点电场强度 $\boldsymbol{E}$ 的方向相同，负电荷受到的电场力 $\boldsymbol{F}$ 的方向和该点电场强度 $\boldsymbol{E}$ 的方向相反。

电场强度的计算：对一确定电场，若知道了电场强度的分布，就可以求得任意电荷在该电场中的受力情况。因此，对于已知电荷分布，一个重要的问题就是如何求出空间任意位置处的电场强度。

点电荷的场强：如图 1-4 所示，设在真空中有一个静止的点电荷 q，则在距 q 为 r 的 P 点处(电荷 q 到 a 点的矢径为 $\boldsymbol{r}$)的电场强度可通过电场强度的定义来计算。在 P 点放置一检验电荷 q_0，则 q_0 受到的电场力为

$$\boldsymbol{F}=\frac{1}{4\pi\varepsilon_0}\frac{qq_0}{r^3}\boldsymbol{r}$$

则 P 点的电场强度为

$$\boldsymbol{E}=\frac{q\boldsymbol{r}}{4\pi\varepsilon_0 r^3}$$

这就是点电荷在真空中产生电场的场强公式，即点电荷在空间激发的电场强度的大小与点电荷带电量 q 成正比，与点电荷到该点的距离 r 的平方成反比，方向在点电荷到该点的连线上，且若 q 为正电荷，$\boldsymbol{E}$ 的方向与 $\boldsymbol{r}$ 方向一致[沿连线方向向外，背离 q，如图 1-4(a)]；若 q 为负电荷，$\boldsymbol{E}$ 的方向与 $\boldsymbol{r}$ 方向相反[沿连线方向向里，指向 q，如图 1-4(b)]。

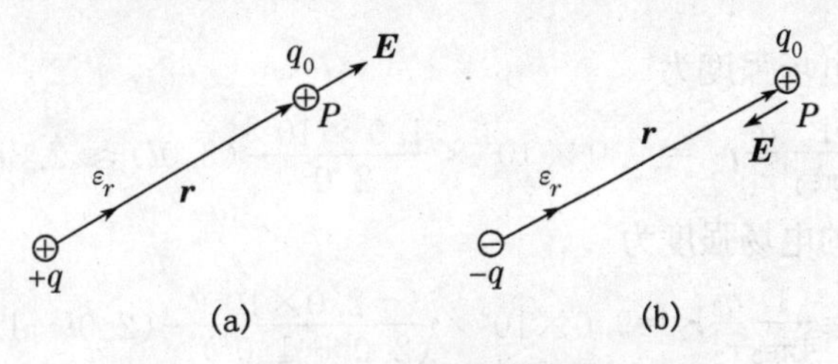

图 1-4 点电荷的电场

多点电荷的场强：如图 1-5 所示，若空间中存在 n 个点电荷 q_1、q_2、…q_n，共同在空间激发电场，现要求空间某点 P 处电场强度。

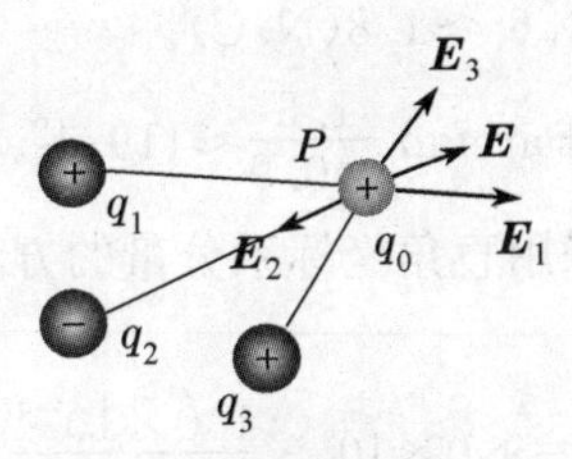

图 1-5 多点电荷的场强

将检验电荷 q_0 放在点 P 处，则 q_0 受到的电场力为

$$\boldsymbol{F}=\boldsymbol{F}_1+\boldsymbol{F}_2+\cdots+\boldsymbol{F}_n=\sum_{i=1}^{n}\boldsymbol{F}_i$$

两边除以 q_0，有

$$\boldsymbol{E}=\frac{\boldsymbol{F}}{q_0}=\frac{\boldsymbol{F}_1}{q_0}+\frac{\boldsymbol{F}_2}{q_0}+\cdots+\frac{\boldsymbol{F}_n}{q_0}=\boldsymbol{E}_1+\boldsymbol{E}_2+\cdots+\boldsymbol{E}_n=\sum_{i=1}^{n}\boldsymbol{E}_i$$

即多个点电荷形成的电荷系在空间任一点激发的总场强等于各点电荷单独存在时在该点激发的场强的矢量和，这称为电场强度的叠加原理。显然，电场强度的叠加原理来源于电场力的叠加原理(库仑定律的叠加原理)。

由于每个点电荷产生的场强公式为

$$\boldsymbol{E}_i=\frac{q_i\boldsymbol{r}_i}{4\pi\varepsilon_0 r_i^3}$$

故多个点电荷形成的电荷系激发的总场强的公式可写为

$$\boldsymbol{E}=\sum_{i=1}^{n}\frac{q_i\boldsymbol{r}_i}{4\pi\varepsilon_0 r_i^3}$$

例题 1-3 如图 1-6 所示，在直角坐标系的原点及 y 轴上距离原点 1.0 m 的(0,1)位置处分别放置电荷量为 $q_1=1.0\times10^{-9}$ C 和 $q_2=-2.0\times10^{-9}$ C 的点电荷。求 x 轴上离原点 2.0 m 处 P(2,0)点的场强。

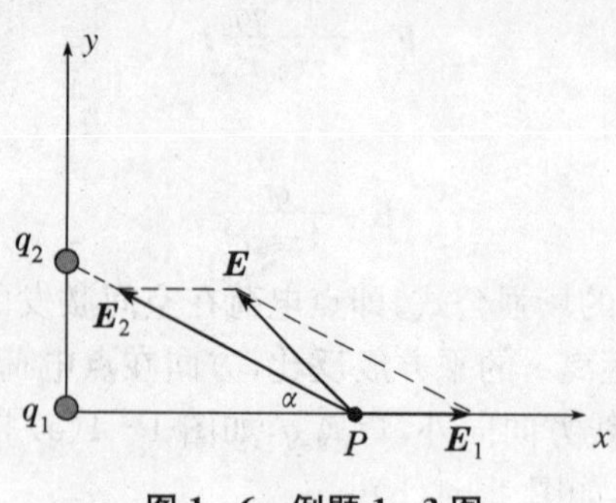

图 1-6　例题 1-3 图

解：q_1 在 P 点激发的电场强度为

$$\boldsymbol{E}_1=\frac{1}{4\pi\varepsilon_0}\frac{q_1}{r_1^3}\boldsymbol{r}_1=9.0\times10^9\times\frac{1.0\times10^{-9}}{2.0^3}(2.0\boldsymbol{i})\approx2.3\boldsymbol{i}(\text{N/C})$$

同理，q_2 在 P 点激发的电场强度为

$$\boldsymbol{E}_2=\frac{1}{4\pi\varepsilon_0}\frac{q_2}{r_2^3}\boldsymbol{r}_2=9.0\times10^9\times\frac{-2.0\times10^{-9}}{(2.0^2+1.0^2)^{3/2}}(2.0\boldsymbol{i}-1.0\boldsymbol{j})$$
$$\approx(-3.2\boldsymbol{i}+1.6\boldsymbol{j})(\text{N/C})$$

由电场的叠加原理，P 点处总的电场强度为 $\boldsymbol{E}_1$ 和 $\boldsymbol{E}_2$ 的叠加，即

$$\boldsymbol{E}=\boldsymbol{E}_1+\boldsymbol{E}_2=(-0.9\boldsymbol{i}+1.6\boldsymbol{j})(\text{N/C})$$

总电场 $\boldsymbol{E}$ 的大小为 $E=\sqrt{0.9^2+1.6^2}\approx1.8(\text{N/C})$。

电场 $\boldsymbol{E}$ 和 x 轴的夹角为 $\theta=180^\circ+\arctan\frac{1.6}{-0.9}\approx119.4^\circ$。

另外，在计算电场强度时也可以采用直角坐标系分量的方法：

q_1 在 P 点激发的电场强度大小为

$$E_1=\frac{1}{4\pi\varepsilon_0}\frac{q_1}{r_1^2}=9.0\times10^9\times\frac{1.0\times10^{-9}}{2.0^2}\approx2.3(\text{N/C})$$

此电场沿着 x 轴正方向，即

$$E_{1x}=2.3\ \text{N/C},E_{1y}=0\ \text{N/C}$$

同理，q_2 在 P 点激发的电场强度大小为

$$E_2=\frac{1}{4\pi\varepsilon_0}\frac{|q_2|}{r_2^2}=9.0\times10^9\times\frac{2.0\times10^{-9}}{2.0^2+1.0^2}=3.6(\text{N/C})$$

而由图示方向可知，此电场的分量为

$$E_{2x}=-E_2\cos\alpha=-3.6\times\frac{2.0}{\sqrt{2.0^2+1.0^2}}\approx-3.2(\text{N/C})$$

$$E_{2y}=E_2\sin\alpha=3.6\times\frac{1.0}{\sqrt{2.0^2+1.0^2}}\approx1.6(\text{N/C})$$

因此，总电场强度的分量为

$$E_x=E_{1x}+E_{2x}=-0.9\ \text{N/C},E_y=E_{1y}+E_{2y}=1.6\ \text{N/C}$$

故总电场的大小为 $E=\sqrt{0.9^2+1.6^2}\approx1.8(\text{N/C})$。

电场和 x 轴的夹角为 $\theta=180°+\arctan\dfrac{1.6}{-0.9}\approx119.4°$。

两种方法计算的结果一致。初期可采用分量计算的方法,对矢量运算比较熟悉后直接采用矢量计算更为方便直观。

例题 1-4 求电偶极子(Dipole)中垂线上任意一点的电场强度。如图 1-7 所示,设电偶极子的电量分别为 $+q$ 和 $-q$,用 $\boldsymbol{l}$ 表示从负电荷指向正电荷的矢量,则将矢量 $\boldsymbol{p}=q\boldsymbol{l}$ 称为该电偶极子的电偶极矩。设中垂线上任意一点 P 相对于 $+q$ 和 $-q$ 的位置矢量分别为 $\boldsymbol{r}_+$ 和 $\boldsymbol{r}_-$。

解:两电荷在 P 点处产生的电场强度分别为

$$\boldsymbol{E}_+=\frac{1}{4\pi\varepsilon_0}\frac{q}{r_+^3}\boldsymbol{r}_+,\boldsymbol{E}_-=\frac{1}{4\pi\varepsilon_0}\frac{-q}{r_-^3}\boldsymbol{r}_-$$

而由图可知:$\boldsymbol{r}_+=\boldsymbol{r}-\frac{1}{2}\boldsymbol{l},\boldsymbol{r}_-=\boldsymbol{r}+\frac{1}{2}\boldsymbol{l}$。

两矢径的大小相等,即 $r_+=r_-=\sqrt{r^2+\left(\frac{l}{2}\right)^2}$。

图 1-7 例题 1-4 图

因此,P 点的电场强度为

$$\boldsymbol{E}=\boldsymbol{E}_++\boldsymbol{E}_-=\frac{1}{4\pi\varepsilon_0}\frac{q}{\left[r^2+\left(\frac{l}{2}\right)^2\right]^{3/2}}(\boldsymbol{r}_+-\boldsymbol{r}_-)=-\frac{1}{4\pi\varepsilon_0}\frac{q\boldsymbol{l}}{\left[r^2+\left(\frac{l}{2}\right)^2\right]^{3/2}}$$

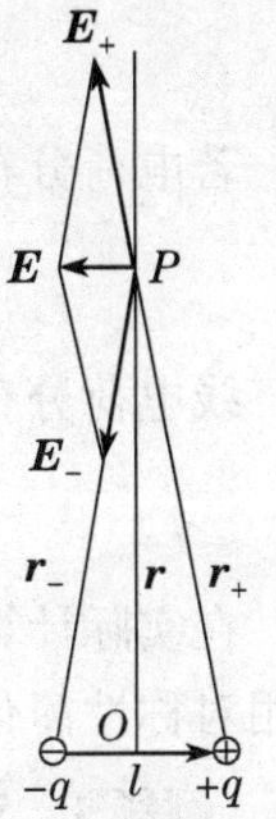

当 P 点离电偶极子很远,即 $l\ll r$,或 $\frac{l}{r}\ll1$ 时,有

$$\left[r^2+\left(\frac{l}{2}\right)^2\right]^{3/2}=r^3\left[1+\left(\frac{l}{2r}\right)^2\right]^{3/2}\approx r^3$$

因此,P 点电场强度约为 $\boldsymbol{E}=\dfrac{-q\boldsymbol{l}}{4\pi\varepsilon_0 r^3}=\dfrac{-\boldsymbol{p}}{4\pi\varepsilon_0 r^3}$。

这一结果表明,电偶极子在其中垂线上距电偶极子中心较远处各点的电场强度与电偶极子的电偶极矩成正比,与该点离电偶极子中心的距离的三次方成反比,方向与电偶极矩的方向相反。

连续分布电荷的场强:在实际问题中我们经常会遇到形状、大小不可忽略的带电体,在这种情况下,不能将这些带电体简单看做点电荷了。那么,这些带电体间的相互作用,或者说这些带电体在空间产生的电场强度如何计算?

对于这些形状、大小不可忽略的带电体,我们一般可以将之看做电荷连续分布的情况。在计算这种情况下空间的场强时,可以将带电体划分为很多带电微元,每个带电微元可看做电荷量为 $\mathrm{d}q$ 的点电荷,每个带电微元到点 P 处的位矢为 $\boldsymbol{r}$。每个微元电荷在 P 点处的场强:

$$\mathrm{d}\boldsymbol{E}=\frac{1}{4\pi\varepsilon_0}\frac{\mathrm{d}q}{r^3}\boldsymbol{r}$$

整个带电体可看做是这些带电微元的集合,整个带电体在 P 点激发的电场强度可由每个带电微元激发的场强通过叠加原理求出。注意:由于电荷分布是连续的,叠加原理计算时演化为积分计算,即

$$\boldsymbol{E}=\int\mathrm{d}\boldsymbol{E}=\frac{1}{4\pi\varepsilon_0}\int\frac{\mathrm{d}q}{r^3}\boldsymbol{r}$$

在具体计算中,可分为体电荷分布、面电荷分布、线电荷分布三种情况。

若电荷分布在整个物体体积内,称为体分布。这时所取带电微元为体积微元。设某体积微元体积为 ΔV,带电量为 Δq,则将 Δq 与 ΔV 比值的极限称为该体积元处的电荷体密度 ρ,即

$$\rho=\lim_{\Delta V\to0}\frac{\Delta q}{\Delta V}=\frac{\mathrm{d}q}{\mathrm{d}V}$$

电荷体密度的单位为 $\mathrm{C/m^3}$。

对体电荷分布情况,激发的电场强度公式为

$$\boldsymbol{E}=\frac{1}{4\pi\varepsilon_0}\int\frac{\rho\boldsymbol{r}}{r^3}\mathrm{d}V$$

若电荷分布在物体中一极薄的表面层中,如导体电荷就分布在导体表面,可将此带电薄层近似看做带电面,所取的带电微元为面积微元,可用电荷面密度来描述电荷的分布情况,即对某处的面积微元面积为 ΔS,带电量为 Δq,则电荷面密度 σ 为

$$\sigma=\lim_{\Delta S\to 0}\frac{\Delta q}{\Delta S}=\frac{\mathrm{d}q}{\mathrm{d}S}$$

面电荷分布情况下,激发的电场强度公式为

$$\boldsymbol{E}=\frac{1}{4\pi\varepsilon_0}\int\frac{\sigma\boldsymbol{r}}{r^3}\mathrm{d}S$$

若电荷分布在细长的线上,同理可以定义电荷线密度 λ 为

$$\lambda=\lim_{\Delta l\to 0}\frac{\Delta q}{\Delta l}=\frac{\mathrm{d}q}{\mathrm{d}l}$$

线电荷分布情况下,激发的电场强度公式为

$$\boldsymbol{E}=\frac{1}{4\pi\varepsilon_0}\int\frac{\lambda\boldsymbol{r}}{r^3}\mathrm{d}l$$

在实际计算时,通常将场强微元 $\mathrm{d}\boldsymbol{E}$ 分解为 x、y、z 三个方向的分量,然后再分别计算。有时可以利用对称性简化某些方向分量的计算。

例题 1-5 试求一均匀带电直线外任意一点处的场强。设直线长为 L(图 1-8),电荷线密度(即单位长度上的电荷)为 λ(设 $\lambda>0$)。设直线外场点 P 到直线的垂直距离为 x,P 点与带电直线的上下端点的连线与垂线的夹角分别为 θ_1 和 θ_2。

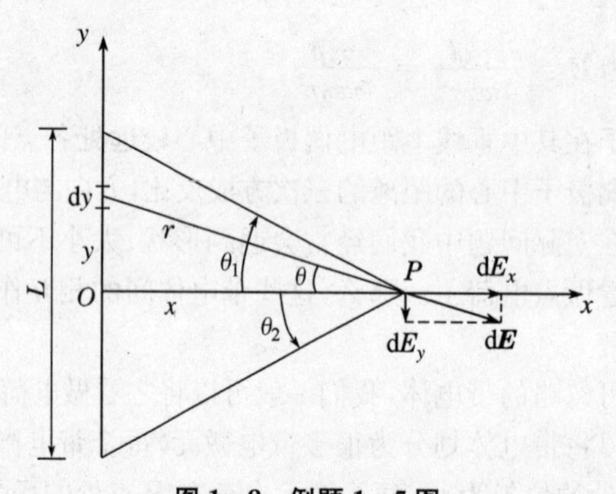

图 1-8 例题 1-5 图

解:这是线电荷分布情况下电场强度的计算问题。如图 1-8 所示建立坐标系,以 P 点在直线上的垂足为原点,OP 为 x 轴,直线方向为 y 轴。

在带电直线上取一段微元 $\mathrm{d}y$,该段微元的电荷量为 $\mathrm{d}q=\lambda\mathrm{d}y$,该段微元在 P 点产生的电场强度为 $\mathrm{d}\boldsymbol{E}=\frac{1}{4\pi\varepsilon_0}\frac{\mathrm{d}q}{r^3}\boldsymbol{r}$。其中,微元到 P 点的位矢 $\boldsymbol{r}=x\boldsymbol{i}-y\boldsymbol{j}$。

因此,可得该微元在 P 点产生电场强度的分量为

$$\mathrm{d}E_x=\frac{1}{4\pi\varepsilon_0}\frac{\lambda x\mathrm{d}y}{(x^2+y^2)^{3/2}},\mathrm{d}E_y=\frac{1}{4\pi\varepsilon_0}\frac{-\lambda y\mathrm{d}y}{(x^2+y^2)^{3/2}}$$

由于直接对 y 积分相对难度大一些,可将之化为关于 θ 的积分运算。

如图所示,有 $y=x\tan\theta$,则 $\mathrm{d}y=x\mathrm{d}(\tan\theta)=\frac{x}{\cos^2\theta}\mathrm{d}\theta$。

另有

$$(x^2+y^2)^{3/2}=(x^2+x^2\ \tan^2\theta)^{3/2}=\frac{x^3}{\cos^3\theta}$$

因此,可得

$$\mathrm{d}E_x=\frac{1}{4\pi\varepsilon_0}\frac{\lambda x\dfrac{x}{\cos^2\theta}\mathrm{d}\theta}{\dfrac{x^3}{\cos^3\theta}}=\frac{\lambda}{4\pi\varepsilon_0 x}\cos\theta\mathrm{d}\theta$$

$$\mathrm{d}E_y=\frac{1}{4\pi\varepsilon_0}\frac{-\lambda x\tan\theta\dfrac{x}{\cos^2\theta}\mathrm{d}\theta}{\dfrac{x^3}{\cos^3\theta}}=\frac{-\lambda}{4\pi\varepsilon_0 x}\sin\theta\mathrm{d}\theta$$

整段带电直线在 P 点产生的场强的分量为

$$E_x=\int\mathrm{d}E_x=\int_{\theta_2}^{\theta_1}\frac{\lambda}{4\pi\varepsilon_0 x}\cos\theta\mathrm{d}\theta=\frac{\lambda}{4\pi\varepsilon_0 x}(\sin\theta_1-\sin\theta_2)$$

$$E_y=\int\mathrm{d}E_y=\int_{\theta_2}^{\theta_1}\frac{-\lambda}{4\pi\varepsilon_0 y}\sin\theta\mathrm{d}\theta=\frac{\lambda}{4\pi\varepsilon_0 x}(\cos\theta_1-\cos\theta_2)$$

P 点处的总场强可由 $E=\sqrt{E_x^2+E_y^2}$ 求得。

有两种特殊情况,可以讨论一下:

第一种,当 P 在直线的垂直平分线上时,此时有 $\theta_2=-\theta_1$。

因此,可得

$$E_x=\frac{\lambda}{2\pi\varepsilon_0 x}\sin\theta_1=\frac{\lambda}{4\pi\varepsilon_0 x}\frac{L}{\sqrt{x^2+\dfrac{L^2}{4}}},E_y=0$$

第二种,对无限长均匀带电直线的情况,此时有 $\theta_1\to\frac{\pi}{2},\theta_2\to-\frac{\pi}{2}$。

因此,可得

$$E_x=\frac{\lambda}{2\pi\varepsilon_0 x},E_y=0$$

即无限长均匀带电直线在距离直线 x 处产生的电场强度大小为 $E=\frac{\lambda}{2\pi\varepsilon_0 x}$,方向沿着该点到直线的垂线方向(直线带正电时电场方向背离直线向外,直线带负电时电场方向指向直线)。

例题 1-6　求半径为 R、张角为 $2\theta_0$ 的均匀带电圆弧(电荷线密度为 λ)在其圆心处产生的电场强度。

解:如图 1-9 所示建立直角坐标系,以圆弧圆心 P 作为坐标原点,圆弧对称轴为 x 轴。

在圆弧上取一段微元,微元长度:$\mathrm{d}l=r\mathrm{d}\theta$,带电量:$\mathrm{d}q=\lambda\mathrm{d}l=\lambda r\mathrm{d}\theta$。

该段微元在 P 点处产生的电场强度:$\mathrm{d}\boldsymbol{E}=\frac{1}{4\pi\varepsilon_0}\frac{\mathrm{d}q}{r^3}\boldsymbol{r}=\frac{1}{4\pi\varepsilon_0}\frac{\lambda\mathrm{d}\theta}{r^2}\boldsymbol{r}$。

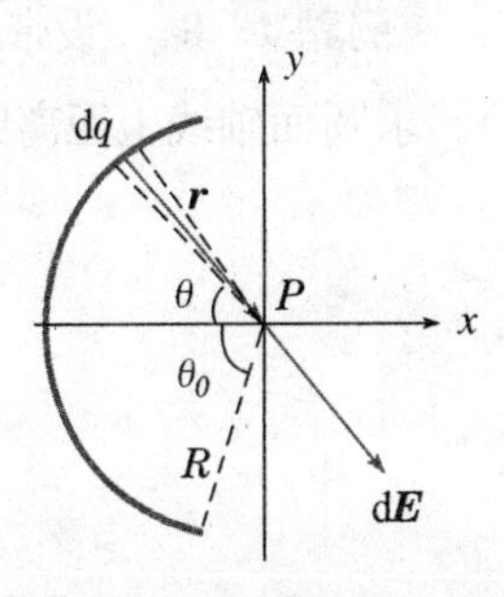

图 1-9　例题 1-6 图

由对称性知,带电圆弧相对于 x 轴上下对称,因此圆弧整体在原点处产生的场强必然沿着 x 轴方向,即计算时只需考虑各微元产生电场的 x 方向分量即可。

对该段微元,在 P 点处产生的电场强度的 x 方向分量为

$$\mathrm{d}E_x=\mathrm{d}E\cos\theta=\frac{1}{4\pi\varepsilon_0}\frac{\lambda R\mathrm{d}\theta}{R^2}\cos\theta=\frac{\lambda}{4\pi\varepsilon_0 R}\cos\theta\mathrm{d}\theta$$

因此,整个圆弧在 P 点产生的场强大小为

$$E_x = \int dE_x = \int_{-\theta_0}^{\theta_0} \frac{\lambda}{4\pi\varepsilon_0 R}\cos\theta d\theta = \frac{\lambda}{2\pi\varepsilon_0 R}\sin\theta_0$$

即带电圆弧在圆心处产生的场强大小为$\frac{\lambda}{2\pi\varepsilon_0 R}\sin\theta_0$，方向沿着圆弧对称轴的方向。

例题 1-7 求均匀带电圆环轴线上的场强。如图 1-10 所示，一均匀带电细圆环，半径为 R，所带总电量为 q(设 $q>0$)，圆环轴线上场点 P 到圆心的距离为 x。

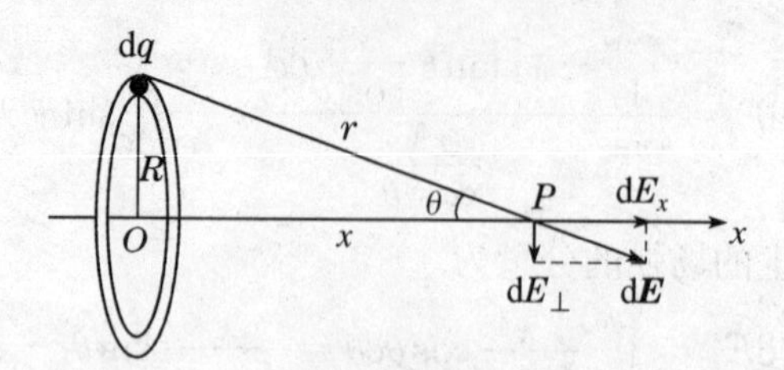

图 1-10 例题 1-7 图

解: 圆环上任一微元 dq 在 P 点处产生的电场强度为 $d\boldsymbol{E}$。该场强可分为沿着 x 方向的分量 dE_x 和垂直于 x 方向的分量 $dE_\perp$。由圆环电荷分布的对称性知，圆环上所有电荷在 P 点处产生电场强度的垂直分量 $dE_\perp$ 的总矢量和为零。因此，只需计算 x 方向分量 dE_x的和。

由电场强度公式，可得

$$dE_x = dE\cos\theta = \frac{1}{4\pi\varepsilon_0}\frac{dq}{r^2}\cos\theta = \frac{1}{4\pi\varepsilon_0}\frac{xdq}{r^3} = \frac{1}{4\pi\varepsilon_0}\frac{xdq}{(x^2+R^2)^{3/2}}$$

则圆环在 P 点处产生的总电场强度为

$$E = E_x = \int dE_x = \int \frac{1}{4\pi\varepsilon_0}\frac{xdq}{(x^2+R^2)^{3/2}}$$

注意，在此积分中，对圆环的不同部分，x 和 R 均为不变量。因此，该积分可简化为

$$E = \int \frac{1}{4\pi\varepsilon_0}\frac{xdq}{(x^2+R^2)^{3/2}} = \frac{1}{4\pi\varepsilon_0}\frac{x}{(x^2+R^2)^{3/2}}\int dq = \frac{1}{4\pi\varepsilon_0}\frac{qx}{(x^2+R^2)^{3/2}}$$

考虑到方向，则电场强度为

$$\boldsymbol{E} = \frac{1}{4\pi\varepsilon_0}\frac{qx}{(x^2+R^2)^{3/2}}\boldsymbol{i}$$

即均匀带电圆环在轴线上距离 x 处产生的电场强度大小为$\frac{1}{4\pi\varepsilon_0}\frac{qx}{(x^2+R^2)^{3/2}}$，方向沿着圆环轴线的方向。

例题 1-8 设带电圆盘半径为 R(图 1-11)，电荷面密度(即单位面积上的电荷)为 σ(设 $\sigma>0$)。求圆面轴线上距离圆心 x 处场点 P 的场强。

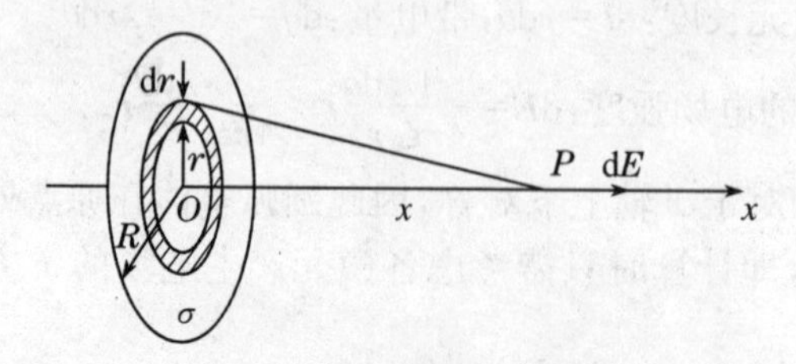

图 1-11 例题 1-8 图

解: 如图 1-11 所示，可将圆盘看做很多微小同心带电圆环的组合，每个圆环半径为 r，宽度为 dr，则该圆环的面积为 $dS=2\pi rdr$，带电量为 $dq=\sigma dS=2\pi\sigma rdr$。则该圆环在 P 点处产生的电场强度为

$$\mathrm{d}\boldsymbol{E}=\frac{1}{4\pi\varepsilon_0}\frac{x\mathrm{d}q}{(x^2+r^2)^{3/2}}\boldsymbol{i}=\frac{\sigma}{2\varepsilon_0}\frac{xr\mathrm{d}r}{(x^2+r^2)^{3/2}}\boldsymbol{i}$$

整个圆盘在 P 点处产生的电场强度为

$$\boldsymbol{E}=\int\mathrm{d}\boldsymbol{E}=\int_0^R\frac{\sigma}{2\varepsilon_0}\frac{xr\mathrm{d}r}{(x^2+r^2)^{3/2}}\boldsymbol{i}=\frac{\sigma x}{2\varepsilon_0}\left[\int_0^R\frac{r\mathrm{d}r}{(x^2+r^2)^{3/2}}\right]\boldsymbol{i}$$

注意到 $\mathrm{d}(x^2+r^2)=2r\mathrm{d}r$,即 $r\mathrm{d}r=\frac{1}{2}\mathrm{d}(x^2+r^2)$。则

$$\int_0^R\frac{r\mathrm{d}r}{(x^2+r^2)^{3/2}}=\frac{1}{2}\int_0^R\frac{\mathrm{d}(x^2+r^2)}{(x^2+r^2)^{3/2}}=-\frac{1}{\sqrt{x^2+r^2}}\bigg|_0^R=\left(\frac{1}{x}-\frac{1}{\sqrt{x^2+R^2}}\right)$$

因此,P 点的电场强度为

$$\boldsymbol{E}=\frac{\sigma x}{2\varepsilon_0}\left(\frac{1}{x}-\frac{1}{\sqrt{x^2+R^2}}\right)\boldsymbol{i}=\frac{\sigma}{2\varepsilon_0}\left(1-\frac{x}{\sqrt{x^2+R^2}}\right)\boldsymbol{i}$$

即均匀带电圆盘在轴线上距离 x 处产生的电场强度大小为$\frac{1}{2\varepsilon_0}\left(1-\frac{x}{\sqrt{x^2+R^2}}\right)$,方向沿着圆盘轴线的方向。

当 P 点距离圆盘很近时,即 $x\ll R$,此时可将圆盘看做无限大平面。P 点电场强度大小约为 $E=\frac{\sigma}{2\varepsilon_0}$,方向垂直于平面($\sigma>0$ 时,背离平面;$\sigma<0$ 时,指向平面)。

4. 电势(Potential and voltage)

在上节中,我们通过电荷在电场中总会受到电场力的这一特性研究了电场的性质,并引入了电场强度 $\boldsymbol{E}$ 这一物理量来描述电场的这一特性。电荷除了在电场中要受到电场力的作用之外,显然,若电荷在电场中运动,则电场力会对电荷做功。我们也可以通过电场中电场力对运动电荷做功这一特性来分析电场的性质。

根据库仑定律,显然电场力的大小除了和两个电荷的带电量有关,只和两个电荷之间的距离有关,方向也总是沿着两个电荷连线的方向(吸引或排斥),即电荷之间的静电作用力为有心力。我们在力学课程的学习中讲述过,有心力都是保守力,都有相应的势能对应。因此,若仅考虑两个电荷,令其中一个电荷保持静止,另一个电荷运动,如图 1－12 所示,两电荷间静电力为有心力,则两电荷间静电力为保守力,即两电荷间静电力做功只与运动电荷的起点和终点的位置有关,而与电荷运动的具体路径无关。或者说,当运动电荷在静电力作用下经任意路径运动一周后回到原来位置,静电力对电荷做功为零,这就是静电力的环路定理,可以写为

$$W=\oint\boldsymbol{F}\cdot\mathrm{d}\boldsymbol{l}=\oint\frac{1}{4\pi\varepsilon_0}\frac{q_1q_0}{r^3}\boldsymbol{r}\cdot\mathrm{d}\boldsymbol{l}=0$$

其中:q_1 为静止电荷;q_0 为运动电荷的带电量;$\boldsymbol{r}$ 为两电荷间位矢。

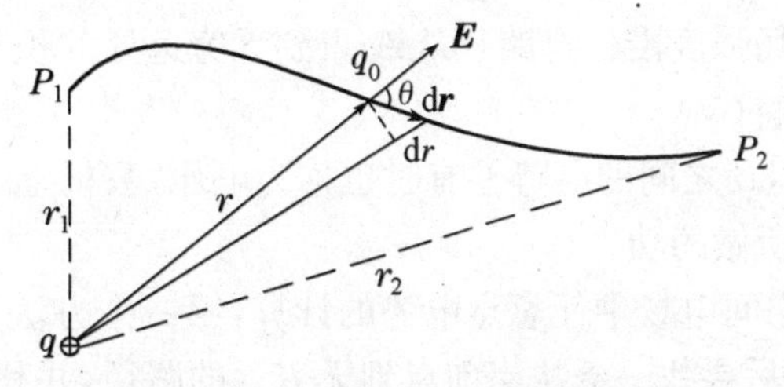

图 1－12 点电荷电场中电场力做功

若空间存在多个电荷时,如电荷 q_0 在电荷 q_1、q_2、$\cdots q_n$ 的电场中运动,q_0 所受到的总的静电力为其他各电荷对 q_0 产生的静电力的矢量和:

$$\boldsymbol{F}=\boldsymbol{F}_1+\boldsymbol{F}_2+\cdots+\boldsymbol{F}_n=\sum \boldsymbol{F}_i=\sum \frac{q_0 q_i}{4\pi\varepsilon_0 r_i^3}\boldsymbol{r}_i$$

其中 $\boldsymbol{r}_i$ 为 q_i 指向 q_0 的位矢。

设 q_0 在空间经某路径运动一周回到原来位置,其在运动过程中受到的总静电力对 q_0 做功为

$$W=\oint \boldsymbol{F}\cdot \mathrm{d}\boldsymbol{l}=\oint(\boldsymbol{F}_1+\boldsymbol{F}_2+\cdots+\boldsymbol{F}_n)\cdot \mathrm{d}\boldsymbol{l}=\oint \boldsymbol{F}_1\cdot \mathrm{d}\boldsymbol{l}+\oint \boldsymbol{F}_2\cdot \mathrm{d}\boldsymbol{l}+\cdots+\oint \boldsymbol{F}_n\cdot \mathrm{d}\boldsymbol{l}=0$$

即 q_0 在多电荷的静电场中受到的静电力也满足环路定理。也就是说,点电荷在多电荷电场中经任意路径运动一周回到原来位置时,总静电力做功为零。或者说,当点电荷在静电场中运动时,电场力所做的功只与运动电荷的大小及路径的起点和终点位置有关,而与具体路径无关。

将上式两边除以 q_0,有

$$\frac{1}{q_0}\oint \boldsymbol{F}\cdot \mathrm{d}\boldsymbol{l}=\oint \frac{\boldsymbol{F}}{q_0}\cdot \mathrm{d}\boldsymbol{l}=\oint \boldsymbol{E}\cdot \mathrm{d}\boldsymbol{l}=0$$

即静电场中电场强度对任意闭合路径的积分等于零,这称为场强的环路定理。

在力学课程中,若一个力为保守力,我们可以定义相应的势能。由于静电力为保守力,显然,也可以定义静电势能。

当电荷处在电场中一定位置处时,具有一定的电势能。当电荷在电场力作用下从 A 点运动到 B 点,则电场力对电荷所做的功等于电荷在两点处静电势能增量的负值。

$$W_{AB}=U_A-U_B=-(U_B-U_A)$$

其中:W_{AB} 为电荷从 A 点运动到 B 点过程中电场力对电荷做的功;U_A 为运动电荷在 A 点处的电势能;U_B 为运动电荷在 B 点处的电势能。

和重力势能类似,电势能也是一个相对的量,即电场力做功只与两点间电势能的差值有关,而单独某一点的电势能的绝对值没有直接意义。因此,我们要确定电荷在电场中某一点处电势能的大小,必须选定一个作为参考的零电势能点。一般情况下,我们选定电荷处在无穷远处时的静电势能为零,即令 $U_\infty=0$。则电荷在电场中 A 点处的电势能为

$$U_A=U_{A\infty}=U_A-U_\infty=W_{A\infty}=\int_A^\infty \boldsymbol{F}\cdot \mathrm{d}\boldsymbol{l}$$

即电荷在电场中 A 点处的电势能 U_A 在数值上等于将电荷从 A 点移动到无穷远处过程中电场力所做的功。

注意,和重力势能类似,静电势能也是属于系统的,即某电荷在电场中的电势能属于该电荷和激发电场的电荷系统所共有,因此电势能并不直接描述电场中某点处电场的性质。但 U_A 与该电荷电量 q 的大小成正比,即比值 $\frac{U_A}{q}$ 与该电荷无关,只决定于电场本身的性质,因此可用此比值来作为表征静电场中给定点电场性质的物理量,称为电势,用符号 V 表示:

$$V_A=\frac{U_A}{q}=\frac{1}{q}\int_A^\infty \boldsymbol{F}\cdot \mathrm{d}\boldsymbol{l}=\int_A^\infty \boldsymbol{E}\cdot \mathrm{d}\boldsymbol{l}$$

即 A 点处的电势等于电场强度沿任意路径从 A 点到无穷远处的积分。

电势的单位为 J/C,或伏特(V)。

在静电场中,任意两点 A、B 之间的电势差有时也称为电压,数值上等于单位正电荷从 A 点经任意路径移动到 B 点时电场力所做的功。

对某种电荷分布情况下空间电场中任意点电势的计算,第一个方法是先用上一节的方法求出空间的电场强度分布的情况,然后寻找一条从当前点到无穷远的路径,并利用电势的定义公式将电场强度沿此路径进行积分计算。

第二个方法是先求出单独点电荷在空间中产生电场的电势公式,然后再利用叠加原理求出多电荷情况下电场的电势。

对一个单独的点电荷,距离电荷 r 距离处的 P 点的电势为

$$V=\int_P^\infty \boldsymbol{E}\cdot \mathrm{d}\boldsymbol{l}=\int_P^\infty \frac{1}{4\pi\varepsilon_0}\frac{q}{r^3}\boldsymbol{r}\cdot \mathrm{d}\boldsymbol{l}=\frac{q}{4\pi\varepsilon_0}\int_r^\infty \frac{1}{r^2}\mathrm{d}r=\frac{q}{4\pi\varepsilon_0 r}$$

即点电荷产生的电场的电势与电荷的带电量成正比,与到点电荷的距离成反比。点电荷为正时,空间电场的电势也为正值,离点电荷越远电势越低;点电荷为负时,空间电场的电势为负值,离点电荷越远电势越高。

对多个点电荷 q_1、q_2、$\cdots q_n$形成的电场,对于电场中任意点 P,若其到各点电荷的距离分别为 r_1、r_2、$\cdots r_n$,则 P 点电势为

$$V=\int_P^\infty \boldsymbol{E}\cdot \mathrm{d}\boldsymbol{l}=\int_P^\infty (\boldsymbol{E}_1+\boldsymbol{E}_2+\cdots+\boldsymbol{E}_n)\cdot \mathrm{d}\boldsymbol{l}=\int_P^\infty \boldsymbol{E}_1\cdot \mathrm{d}\boldsymbol{l}+\int_P^\infty \boldsymbol{E}_2\cdot \mathrm{d}\boldsymbol{l}+\cdots+\int_P^\infty \boldsymbol{E}_n\cdot \mathrm{d}\boldsymbol{l}$$

$$=\frac{q_1}{4\pi\varepsilon_0 r_1}+\frac{q_2}{4\pi\varepsilon_0 r_2}+\cdots+\frac{q_n}{4\pi\varepsilon_0 r_n}=V_1+V_2+\cdots+V_n$$

即多个点电荷在 P 点产生的电场的电势等于每个点电荷单独在 P 点产生的电场的电势的代数和。

例题 1-9 一个电偶极子电量为 q,相距 l。点电荷 q_0沿半径为 R 的半圆路径 L 从左端 A 点运动到右端 B 点,如图 1-13 所示。试求 q_0所受的电场力所做的功。

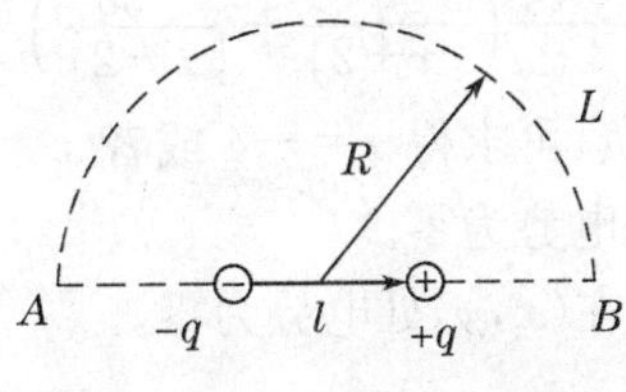

图 1-13 例题 1-9 图

解:求电场力做功,可以先计算出各处的电场力,然后通过电场力沿相应路径的积分来求得。但这种方法一般比较繁琐,对一般情况很难直接计算。

由于静电力为保守力,求电场力做功的问题可以转化为求电势能的变化问题,进而转化为求两点间电势差的问题。

对本题,以无限远为电势零点,则 A 点电势为

$$V_A=\frac{-q}{4\pi\varepsilon_0(R-l/2)}+\frac{q}{4\pi\varepsilon_0(R+l/2)}=\frac{q}{4\pi\varepsilon_0}\left(\frac{1}{R+l/2}-\frac{1}{R-l/2}\right)=-\frac{q}{4\pi\varepsilon_0}\frac{l}{R^2-l^2/4}$$

B 点电势为

$$V_B=\frac{-q}{4\pi\varepsilon_0(R+l/2)}+\frac{q}{4\pi\varepsilon_0(R-l/2)}=\frac{q}{4\pi\varepsilon_0}\left(\frac{1}{R-l/2}-\frac{1}{R+l/2}\right)=\frac{q}{4\pi\varepsilon_0}\frac{l}{R^2-l^2/4}$$

则两点间电势差为 $\Delta V=V_B-V_A=\frac{1}{2\pi\varepsilon_0}\frac{ql}{R^2-l^2/4}$。即 B 点比 A 点电势增加了 $\Delta V=\frac{1}{2\pi\varepsilon_0}\frac{ql}{R^2-l^2/4}$。当正点电荷 q_0从 A 点运动到 B 点时,电势能也增加,则电场力做负功。电场力做功为

$$W=-q_0\Delta V=-\frac{1}{2\pi\varepsilon_0}\frac{q_0 ql}{R^2-l^2/4}$$

例题 1-10 在 xy 平面中,若有两点电荷,一电量为$+q$,位于$(-2,0)$;另一电量为$-3q$,位于$(2,0)$。问:

(a) 两电荷连线上是否存在电场强度为零的点?如果有,在哪里?

(b) 两电荷连线上是否存在电势为零的点?如果有,在哪里?

(c) 在平面上是否还存在电势为零的点?若存在,其构成什么形状?

解:(a) 由点电荷电场强度的内容可知,两异号电荷产生的电场在连线中间电场强度方向相同,

合场强不可能为零。在连线两侧场强方向相反，但在$-3q$电荷右侧，$-3q$电荷产生的场强大小总大于$+q$电荷产生的场强大小，合场强也不可能为零。因此，只有在连线$+q$电荷左侧才有可能出现场强为零的点。设该点坐标为$(x,0)$，其中$x<-2$。

则$+q$电荷在该点处产生的场强大小为$E_1=\frac{1}{4\pi\varepsilon_0}\frac{q}{(-2-x)^2}$，方向沿$-x$方向；

$-3q$电荷在该点处产生的场强大小为$E_2=\frac{1}{4\pi\varepsilon_0}\frac{3q}{(2-x)^2}$，方向沿$+x$方向。

则总场强为$E=E_2-E_1=\frac{1}{4\pi\varepsilon_0}\left[\frac{3q}{(2-x)^2}-\frac{q}{(-2-x)^2}\right]=0$。

可解得$x=-4-2\sqrt{3}$(另一$x>-2$的根要舍去)。

即在$(-4-2\sqrt{3},0)$处两电荷产生的总电场强度为零。

(b) 电势为标量，没有方向问题，只用考虑大小和正负。设在连线上$(x,0)$处电势为零。

则$+q$电荷在该点处产生的电势为$V_1=\frac{1}{4\pi\varepsilon_0}\frac{q}{|x+2|}$；

$-3q$电荷在该点处产生的电势为$V_2=\frac{1}{4\pi\varepsilon_0}\frac{-3q}{|x-2|}$。

则该点处总电势为$V=V_1+V_2=\frac{1}{4\pi\varepsilon_0}\left(\frac{q}{|x+2|}+\frac{-3q}{|x-2|}\right)=0$。

解此方程，注意绝对值打开的正负，可求得$x=-4$或者$x=-1$。

即在连线上$(-4,0)$及$(-1,0)$处电势为零。

(c) 在xy平面上任意位置处，设在(x,y)处电势为零。

则$+q$电荷在该点处产生的电势为$V_1=\frac{1}{4\pi\varepsilon_0}\frac{q}{\sqrt{(x+2)^2+y^2}}$；

$-3q$电荷在该点处产生的电势为$V_2=\frac{1}{4\pi\varepsilon_0}\frac{-3q}{\sqrt{(x-2)^2+y^2}}$。

则该点处总电势为$V=V_1+V_2=\frac{1}{4\pi\varepsilon_0}\left[\frac{q}{\sqrt{(x+2)^2+y^2}}+\frac{-3q}{\sqrt{(x-2)^2+y^2}}\right]=0$。

可得$\frac{1}{\sqrt{(x+2)^2+y^2}}-\frac{3}{\sqrt{(x-2)^2+y^2}}=0$。

整理，得$\sqrt{(x-2)^2+y^2}=3\sqrt{(x+2)^2+y^2}$。

两边平方，有$(x-2)^2+y^2=9(x+2)^2+9y^2$。

解得$\left(x+\frac{5}{2}\right)^2+y^2=\left(\frac{3}{2}\right)^2$。

这是一个圆心在$(-5/2,0)$、半径为$3/2$的圆的方程，即平面中电势为零的点的轨迹构成一个圆心在$(-5/2,0)$、半径为$3/2$的圆。

对于电荷连续分布的带电体，产生的电场电势的计算方法和电荷连续分布带电体产生的电场场强的计算方法类似，也是将电荷连续分布的带电体分成很多微元，然后用积分的方法进行计算，公式为

$$V=\int\frac{1}{4\pi\varepsilon_0 r}\mathrm{d}q$$

对体电荷分布情况，激发的电场电势公式为

$$V=\frac{1}{4\pi\varepsilon_0}\int\frac{\rho}{r}\mathrm{d}V$$

面电荷分布情况下，激发的电场电势公式为

$$V=\frac{1}{4\pi\varepsilon_0}\int\frac{\sigma}{r}\mathrm{d}S$$

线电荷分布情况下，激发的电场电势公式为

$$V=\frac{1}{4\pi\varepsilon_0}\int\frac{\lambda}{r}\mathrm{d}l$$

注意，因为电势为标量，电势计算中的求和或积分不需要考虑方向的问题，因此计算相对于电场强度的计算要简单一些。

例题 1-11 一半径为 R 的均匀带电细圆环，所带电量为 q。求在圆环轴线上任意点 P 的电势。

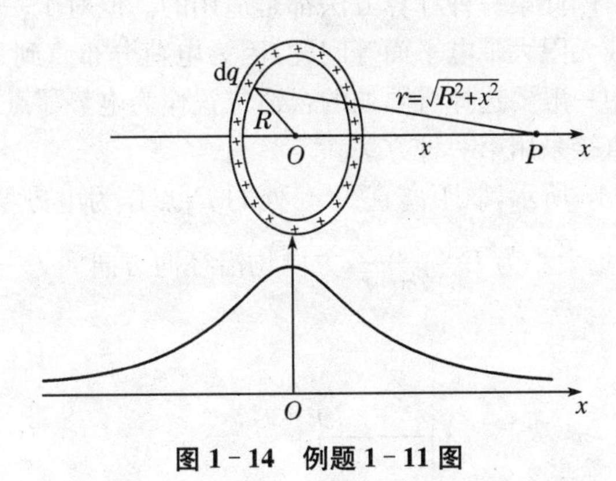

图 1-14 例题 1-11 图

解：对连续电荷的电势计算，通常可采用两种方法：第一种如上文所述，将连续电荷分成很多微元，将每一电荷微元看做点电荷情况计算在该处的电势，然后通过叠加(或积分)的方法求出总电势；第二种方法先利用本章第三节内容中关于连续电荷分布电场强度的计算方法算出空间的电场强度，然后利用电势的定义通过该点到无限远(或其他电势零点处)的电场强度的路径积分求得。对一般情况，这两种方法都可以得到正确结果。本题利用两种方法分别计算。

第一种方法：在圆环上取电荷微元 $\mathrm{d}q$，该微元在 P 点产生的电势为

$$\mathrm{d}V=\frac{1}{4\pi\varepsilon_0}\frac{\mathrm{d}q}{r}=\frac{1}{4\pi\varepsilon_0}\frac{\mathrm{d}q}{\sqrt{R^2+x^2}},$$

则整个圆环在 P 点处产生的总电势为

$$V=\int\mathrm{d}V=\int\frac{1}{4\pi\varepsilon_0}\frac{\mathrm{d}q}{\sqrt{R^2+x^2}}=\frac{1}{4\pi\varepsilon_0\sqrt{R^2+x^2}}\int\mathrm{d}q=\frac{q}{4\pi\varepsilon_0\sqrt{R^2+x^2}}$$

第二种方法：由例题 1-7 的结果可知，均匀带电圆环在轴线上的场强为

$$\boldsymbol{E}=\frac{1}{4\pi\varepsilon_0}\frac{qx}{(x^2+R^2)^{3/2}}\boldsymbol{i}$$

则在 P 点处的电势为

$$V=\int_P^\infty\boldsymbol{E}\cdot\mathrm{d}\boldsymbol{l}=\int_x^\infty\frac{1}{4\pi\varepsilon_0}\frac{qx}{(x^2+R^2)^{3/2}}\mathrm{d}x=\frac{q}{4\pi\varepsilon_0}\int_x^\infty\frac{x}{(x^2+R^2)^{3/2}}\mathrm{d}x$$

而 $\int_x^\infty\frac{x}{(x^2+R^2)^{3/2}}\mathrm{d}x=-\frac{1}{\sqrt{x^2+R^2}}\Bigg|_x^\infty=\frac{1}{\sqrt{x^2+R^2}}$，因此 $V=\frac{q}{4\pi\varepsilon_0}\frac{1}{\sqrt{x^2+R^2}}$。

计算结果和第一种方法的相同。

比较两种计算方法，第二种方法需要先计算电场强度。由于电势为标量，只需计算大小，对于连续电荷分布的积分计算，通常电势的计算要比电场强度的计算更为简单。因此，对于连续电荷分布电势的计算通常采用第一种方法，即直接利用微元电荷的电势积分求得。

注意，对一些对称性比较高的电荷分布情况，如球对称分布情况，我们在本章第六节中会讲到可

以利用高斯定理计算其电场强度，这一方法较为简便。对该种情况，先利用高斯定理方法求出电场强度，再来计算电势反而会更简便。

例题 1－12 求电荷线密度为 λ 的无限长均匀带电直线电场中的电势分布。

解：在例题 1－11 中，我们讲述了对连续电荷分布情况下空间电势的计算通常可以有两种方法：第一种方法，将每一电荷微元的电势进行叠加(或积分)求出总电势；第二种方法，先计算连续电荷分布情况下空间的电场强度，然后利用电势的定义通过该点到无限远(或其他电势零点处)的电场强度的路径积分求得。但在第一种方法中，每个电荷微元产生的电势是以无限远作为默认电势零点的，若不取无限远为电势零点，则第一种计算方法得到的结果有问题。对于一般有限空间下的电荷分布，都可以取无限远作为电势零点，因此第一种计算方法都是适用的。但对于一些电荷有无限分布的情况，如本题中无限长带电直线，或无限大带电平面等问题，因为电荷分布直到无限远处，因此不能取无限远作为电势零点，此类问题中一般要选择有限处的合适位置作为电势零点，此时只能采用第二种方法计算空间电势分布，而不能直接采用第一种方法。

对本题情况，可如图 1－15 所示，取距离直线 r_0 处的 P_0 点作为电势零点。由例题 1－5 可知，无限长均匀带电直线产生的电场大小为 $E=\dfrac{\lambda}{2\pi\varepsilon_0 r}$，方向均沿径向方向。

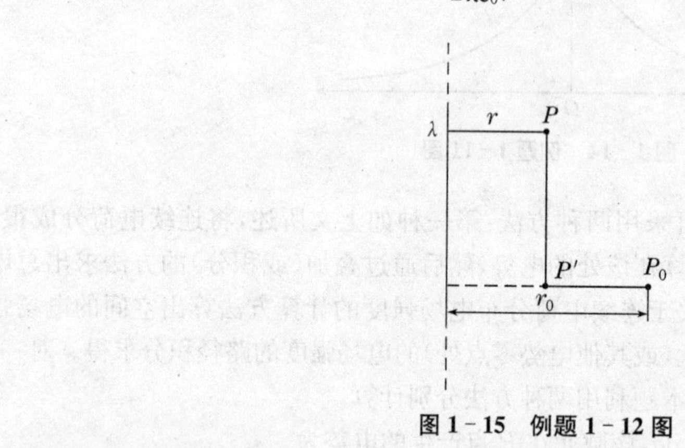

图 1－15 例题 1－12 图

对 P 点电势，可如图所示取路径 $P\to P'\to P_0$。由于电场总是沿径向方向，从 P 到 P' 的路径上电场强度的积分为零，因此只用计算从 P' 到 P_0 路径的场强积分：

$$V(P')-V(P_0)=\int \boldsymbol{E}\cdot \mathrm{d}\boldsymbol{l}=\int_r^{r_0}\frac{\lambda}{2\pi\varepsilon_0 r}\mathrm{d}r=\frac{\lambda}{2\pi\varepsilon_0}\ln\frac{r_0}{r}$$

以 P_0 点处为电势零点，即 $V(P_0)=0$。因此，距离直线 r 处的 P 点的电势为

$$V=\frac{\lambda}{2\pi\varepsilon_0}\ln\frac{r_0}{r}$$

有时也可以写为

$$V=-\frac{\lambda}{2\pi\varepsilon_0}\ln\frac{r}{r_0}$$

若直线带正电荷($\lambda>0$)，则比 P_0 靠近直线处($r<r_0$ 时)电势为正；比 P_0 远离直线处($r>r_0$ 时)电势为负。

在力学部分的内容中，我们叙述过，保守力和其相对应的势能之间满足如下关系：

$$\Delta E_p=-\int_A^B \boldsymbol{F}\cdot \mathrm{d}\boldsymbol{l}$$

$$\boldsymbol{F}=F_x\boldsymbol{i}+F_y\boldsymbol{j}+F_z\boldsymbol{k}=-\frac{\partial E_p}{\partial x}\boldsymbol{i}-\frac{\partial E_p}{\partial y}\boldsymbol{j}-\frac{\partial E_p}{\partial z}\boldsymbol{k}$$

静电力为保守力，显然电场力和电势能之间也满足上式。

将公式两边都除以运动电荷电量，则可得到电场强度和电势之间的关系：

$$\Delta V = -\int_A^B \boldsymbol{E} \cdot \mathrm{d}\boldsymbol{l} \text{ 或 } V = \int_P^{\infty} \boldsymbol{E} \cdot \mathrm{d}\boldsymbol{l}$$

$$\boldsymbol{E} = -\frac{\partial V}{\partial x}\boldsymbol{i} - \frac{\partial V}{\partial y}\boldsymbol{j} - \frac{\partial V}{\partial z}\boldsymbol{k} = -\nabla V = -\mathrm{grad}V$$

其中 grad 称为梯度(Gradient),即电场强度等于电势梯度的负值。

对电势进行梯度运算,结果为矢量,即电势梯度矢量,在方向上与电势在该点处空间变化率为最大的方向相同,在数值上等于沿该方向上的电势的空间变化率。

通过一确定电场的场强分布,可以计算出任意点的电势;同样,通过一确定电场的电势分布,也可以计算出任意点的电场强度。

例题 1-13 由例题 1-11 求出的均匀带电圆环轴线上电势的公式来求轴线上各处的电场强度。

解:由例题 1-11,均匀带电圆环在轴线上的电势为 $V=\frac{q}{4\pi\varepsilon_0}\frac{1}{\sqrt{x^2+R^2}}$。

由电场强度和电势间的关系,则轴线上电场强度的 x 分量为

$$E_x = -\frac{\partial V}{\partial x} = \frac{qx}{4\pi\varepsilon_0(x^2+R^2)^{3/2}}$$

由对称性,均匀带电圆环在轴线上的电场沿着 x 方向,因此 y、z 方向的分量为零,不需计算。因此轴线上的电场强度为

$$\boldsymbol{E} = \frac{qx}{4\pi\varepsilon_0(x^2+R^2)^{3/2}}\boldsymbol{i}$$

和例题 1-7 利用积分方法计算的结果一致。

注意,因为我们仅计算了轴线上的电势,并不知道电势在偏离轴线方向上的变化情况。因此,不能用该电势对 y 及 z 的偏微分来计算电场强度的 y、z 方向的分量。

5. 电场线(Electric field lines)和等势面(Equipotential surfaces)

为了比较形象地描述电场中场强和电势的空间分布情形,使人们能够对电场有一个比较直观的印象,通常可引入电场线和等势面的概念来描述电场。

因为电场中每一点的电场强度的大小和方向都不一样,我们可以按照一定规则在电场中画出一系列的有向曲线来描述电场中的场强情况,这些有向曲线就称为电场线。

显然,电场线要描述清楚电场中各点的电场强度的方向和相对大小。我们在画电场时,要求曲线上每一点处的切线方向和该点处的电场强度的方向一致,这样就可以利用电场线来描述电场中任意点处的电场强度的方向。

另外,可以用电场线的疏密程度来表示电场强度的大小。要求在电场中任一点,在垂直于该点场强方向的单位面积上通过的电场线的根数和该点的电场强度的大小成正比。这样就可以利用电场线来描述电场中任意点处的电场强度的相对大小,即在电场线比较密集的地方电场强度比较大,在电场线比较稀疏的地方电场强度比较小。

此外,对静电场的电力线来说,还要满足以下要求:电场线必须起始于正电荷(或无穷远),终止于负电荷(或无穷远),不会在没有电荷处中断;电场线也不会形成闭合曲线;任何两条电场线不会相交。这些都和静电场本身的性质有关。

在电场中,除了用电场线来描述电场强度的分布情况,还可以用等势面来描述空间中电势的分布情况。对任意电场,电场中的电势是逐点变化的,但有许多点的电势是相等的,可以把电势相等的点连接到一起,所形成的一系列曲面就称为等势面。

对任意电场，其等势面要满足如下规则：对任一等势面上不同两点处电势相等；任意电荷沿等势面运动时电场力不做功；在电场中任意处电场强度总是垂直于该处的等势面，且总是从高电势指向低电势；等势面的疏密程度与该处电场强度的大小有关，等势面越密集，相邻等势面距离越近，该处电场强度越大；等势面越稀疏，相邻等势面距离越远，该处电场强度越小。

有了电场线和等势面，就可以比较直观地表示出空间中电场的情况。

注意，电场线和等势面都是为了辅助描述电场而虚拟的线和面，并不是实际存在的。

图 1-16 中给出了几种典型情况下的电场线和等势面。

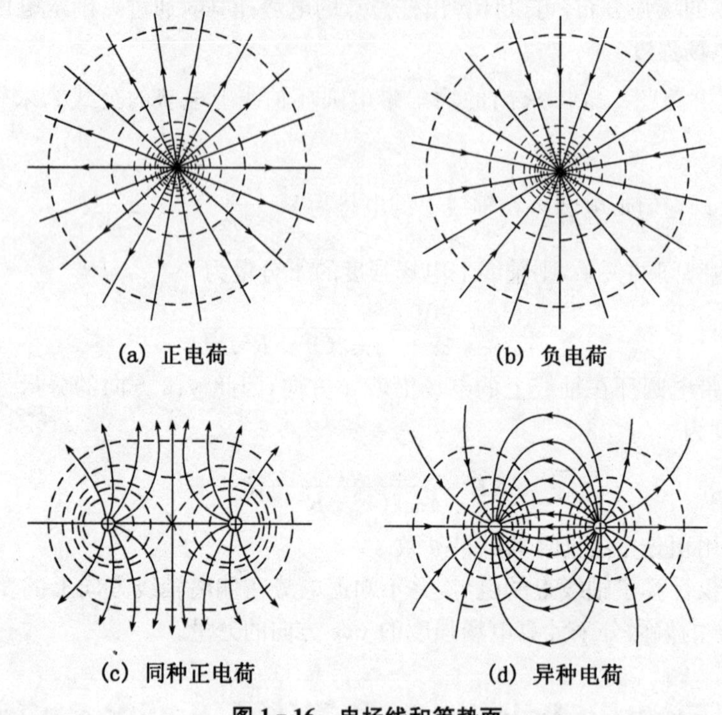

图 1-16　电场线和等势面

6. 高斯定理(Gauss's law)

电通量(Electric flux)：通量是描述矢量场的一个重要概念。对静电场的情况，若为均匀电场，取一个假想的和电场强度方向垂直的平面，如图 1-17(a)所示，则定义通过该平面的电通量 Φ_E 等于该平面的面积 S 和电场强度的大小 E 的乘积，即

$$\Phi_E = ES$$

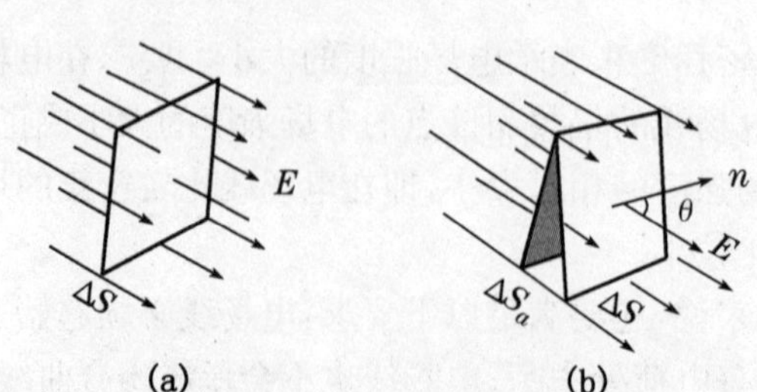

图 1-17　电通量

电通量的概念在直观上可以用电场线的图像来描述，即通过一个平面的电通量可看做通过这个平面的电场线的根数。

若平面和电场强度的方向不垂直,设平面的法线方向与电场强度 $\boldsymbol{E}$ 成 θ 角,如图 1-17(b)所示,则通过这一平面的电通量为

$$\Phi_{\mathrm{E}}=E\cos\theta S=E_{\mathrm{n}}S$$

即电通量等于电场强度大小乘以平面面积再乘以电场强度与平面法线方向夹角的余弦值。

若我们定义面积矢量,即我们将平面用一个矢量来表示,矢量的大小即为平面的面积 S,矢量的方向为平面的法线方向 $\boldsymbol{e}_{\mathrm{n}}$,写成 $\boldsymbol{S}=S\boldsymbol{e}_{\mathrm{n}}$。则通过平面 $\boldsymbol{S}$ 的电通量可写为

$$\Phi_{\mathrm{E}}=E\cos\theta S=\boldsymbol{E}\cdot\boldsymbol{S}$$

因为平面矢量的方向与电场强度的方向之间的夹角可从 0°到 180°,所以通过给定平面的电通量可正可负(或为零)。当夹角 θ 为锐角(或 0°)时,$\cos\theta>0$,电通量为正值;当夹角 θ 为钝角(或 180°)时,$\cos\theta<0$,电通量为负值;当夹角 θ 为直角时,$\cos\theta=0$,电通量为零。

在一般情况下,电场是不均匀的,而我们所取的几何面也可以是任意的假想曲面,这时无法直接用一个 $\boldsymbol{E}$ 和 $\boldsymbol{S}$ 的乘积来得到电通量。这时,一般把整个假想曲面分割成很多面积元 $\mathrm{d}\boldsymbol{S}$,如图 1-18 所示,每个面积元可看做一个平面矢量,大小为 $\mathrm{d}S$,方向沿该微小面元的正法线方向(注意:对一个曲面,所分割的所有面元的正法线方向应指向曲面相同的一侧,对封闭曲面,一般正法线方向指向封闭曲面的外侧)。在每个微小面元处,电场 $\boldsymbol{E}$ 可近似看做是均匀的。因此,在每个微小面元处的电通量为

$$\mathrm{d}\Phi_{\mathrm{E}}=E\cos\theta\mathrm{d}S=\boldsymbol{E}\cdot\mathrm{d}\boldsymbol{S}$$

则通过整个假想曲面的电通量为

$$\Phi_{\mathrm{E}}=\int\mathrm{d}\Phi_{\mathrm{E}}=\int\boldsymbol{E}\cdot\mathrm{d}\boldsymbol{S}$$

若假想曲面为封闭曲面,则通过的电通量为

$$\Phi_{\mathrm{E}}=\oint\boldsymbol{E}\cdot\mathrm{d}\boldsymbol{S}$$

其中 $\oint$ 符号表示对整个封闭曲面积分。

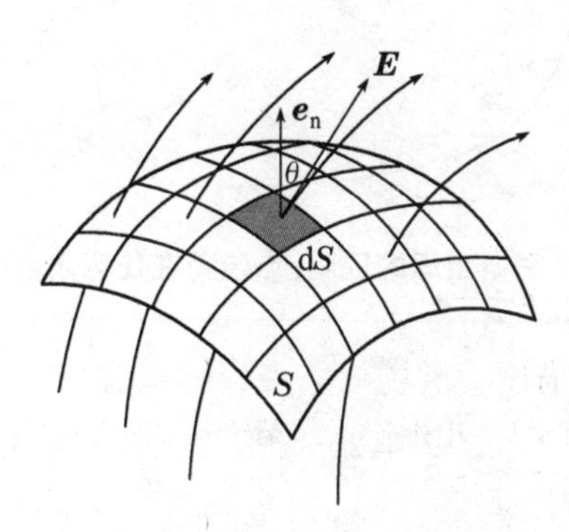

图 1-18　通过任意曲面的电通量

在静电场中,人们根据研究任意闭合曲面上通过的电通量和产生电场的电荷分布之间的关系,发现其满足如下的定理:静电场中任意闭合曲面上通过的电通量等于此闭合曲面内部所包围的空间中电荷量的总和除以真空介电常数 ε_0,写为

$$\oint_S\boldsymbol{E}\cdot\mathrm{d}\boldsymbol{S}=\frac{1}{\varepsilon_0}\sum_{\text{closed}}q=\frac{1}{\varepsilon_0}\int_V\rho\mathrm{d}V$$

其中 ρ 为闭合曲面内部各处的电荷体密度。这一定理被称为高斯定理,是一个表征静电场性质的基本定理。

下面我们来简单证明一下高斯定理。

我们先看一个最简单的情况,即一个单独的点电荷激发的电场情况,且假想曲面取以点电荷为球心、半径为 r 的球面,如图 1-19 所示。

显然，若点电荷电量为 q，在此球面上任意处的电场强度为

$$\boldsymbol{E}=\frac{q}{4\pi\varepsilon_0 r^3}\boldsymbol{r}$$

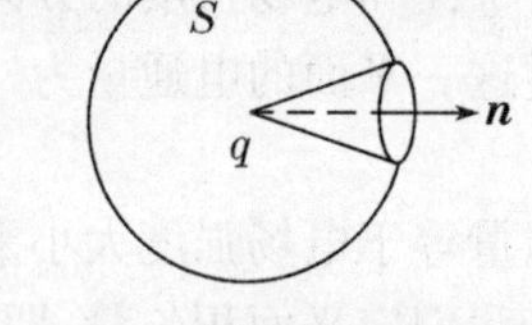

图 1-19 高斯定理的证明：点电荷为球心的球面状况

则对曲面上任意面元 $\mathrm{d}\boldsymbol{S}$，通过的电通量为

$$\mathrm{d}\Phi_{\mathrm{E}}=\boldsymbol{E}\cdot\mathrm{d}\boldsymbol{S}=\frac{q}{4\pi\varepsilon_0 r^2}\mathrm{d}S$$

整个曲面上的电通量为

$$\Phi_{\mathrm{E}}=\oint_S \boldsymbol{E}\cdot\mathrm{d}\boldsymbol{S}=\oint_S \frac{q}{4\pi\varepsilon_0 r^2}\mathrm{d}S=\frac{q}{4\pi\varepsilon_0 r^2}\oint_S \mathrm{d}S=\frac{q}{4\pi\varepsilon_0 r^2}4\pi r^2=\frac{q}{\varepsilon_0}$$

即对单独点电荷激发的电场，若曲面为以点电荷为球心的球面，则高斯定理成立。

下面我们将球面推广到任意包围点电荷的曲面情况。

如图 1-20 所示，对任意的包围点电荷 q 的曲面 S，在其内部取一个以点电荷为球心的半径为 R 的较小球面 S_0。若从点电荷 q 处发出一小锥角（称为立体角 $\mathrm{d}\Omega$），此锥角在曲面 S 及小球面 S_0 上截得的面元分别为 $\mathrm{d}\boldsymbol{S}$ 和 $\mathrm{d}\boldsymbol{S}_0$。由于大的曲面是任意曲面，$\mathrm{d}\boldsymbol{S}$ 的方向和该处电场强度的方向一般不一致，则在 $\mathrm{d}\boldsymbol{S}$ 处的电通量为

$$\mathrm{d}\Phi_{\mathrm{E}}=\boldsymbol{E}\cdot\mathrm{d}\boldsymbol{S}=E\cos\theta\mathrm{d}S=E\mathrm{d}S'$$

其中 $\mathrm{d}S'=\mathrm{d}S\cos\theta$，为面积元 $\mathrm{d}\boldsymbol{S}$ 在垂直于 $\boldsymbol{r}$（点电荷到面积元 $\mathrm{d}\boldsymbol{S}$ 处的位矢）的面上的投影的数值。$\mathrm{d}S'$ 的正、负根据面积元 $\mathrm{d}\boldsymbol{S}$ 的方向来确定：即点电荷在 $\mathrm{d}\boldsymbol{S}$ 内侧（$\mathrm{d}\boldsymbol{S}$ 与该点 $\boldsymbol{E}$ 夹角为锐角或零）时，$\mathrm{d}S'$ 为正；点电荷在 $\mathrm{d}S$ 外侧（$\mathrm{d}\boldsymbol{S}$ 与该点 $\boldsymbol{E}$ 夹角为钝角或 180°）时，$\mathrm{d}S'$ 为负。

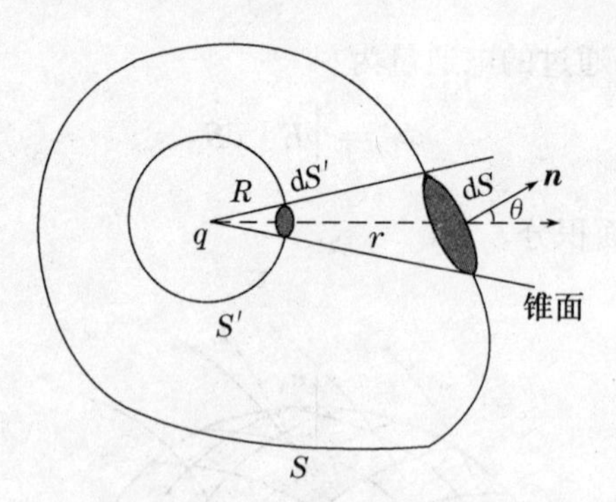

图 1-20 高斯定理的证明：点电荷在任意闭合曲面内部

显然，由几何关系可知

$$\frac{\mathrm{d}S'}{\mathrm{d}S_0}=\frac{r^2}{R^2}\text{或}\frac{\mathrm{d}S'}{r^2}=\frac{\mathrm{d}S_0}{R^2}$$

则通过 $\mathrm{d}\boldsymbol{S}$ 的电通量为

$$\mathrm{d}\Phi_{\mathrm{E}}=E\mathrm{d}S'=\frac{q}{4\pi\varepsilon_0 r^2}\mathrm{d}S'=\frac{q}{4\pi\varepsilon_0 R^2}\mathrm{d}S_0$$

即 $\mathrm{d}\boldsymbol{S}$ 上通过的电通量和 $\mathrm{d}\boldsymbol{S}_0$ 上通过的电通量相等。

显然，大曲面上的面积元 $\mathrm{d}\boldsymbol{S}$ 和小球面上的面积元 $\mathrm{d}\boldsymbol{S}_0$ 总是一一对应的，当将大曲面上划分的面积元一一取遍时，则对应的小球面的面积元也无重复地全部取遍。因此，在大曲面上的总积分对应于小球面上的积分：

$$\Phi_{\mathrm{E}}=\oint_S \boldsymbol{E}\cdot\mathrm{d}\boldsymbol{S}=\oint_S \frac{q}{4\pi\varepsilon_0 r^2}\cos\theta\mathrm{d}S=\oint_{S_0}\frac{q}{4\pi\varepsilon_0 R^2}\mathrm{d}S_0=\frac{q}{\varepsilon_0}$$

即包围点电荷的任意曲面上的电通量和以点电荷为球心的小球面上的电通量是相等的，都等于 $\frac{q}{\varepsilon_0}$。故对包围点电荷的任意曲面，高斯定理都成立。

用电场线的观点，对于点电荷，空间的电场线为从点电荷处朝着无穷远处发出的一系列射线。显然，所有的射线都通过以点电荷为球心的球面，也都通过包围点电荷的任意曲面，即包围点电荷的任意曲面上通过的电场线的根数和以点电荷为球心的球面上通过的电场线的根数是一样的，也即电通量相同，因此都满足高斯定理。

下面再讨论对不包围点电荷的任意曲面的情况。

如图1-21所示，对于一点电荷之外的任意曲面，从点电荷发出的任意小锥角(立体角 $d\Omega$)和曲面要么不相交，要么和曲面相交两次(或四次、六次等偶数次)，即截得两个面积元分别为 $d\boldsymbol{S}_1$ 和 $d\boldsymbol{S}_2$，点电荷 q 到两个面积元的位矢分别为 $\boldsymbol{r}_1$ 和 $\boldsymbol{r}_2$，面积元矢量和相应位置处的电场强度的夹角分别为 θ_1 和 θ_2。由图可知，θ_1 和 θ_2 必然一个为锐角(或 0°)，一个为钝角(或 180°)。另外，此立体角截一个以点电荷 q 为球心、半径为 R 的球面得到的面元为 $d\boldsymbol{S}_0$。由前面的推导，可得

$$d\Phi_1=\boldsymbol{E}_1\cdot d\boldsymbol{S}_1=\frac{q}{4\pi\varepsilon_0 r_1^2}\cos\theta_1 dS_1=\frac{q}{4\pi\varepsilon_0 R^2}dS_0$$

$$d\Phi_2=\boldsymbol{E}_2\cdot d\boldsymbol{S}_2=\frac{q}{4\pi\varepsilon_0 r_2^2}\cos\theta_2 dS_2=-\frac{q}{4\pi\varepsilon_0 R^2}dS_0$$

显然，有 $d\Phi_1+d\Phi_2=0$。即对从点电荷发出任意立体角在点电荷外的任意曲面上截得的一对面元上通过的电通量的总和为零。而从点电荷发出的立体角在点电荷外曲面上截得的面元总是成对出现的，或者说点电荷外的曲面的所有部分总可以分成这样一对对的面元，因此整个曲面上的电通量也必然为零。故对点电荷外的任意曲面的情况，高斯定理也成立。

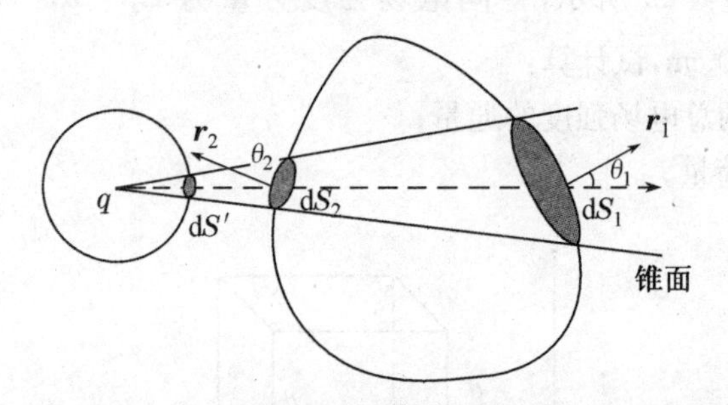

图1-21 高斯定理的证明:点电荷在任意闭合曲面外部

用电场线的观点，由于点电荷发出的电场线要么不通过点电荷外的曲面，要么穿进去的电场线必然会穿出来(因为点电荷的电场线是由点电荷处发出到无穷远处的射线，不会在有限空间处终止)，因此该曲面通过的总电通量必然为零。

由以上的论述我们知道，由点电荷激发的电场，对空间任意闭合曲面的情况，高斯定理都成立。

下面我们将之拓展到多点电荷(或任意电荷分布)激发的电场的情况。

若空间中存在 N 个点电荷共同激发电场，由电场的叠加原理，任意处的电场强度等于各点电荷单独在该处激发的电场强度的矢量和，即

$$\boldsymbol{E}=\boldsymbol{E}_1+\boldsymbol{E}_2+\cdots=\sum\boldsymbol{E}_i$$

对空间任意假想的闭合曲面 S，若有 n 个电荷 q_1、q_2、$\cdots q_n$ 在闭合曲面内部，n' 个电荷 $q_{1'}$、$q_{2'}$、$\cdots q_{n'}$ 在闭合曲面外部。对此闭合曲面上的总电通量，有

$$\begin{aligned}\Phi_E&=\oint_S\boldsymbol{E}\cdot d\boldsymbol{S}=\oint_S(\boldsymbol{E}_1+\boldsymbol{E}_2+\cdots+\boldsymbol{E}_n+\boldsymbol{E}_{1'}+\boldsymbol{E}_{2'}+\cdots+\boldsymbol{E}_{n'})\cdot d\boldsymbol{S}\\&=\oint_S\boldsymbol{E}_1\cdot d\boldsymbol{S}+\oint_S\boldsymbol{E}_2\cdot d\boldsymbol{S}+\cdots+\oint_S\boldsymbol{E}_n\cdot d\boldsymbol{S}+\oint_S\boldsymbol{E}_{1'}\cdot d\boldsymbol{S}+\oint_S\boldsymbol{E}_{2'}\cdot d\boldsymbol{S}+\cdots+\oint_S\boldsymbol{E}_{n'}\cdot d\boldsymbol{S}\end{aligned}$$

对每一个在闭合曲面内部的电荷 q_i，其产生的电场在曲面 S 上的电通量可利用点电荷情况下的高斯定理求得

$$\Phi_i=\oint_S\boldsymbol{E}_i\cdot d\boldsymbol{S}=\frac{q_i}{\varepsilon_0}$$

对在闭合曲面外部的电荷 $q_{i'}$，同样可得其产生的电场在曲面 S 上的电通量为

$$\Phi_{i'}=\oint_S \boldsymbol{E}_{i'}\cdot \mathrm{d}\boldsymbol{S}=0$$

则所有电荷激发的总电场在闭合曲面上的通量为

$$\begin{aligned}\Phi_{\mathrm{E}}&=\oint_S \boldsymbol{E}_1\cdot \mathrm{d}\boldsymbol{S}+\oint_S \boldsymbol{E}_2\cdot \mathrm{d}\boldsymbol{S}+\cdots+\oint_S \boldsymbol{E}_n\cdot \mathrm{d}\boldsymbol{S}+\oint_S \boldsymbol{E}_{1'}\cdot \mathrm{d}\boldsymbol{S}+\oint_S \boldsymbol{E}_{2'}\cdot \mathrm{d}\boldsymbol{S}+\cdots+\oint_S \boldsymbol{E}_{n'}\cdot \mathrm{d}\boldsymbol{S}\\&=\frac{q_1}{\varepsilon_0}+\frac{q_2}{\varepsilon_0}+\cdots+\frac{q_n}{\varepsilon_0}+0+0+\cdots+0=\frac{1}{\varepsilon_0}\sum_{\text{closed}}q\end{aligned}$$

即对多个点电荷激发的电场，对任意假想闭合曲面，高斯定理也都成立。因此，在任意的静电场中，通过任一闭合曲面的电通量，等于该闭合曲面内部所包围的电荷量的代数和除以 ε_0。

对于连续电荷分布的情况，高斯定理可以写成：

$$\oint_S \boldsymbol{E}\cdot \mathrm{d}\boldsymbol{S}=\frac{1}{\varepsilon_0}\sum_{\text{closed}}q=\frac{1}{\varepsilon_0}\int_V \rho \mathrm{d}V$$

其中：ρ 为电荷体密度；V 为闭合曲面 S 所包围的体积。

高斯定理和环路定理结合在一起，描述了静电场的完整性质。

注意：在高斯定理中，闭合曲面上电场强度的积分只和闭合曲面内部所包围的电荷有关，和闭合曲面外部的电荷无关，但这并不意味着闭合曲面外部的电荷对曲面上的电场强度没有影响。曲面外部电荷对整个闭合曲面产生的电通量为零，但对曲面上的电场强度是有影响的。

例题 1-14　如图 1-22 所示，空间电场强度分量为 $E_x=bx^{1/2}$，$E_y=0$，$E_z=0$，其中 $b=600\ \mathrm{N/(C\cdot m^{1/2})}$。设 $d=10\ \mathrm{cm}$，试计算：

(a) 通过立方体表面的总电场强度的通量；

(b) 立方体内的总电荷量。

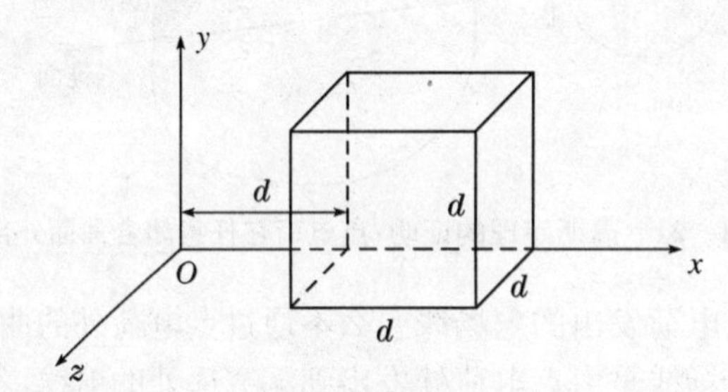

图 1-22　例题 1-14 图

解：(a) 由于电场强度仅 x 方向分量不为零，即电场强度都沿 x 方向，因此立方体的六个表面中，仅平行于 yz 平面的两个侧面上的电通量不为零，故电场强度通量的计算仅需计算此两平面部分。

对 $x=d$ 的左侧面，面的法线方向为 $-x$ 方向。由题意知，在相同 x 处电场强度大小相等，此处电场强度大小为 $E_{x1}=bd^{1/2}$。

因此，此侧面的电场强度的通量为

$$\Phi_1=\oint_{S_1}\boldsymbol{E}\cdot \mathrm{d}\boldsymbol{S}=(E_{x1}\boldsymbol{i})\cdot(-S_1\boldsymbol{i})=-bd^{1/2}\cdot d^2=-bd^{5/2}$$

对 $x=2d$ 的右侧面，面的法线方向为 $+x$ 方向，此处电场强度大小为 $E_{x2}=b\,(2d)^{1/2}=\sqrt{2}bd^{1/2}$。

因此，此侧面的电场强度的通量为

$$\Phi_2=\oint_{S_2}\boldsymbol{E}\cdot \mathrm{d}\boldsymbol{S}=(E_{x2}\boldsymbol{i})\cdot(S_2\boldsymbol{i})=\sqrt{2}bd^{1/2}\cdot d^2=\sqrt{2}bd^{5/2}$$

故此立方体表面的总电场强度的通量为

$$\Phi_{\mathrm{E}}=\Phi_1+\Phi_2=(\sqrt{2}-1)bd^{5/2}=(\sqrt{2}-1)\times 600\times 0.1^{5/2}\approx 0.79(\mathrm{N\cdot m^2/C})$$

(b) 由高斯定理：$\oint_S \boldsymbol{E}\cdot \mathrm{d}\boldsymbol{S}=\frac{1}{\varepsilon_0}\sum_{\mathrm{closed}} q$，此立方体内的总电荷量为

$$Q=\varepsilon_0\oint_S \boldsymbol{E}\cdot \mathrm{d}\boldsymbol{S}=\varepsilon_0\Phi_E=8.85\times 10^{-12}\times 0.79\approx 7.0\times 10^{-12}(\mathrm{C})$$

即立方体内所围空间的总电荷量为 7.0×10^{-12} C。

例题 1-15　求均匀带电球面的电场分布。已知球面半径为 R，所带总电量为 q（设 $q>0$）。

解：本题中的电荷分布是球对称的。按对称性的理论，如果原因具有什么样的对称性，则它的结果也必然具有同样的对称性，因而本题中电荷激发的电场也应该满足球对称。如图 1-23 所示，对球面外任一点 P 处的场强进行具体分析。设 P 距球心为 r，连接 OP 直线。由于自由空间的各向同性和电荷分布对于 O 点的球对称性，P 点电场强度 $\boldsymbol{E}$ 只可能是沿矢径 OP 的方向（假设 $\boldsymbol{E}$ 偏离 OP 方向，例如，向下 10°，可将带电球面连同它的电场以 OP 为轴转动 180°后，电场 $\boldsymbol{E}$ 就应该偏离 OP 向上 10°。但由于空间电荷分布并没有因为这一转动而发生变化，所以电场也应该不变，而不会发生变化。也就是说，P 点场强只有沿着 OP 方向，即径向方向才能保持不变，满足电荷对称性的要求），因此空间各点电场方向都沿相应径向方向。又由于电荷分布的球对称性，在以 O 点为圆心的同一球面 S 上，各点的场强的大小都应该相等。由以上分析的对称性，可选同心球面作为高斯面。在球面上任意面积微元 $\mathrm{d}\boldsymbol{S}$ 处，电场强度方向和面积的法线方向（面积的矢量方向）相同。因此，电场强度对整个球面的面积分为

$$\oint \boldsymbol{E}\cdot \mathrm{d}\boldsymbol{S}=\oint E\mathrm{d}S=E\oint \mathrm{d}S=E\cdot S=4\pi r^2 E$$

当 $r<R$ 时，球面内部包围电荷为零。由高斯定理：$\oint_S \boldsymbol{E}\cdot \mathrm{d}\boldsymbol{S}=\frac{1}{\varepsilon_0}\sum_{\mathrm{closed}} q$，有

$$4\pi r^2 E=0$$

可求得电场为 $E=0$。

当 $r>R$ 时，球面内部所包围电荷为 q。由高斯定理，有

$$4\pi r^2 E=\frac{q}{\varepsilon_0}$$

可求得电场为 $E=\frac{q}{4\pi\varepsilon_0 r^2}$，其方向沿着径向。

综合以上分析，空间电场为

$$\boldsymbol{E}=\begin{cases}0 & r<R\\ \frac{q}{4\pi\varepsilon_0 r^2}\boldsymbol{e}_r & r>R\end{cases}$$

空间电场强度随 r 的变化关系如图 1-23 所示。

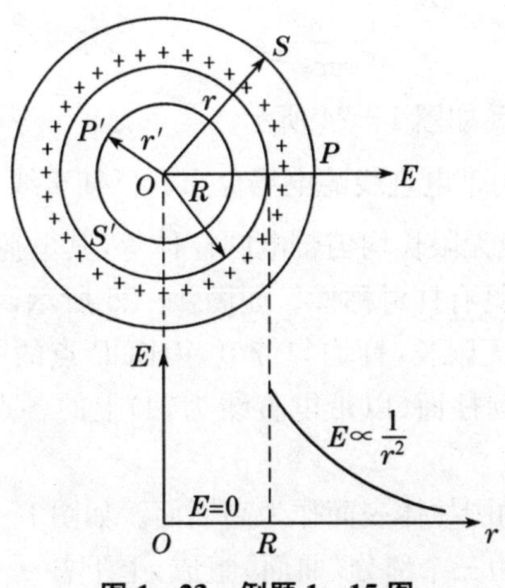

图 1-23　例题 1-15 图

例题 1 - 16 求均匀带电球体的电场分布。已知球半径为 R，所带总电量为 q。

解：如图 1 - 24 所示，均匀带电球体电荷也具有球对称分布，因此空间电场的分布也要满足球对称，电场强度的方向均沿着径向，半径相同处电场强度大小相同。

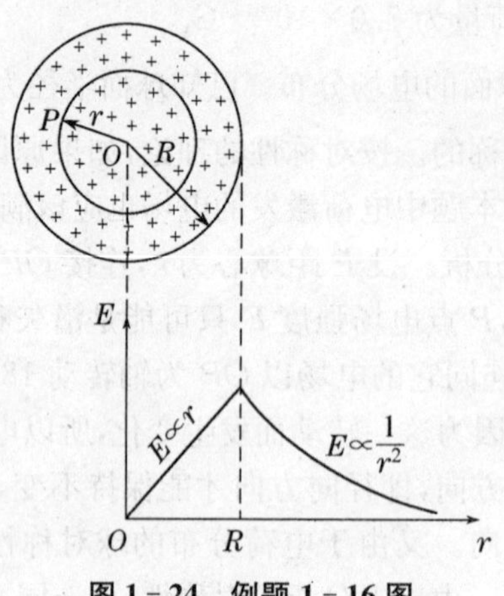

图 1 - 24 例题 1 - 16 图

对此情况，也可以如例题 1 - 15 一样取同心球面作为高斯面。电场强度对整个球面的面积分为

$$\oint \boldsymbol{E}\cdot \mathrm{d}\boldsymbol{S}=\oint E\mathrm{d}S=E\oint \mathrm{d}S=E\cdot S=4\pi r^2 E$$

当 $r\leqslant R$ 时，高斯面内所围电荷电量为

$$q'=\rho V=\frac{q}{\frac{4}{3}\pi R^3}\cdot\frac{4}{3}\pi r^3=\frac{qr^3}{R^3}$$

由高斯定理，有 $4\pi r^2 E=\frac{qr^3}{\varepsilon_0 R^3}$，可求得 $E=\frac{qr}{4\pi\varepsilon_0 R^3}$。

考虑其方向沿着径向，电场强度可写为 $\boldsymbol{E}=\frac{q\boldsymbol{r}}{4\pi\varepsilon_0 R^3}$。

当 $r>R$ 时，高斯面内所围电荷总量为 q。由高斯定理，有 $4\pi r^2 E=\frac{q}{\varepsilon_0}$，可求得 $E=\frac{q}{4\pi\varepsilon_0 r^2}$。

考虑其方向沿着径向，电场强度可写为 $\boldsymbol{E}=\frac{q}{4\pi\varepsilon_0 r^2}\boldsymbol{e}_{\mathrm{r}}$。

综合以上分析，空间电场为

$$\boldsymbol{E}=\begin{cases}\frac{q}{4\pi\varepsilon_0 R^3}\boldsymbol{r} & r\leqslant R\\ \frac{q}{4\pi\varepsilon_0 r^2}\boldsymbol{e}_{\mathrm{r}} & r>R\end{cases}$$

空间电场强度随 r 的变化关系如图 1 - 24 所示。

例题 1 - 17 求无限长均匀带电直线的电场分布。已知直线上电荷线密度为 λ。

解：对无限长均匀带电直线或无限长均匀带电圆柱体等，其电荷分布具有柱对称性（或称为轴对称性），因此其产生的电场分布也具有柱对称性。如图 1 - 25 所示，考虑离对称轴距离为 r 的一点 P 处的场强情况。由于带电直线为无限长，且均匀带电，因而 P 点的电场方向唯一的可能是垂直于带电直线而沿径向，和 P 点在同一圆柱面（以带电直线为轴）上的各点的场强的方向也都应该沿着径向，而且场强的大小应该相等。

利用此对称性，可以取同轴的圆柱体表面作为高斯面。如图 1 - 25 所示，圆柱体半径为 r，长度为 l。此高斯面为闭合曲面，可看做由三个部分（曲面）组成：上下各一个底面以及圆柱体的侧面。由于

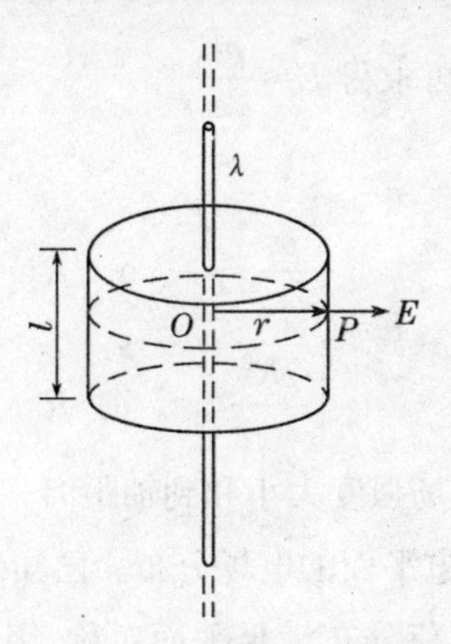

图 1-25　例题 1-17 图

以上分析的电场强度的特性,在上下两个底面处,电场强度和底面的法线方向保持垂直,其点积等于零,对积分贡献为零,因此只需考虑侧面的贡献。在侧面处电场强度大小相等,且方向和该处侧面面元的法线方向一致,因此电场强度对高斯面的积分为

$$\oint \boldsymbol{E}\cdot \mathrm{d}\boldsymbol{S}=E\cdot S_{侧}=2\pi rlE$$

此闭合曲面所包围的电荷即圆柱体截得的直线所带电荷量:$q=\lambda l$。

由高斯定理,有 $2\pi rlE=\dfrac{\lambda l}{\varepsilon_0}$,可求得 $E=\dfrac{\lambda}{2\pi\varepsilon_0 r}$。

这一结果和例题 1-5 中关于无限长直线电场的结果一致。但采用高斯定理进行计算显然要简单得多。

例题 1-18　求无限长均匀带电圆柱体内外的电场分布。已知圆柱体半径为 R,电荷密度为 ρ。

解:同例题 1-17 类似,本题电荷分布也具有轴对称分布,因此空间电场也满足轴对称性,故高斯面也同样可取同轴圆柱体表面,如图 1-26 所示。

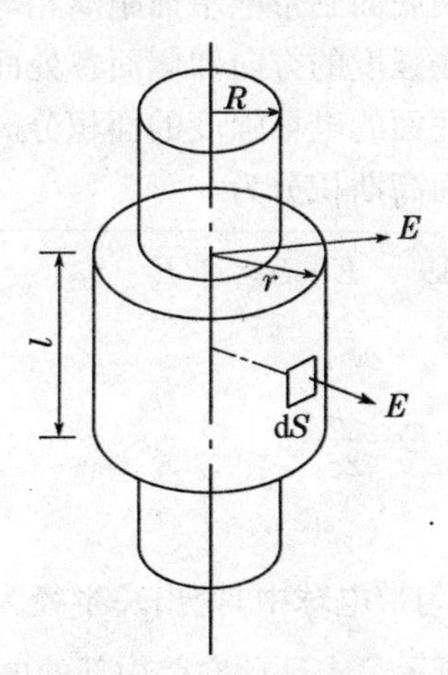

图 1-26　例题 1-18 图

电场强度对高斯面的积分为 $\oint \boldsymbol{E}\cdot \mathrm{d}\boldsymbol{S}=E\cdot S_{侧}=2\pi rlE$。

当 $r<R$ 时,高斯面内所围电荷为 $q'=\rho\pi r^2 l$。

由高斯定理,有 $2\pi rlE=\dfrac{\rho\pi r^2 l}{\varepsilon_0}$,可求得 $E=\dfrac{\rho r}{2\varepsilon_0}$。

当 $r>R$ 时,高斯面内所围电荷为 $q=\rho\pi R^2 l$。

由高斯定理，有 $2\pi rlE=\frac{\rho\pi R^2 l}{\varepsilon_0}$，可求得 $E=\frac{\rho R^2}{2\varepsilon_0 r}$。

综合以上分析，空间电场为

$$E=\begin{cases}\frac{\rho r}{2\varepsilon_0} & r<R\\ \frac{\rho R^2}{2\varepsilon_0 r} & r>R\end{cases}$$

即无限长均匀带电圆柱体内部电场强度大小和到轴距离 r 成正比，在柱外和到轴距离 r 成反比。

例题 1－19 求无限大均匀带电平面的电场分布。已知带电平面上电荷面密度为 σ。

解：对无限大均匀带电平面，其电荷分布满足平面对称，因此空间电场也应该满足平面对称性。如图 1－27 所示，考虑距离带电平面为 r 的 P 点的电场强度。由于电场分布应满足平面对称，所以 P 点的场强必然垂直于该带电平面，而且离平面等远处（同侧或两侧）的场强大小都相等，方向都垂直于平面指向远离平面的方向（$\sigma>0$）或指向平面的方向（$\sigma<0$）。

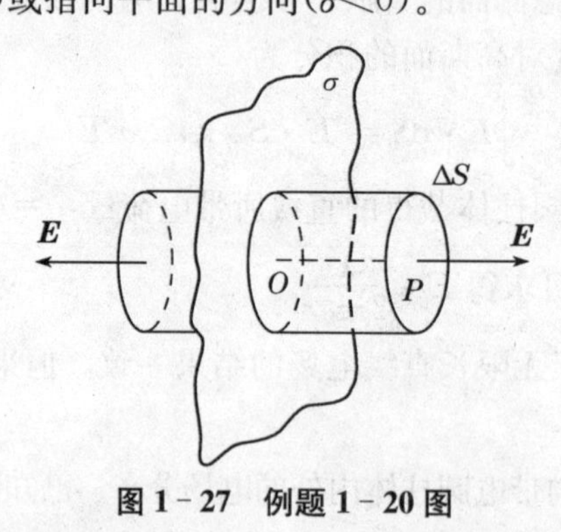

图 1－27 例题 1－20 图

由此对称性，可以取垂直于该平面的柱面作为高斯面。如图 1－27 所示，取一垂直于带电平面的圆柱体表面作为高斯面，且此圆柱体两底面到带电平面距离相等（即带电平面平分此圆柱体）。由于电场强度的特性，对圆柱体侧面上电场强度的方向和侧面各处面元的法向方向相垂直，点积为零，对高斯积分贡献为零，因此只需考虑两底面的电场强度的面积分。如图所示，在两底面处，电场强度方向和底面法线方向一致，因此整个曲面高斯积分为

$$\oint \boldsymbol{E}\cdot \mathrm{d}\boldsymbol{S}=E\cdot S_{底1}+E\cdot S_{底2}=2ES$$

而此闭合曲面所围的电荷总量为 $q=\sigma S$。

由高斯定理，有 $2ES=\frac{\sigma S}{\varepsilon_0}$，可求得 $E=\frac{\sigma}{2\varepsilon_0}$。

和例题 1－6 的结果是一致的。

例题 1－20 在半径为 R 的均匀带电球中，挖出一半径为 a 的球形空腔。空腔球心相对大球球心的位置矢量为 $\boldsymbol{b}$，如图 1－28(a)所示。求证此空腔内部的电场为均匀电场。

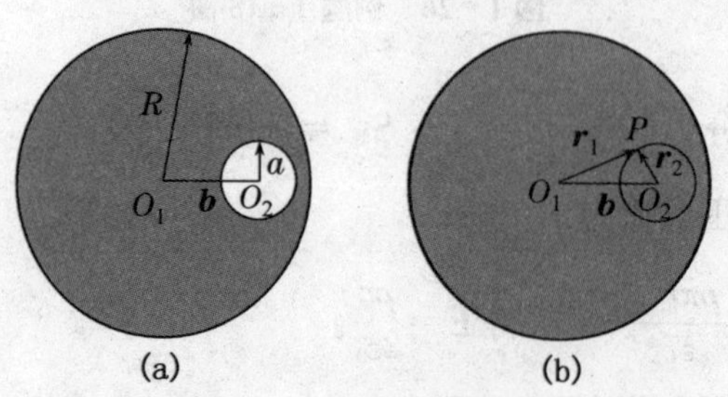

图 1－28 例题 1－20 图

证明:本题可采用补偿法求解。可将带空腔球体看做一电荷密度为$+\rho$的实心大球,和一电荷密度为$-\rho$的小球叠加而形成。叠加后相当于在小球处电荷密度为零,和空腔效果相同。

如图1-28(b)所示,对空腔中任意点P,大球球心O_1到P点的矢径为$\boldsymbol{r}_1$,小球球心O_2到P点的矢径为$\boldsymbol{r}_2$。

由例题1-16可知,对均匀带电球内部的电场强度为$\boldsymbol{E}=\frac{q\boldsymbol{r}}{4\pi\varepsilon_0 R^3}$。由于$q=\frac{4}{3}\pi R^3\rho$,电场强度可写为$\boldsymbol{E}=\frac{\rho\boldsymbol{r}}{3\varepsilon_0}$。则:实心大球在$P$点产生的场强为$\boldsymbol{E}_1=\frac{\rho\boldsymbol{r}_1}{3\varepsilon_0}$;实心小球在$P$点产生的场强为$\boldsymbol{E}_2=\frac{-\rho\boldsymbol{r}_2}{3\varepsilon_0}$。

因此,P点处的总电场强度为$\boldsymbol{E}=\boldsymbol{E}_1+\boldsymbol{E}_2=\frac{\rho}{3\varepsilon_0}(\boldsymbol{r}_1-\boldsymbol{r}_2)$。

由图1-28(b)中可以看出:$r_1=O_1P$,$r_2=O_2P$,则$\boldsymbol{r}_1-\boldsymbol{r}_2=O_1O_2=\boldsymbol{b}$。

因此,$\boldsymbol{E}=\frac{\rho}{3\varepsilon_0}(\boldsymbol{r}_1-\boldsymbol{r}_2)=\frac{\rho\boldsymbol{b}}{3\varepsilon_0}$,为一常矢量,即空腔内各处电场强度的大小和方向均相同,为均匀电场。

习 题

Multiple-Choice Questions

Questions 1—2: As shown below, two particles, each of charge $+Q$, are fixed at opposite corners of a square that lies in the plane of the page. A positive test charge $+q$ is placed at a third corner.

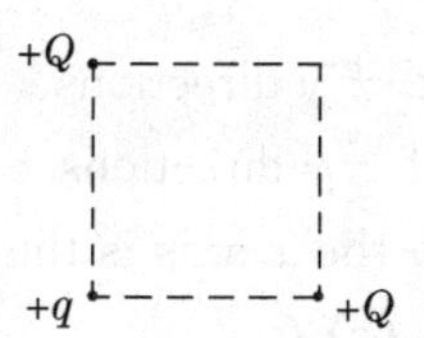

1. What is the direction of the force on the test charge due to the two other charges?

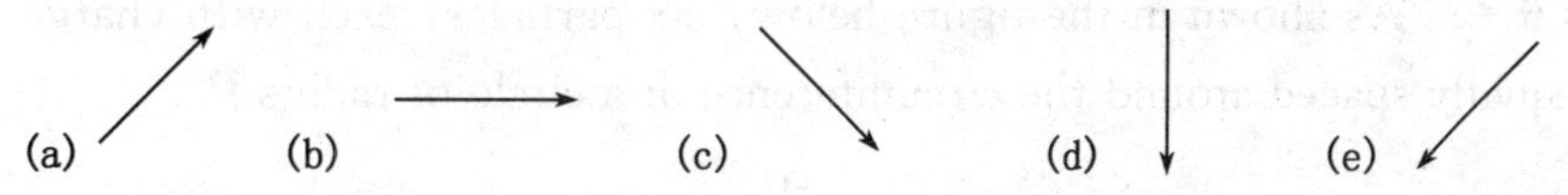

2. If F is the magnitude of the force on the test charge due to only one of the other charges, what is the magnitude of the net force acting on the test charge due to both of these charges?

(a) zero (b) $\frac{F}{\sqrt{2}}$ (c) F (d) $\sqrt{2}F$ (e) $2F$

3. Two charged particles, each with a charge of $+q$, are located along the x-axis at $x=2$ and $x=4$, as shown below. Which of the following shows the graph of the magnitude of the electric field along the x-axis from the origin to $x=6$?

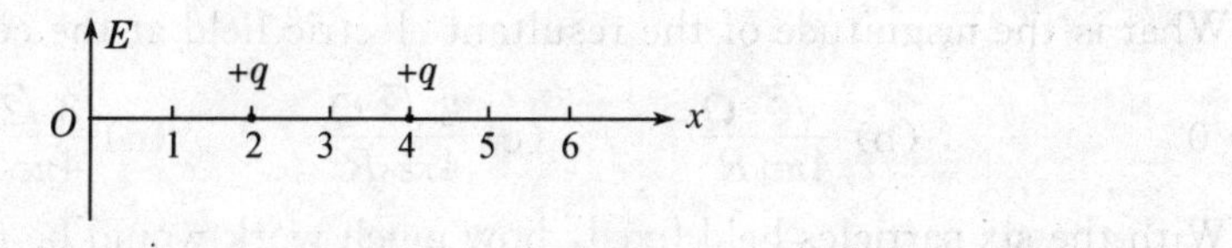

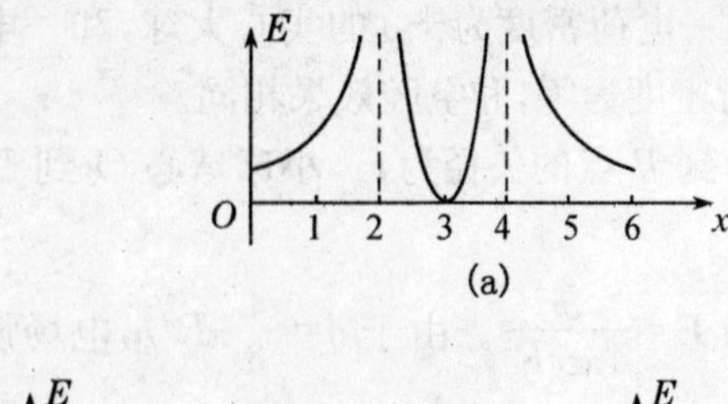

(a)

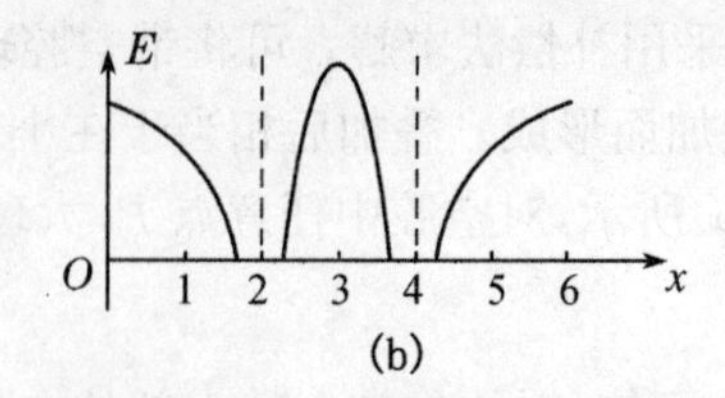

(b)

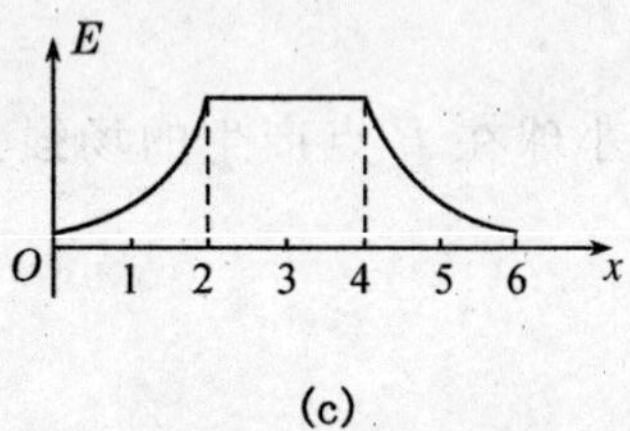

(c)

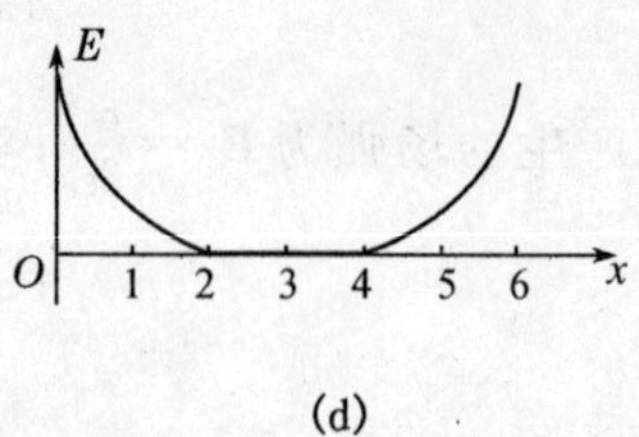

(d)

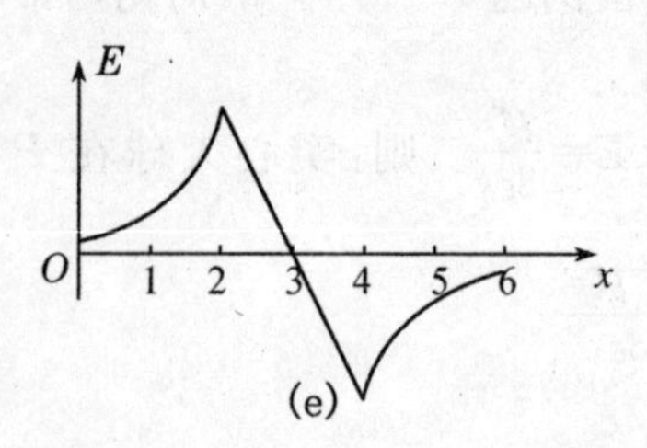

(e)

Questions 4—5: Particles of charge Q and $-4Q$ are located on the x-axis as shown in the figure below. Assume the particles are isolated from all other charges.

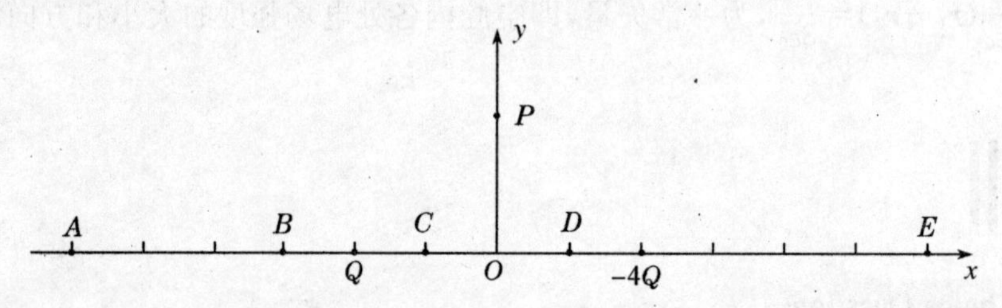

4. Which of the following describes the direction of the electric field at point P?
(a) $+x$
(b) $+y$
(c) $-y$
(d) components in both the $-x$ and $+y$ directions
(e) components in both the $+x$ and $-y$ directions

5. At which of the labeled points on the x-axis is the electric field zero?
(a) A (b) B (c) C (d) D (e) E

Questions 6—7: As shown in the figure below, six particles, each with charge $+Q$, are held fixed and are equally spaced around the circumference of a circle of radius R.

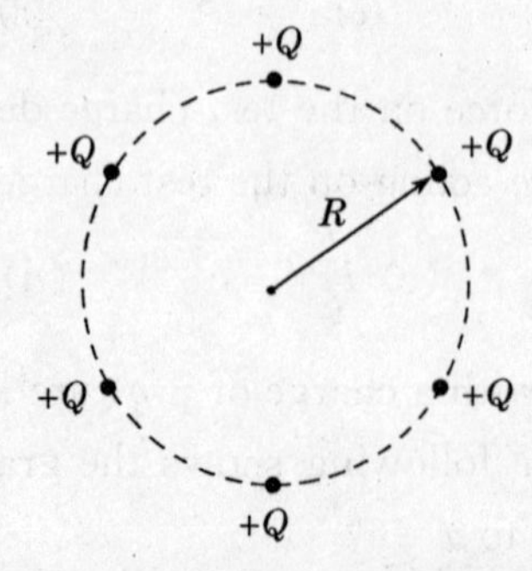

6. What is the magnitude of the resultant electric field at the center of the circle?
(a) 0 (b) $\frac{\sqrt{6}}{4\pi\varepsilon_0}\frac{Q}{R^2}$ (c) $\frac{2\sqrt{3}}{4\pi\varepsilon_0}\frac{Q}{R^2}$ (d) $\frac{3\sqrt{2}}{4\pi\varepsilon_0}\frac{Q}{R^2}$ (e) $\frac{3}{2\pi\varepsilon_0}\frac{Q}{R^2}$

7. With the six particles held fixed, how much work would be required to bring a seventh par-

ticle of charge$+Q$ from very far away and place it at the center of the circle?

(a) 0 (b) $\frac{\sqrt{6}}{4\pi\varepsilon_0}\frac{Q}{R}$ (c) $\frac{3}{2\pi\varepsilon_0}\frac{Q^2}{R^2}$ (d) $\frac{3}{2\pi\varepsilon_0}\frac{Q^2}{R}$ (e) $\frac{9}{\pi\varepsilon_0}\frac{Q^2}{R}$

8. In a certain region, the electric field along the x-axis is given by $E=ax+b$, where $a=40\ \text{V/m}^2$ and $b=4\ \text{V/m}$. The potential difference between the origin and $x=0.5$ m is

(a) -36 V (b) -7 V (c) -3 V (d) 10 V (e) 16 V

9. The nonconducting hollow sphere of radius R shown below carries a large charge $+Q$, which is uniformly distributed on its surface. There is a small hole in the sphere. A small charge $+q$ is initially located at point P, a distance r from the center of the sphere. If $k=\frac{1}{4\pi\varepsilon_0}$, what is the work that must be done by an external agent in moving the charge $+q$ from P through the hole to the center O of the sphere?

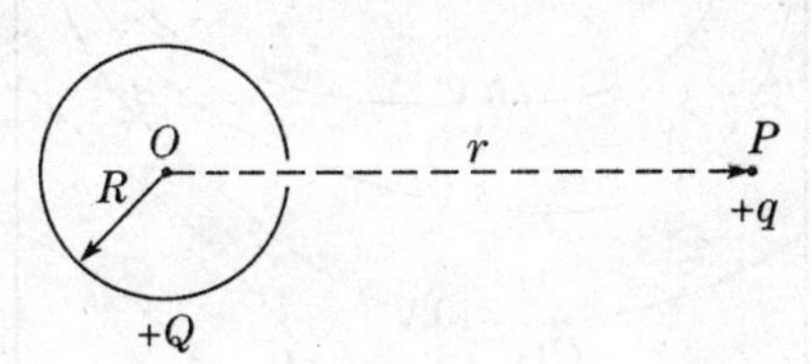

(a) zero (b) $\frac{kqQ}{r}$ (c) $\frac{kqQ}{R}$ (d) $\frac{kq(Q-q)}{r}$ (e) $kqQ\left(\frac{1}{R}-\frac{1}{r}\right)$

Questions 10—11: In a region of space, a spherically symmetric electric potential is given as a function of r, the distance from the origin, by the equation $V(r)=kr^2$, where k is a positive constant.

10. What is the magnitude of the electric field at a point a distance r_0 from the origin?

(a) zero (b) kr_0 (c) $2kr_0$ (d) kr_0^2 (e) $\frac{2}{3}kr_0^3$

11. What is the direction of the electric field at a point a distance r_0 from the origin and the direction of the force on an electron placed at this point?

	Electric field	Force on electron
(a)	Toward origin	Toward origin
(b)	Toward origin	Away form origin
(c)	Away from origin	Toward origin
(d)	Away from origin	Away from origin
(e)	Undefined, since the field is zero	Undefined, since the field is zero

12. The graph below shows the electric potential V in a region of space as a function of position along the x-axis. At which point would a charged particle experience the force of greatest magnitude?

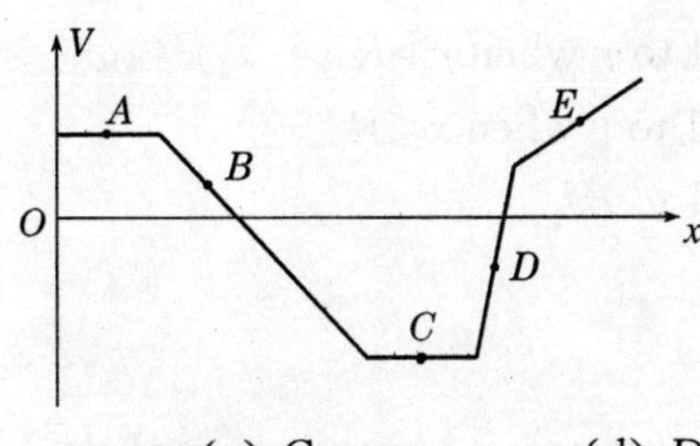

(a) A (b) B (c) C (d) D (e) E

13. A positive electric charge is moved at a constant speed between two locations in an electric field, with no work done by or against the field at any time during the motion. This situation can occur only if the ________.

(a) charge is moved in the direction of the field

(b) charge is moved opposite to the direction of the field

(c) charge is moved perpendicular to an equipotential line

(d) charge is moved along an equipotential line

(e) electric field is uniform

Questions 14—16: The diagram below shows equipotential lines produced by an unknown charge distribution. A, B, C, D, and E are points in the plane.

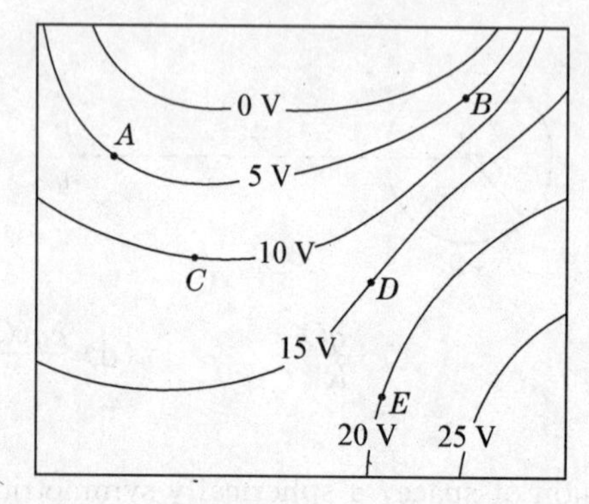

14. Which vector below best describes the direction of the electric field at point A?

(a) ↗ (b) ↙ (c) ↘ (d) ↖

(e) none of the above; the field is zero.

15. At which point does the electric field have the greatest magnitude?

(a) A (b) B (c) C (d) D (e) E

16. How much net work must be done by an external force to move a $-1\ \mu C$ point charge from rest at point C to rest at point E?

(a) $-20\ \mu J$ (b) $-10\ \mu J$ (c) $10\ \mu J$ (d) $20\ \mu J$ (e) $30\ \mu J$

17. Gauss's law provides a convenient way to calculate the electric field outside and near each of the following isolated charged conductors EXCEPT a

(a) large plate (b) sphere (c) cube (d) long, solid rod

(e) long, hollow cylinder

18. A uniform spherical charge distribution has radius R. Which of the following is true of the electric field strength due to this charge distribution at a distance r from the center of the charge?

(a) It is greatest when $r=0$

(b) It is greatest when $r=R/2$

(c) It is directly proportional to r when $r>R$

(d) It is directly proportional to r when $r<R$

(e) It is directly proportional to r^2

Free-Response Questions

1. The square of side a below contains a positive point charge $+Q$ fixed at the lower left corner

and negative point charges $-Q$ fixed at the other three corners of the square. Point P is located at the center of the square.

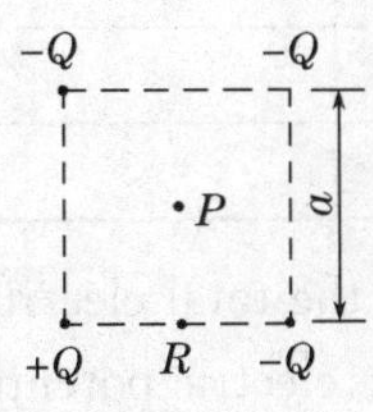

(a) On the diagram, indicate with an arrow the direction of the net electric field at point P.

(b) Derive expressions for each of the following in terms of the given quantities and fundamental constants.

i. The magnitude of the electric field at point P.

ii. The electric potential at point P.

(c) A positive charge is placed at point P. It is then moved from point P to point R, which is at the midpoint of the bottom side of the square. As the charge is moved, is the work done on it by the electric field positive, negative, or zero?

(d) i. Describe one way to replace a single charge in this configuration that would make the electric field at the center of the square equal to zero. Justify your answer.

ii. Describe one way to replace a single charge in this configuration such that the electric potential at the center of the square is zero but the electric field is not zero. Justify your answer.

2. Three particles, A, B, and C, have equal positive charges Q and are held in place at the vertices of an equilateral triangle with sides of length l, as shown in the figures below. The dotted lines represent the bisectors for each side. The base of the triangle lies on the x-axis, and the altitude of the triangle lies on the y-axis.

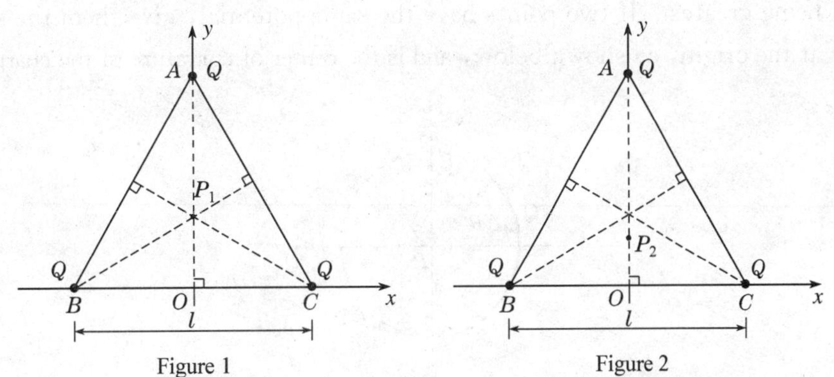

(a) i. Point P_1, the intersection of the three bisectors, locates the geometric center of the triangle and is one point where the electric field is zero. On Figure 1 above, draw the electric field vectors $\boldsymbol{E}_A$, $\boldsymbol{E}_B$, and $\boldsymbol{E}_C$ at P_1 due to each of the three charges. Be sure your arrows are drawn to reflect the relative magnitude of the fields.

ii. Another point where the electric field is zero is point P_2 at $(0, y_2)$. On Figure 2 above, draw electric field vectors $\boldsymbol{E}_A$, $\boldsymbol{E}_B$, and $\boldsymbol{E}_C$ at P_2 due to each of the three charges. Indicate below whether the magnitude of each of these vectors is greater than, less than, or the same as for point P_1.

	Greater than at P_1	Less than at P_1	The same as at P_1
E_A			
E_B			
E_C			

(b) Explain why the x-component of the total electric field is zero at any point on the y-axis.

(c) Write a general expression for the electric potential V at any point on the y-axis inside the triangle in terms of Q, l, and y.

(d) Describe how the answer to part (c) could be used to determine the y-coordinates of points P_1 and P_2 at which the electric field is zero. (You do not need to actually determine these coordinates)

3. A charge $+Q$ is uniformly distributed over a quarter circle of radius R, as shown below. Points A, B, and C are located as shown, with A and C located symmetrically relative to the x-axis. Express all algebraic answers in terms of the given quantities and fundamental constants.

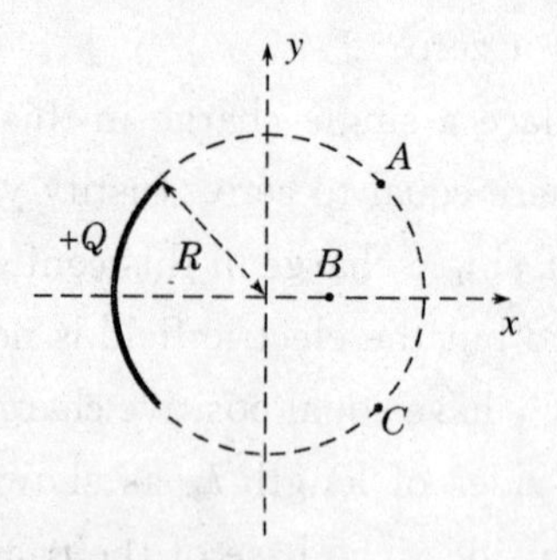

(a) Rank the magnitude of the electric potential at points A, B, and C from greatest to least, with number 1 being greatest. If two points have the same potential, give them the same ranking.

Point P is at the origin, as shown below, and is the center of curvature of the charge distribution.

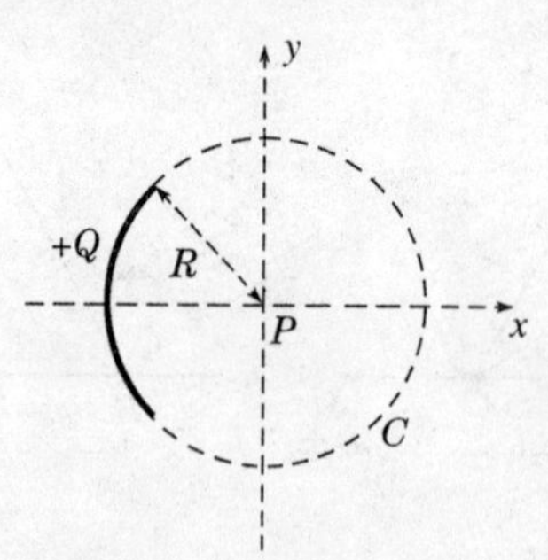

(b) Determine an expression for the electric potential at point P due to the charge Q.

(c) A positive point charge q with mass m is placed at point P and released from rest. Derive an expression for the speed of the point charge when it is very far from the origin.

(d) On the dot representing point P below, indicate the direction of the electric field at point P due to the charge Q.

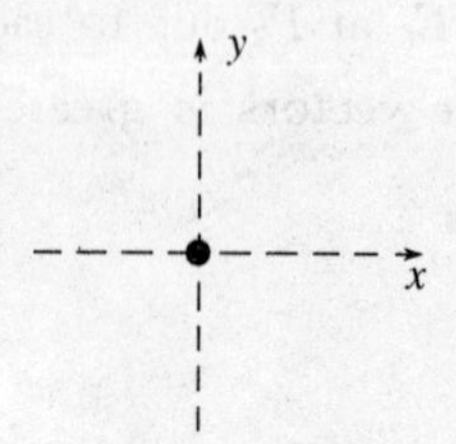

(e) Derive an expression for the magnitude of the electric field at point P.

4. Consider the electric field diagram below.

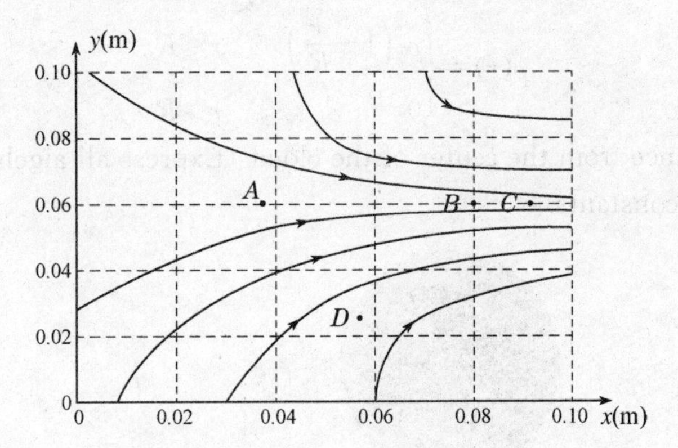

(a) Points A, B, and C are all located at $y=0.06$ m.

i. At which of these three points is the magnitude of the electric field the greatest?

ii. At which of these three points is the electric potential the greatest?

(b) An electron is released from rest at point B.

i. Qualitatively describe the electron's motion in terms of direction, speed, and acceleration.

ii. Calculate the electron's speed after it has moved through a potential difference of 10 V.

(c) Points B and C are separated by a potential difference of 20 V. Estimate the magnitude of the electric field midway between them and state any assumptions that you make.

(d) On the diagram, draw an equipotential line that passes through point D and intersects at least three electric field lines.

5. In the figure below, a nonconducting solid sphere of radius a with charge $+Q$ uniformly distributed throughout its volume is concentric with a nonconducting spherical shell of inner radius $2a$ and outer radius $3a$ that has a charge $-Q$ uniformly distributed throughout its volume. Express all answers in terms of the given quantities and fundamental constants.

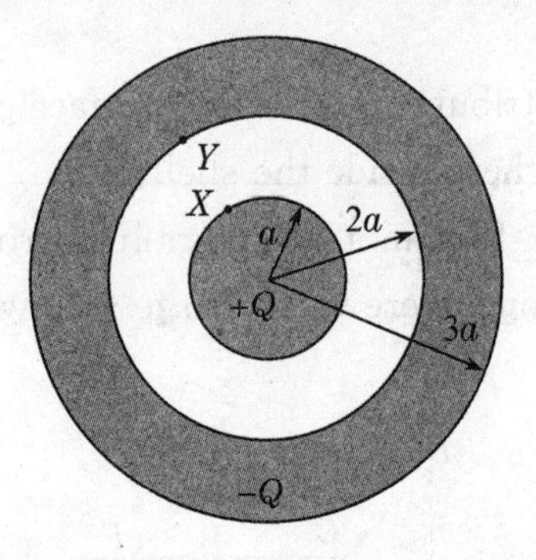

(a) Using Gauss's law, derive expressions for the magnitude of the electric field as a function of radius r in the following regions.

i. Within the solid sphere ($r<a$)

ii. Between the solid sphere and the spherical shell ($a<r<2a$)

iii. Within the spherical shell ($2a<r<3a$)

iv. Outside the spherical shell ($r>3a$)

(b) What is the electric potential at the outer surface of the spherical shell ($r=3a$)?

(c) Derive an expression for the electric potential difference V_X-V_Y between points X and Y shown in the figure.

6. A spherical cloud of charge of radius R contains a total charge $+Q$ with a nonuniform volume charge density that varies according to the equation:

$$\rho(r)=\begin{cases}\rho_0\left(1-\frac{r}{R}\right) & r\leqslant R\\ 0 & r>R\end{cases}$$

Where r is the distance from the center of the cloud. Express all algebraic answers in terms of Q, R, and fundamental constants.

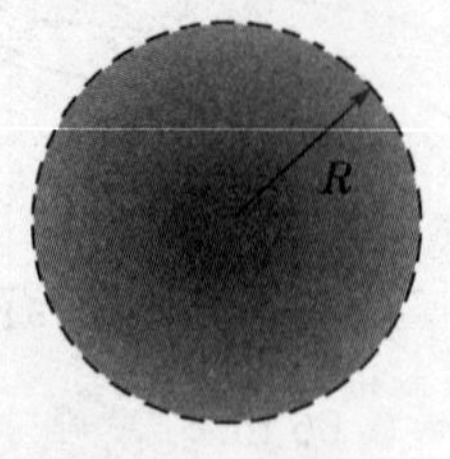

(a) Determine the following as a function of r for $r>R$.

i. The magnitude E of the electric field.

ii. The electric potential V.

(b) A proton is placed at point P shown above and released. Describe its motion for a long time after its release.

(c) An electron of charge magnitude e is now placed at point P, which is a distance r from the center of the sphere, and release. Determine the kinetic energy of the electron as a function of r as it strikes the cloud.

(d) Derive an expression for ρ_0.

(e) Determine the magnitude E of the electric field as a function of r for $r\leqslant R$.

7. A nonconducting, thin, spherical shell has a uniform surface charge density σ on its outside surface and no charge anywhere else inside.

(a) Use Gauss's law to prove that the electric field inside the shell is zero everywhere. Describe the Gaussian surface that you use.

(b) The charges are now redistributed so that the surface charge density is no longer uniform. Is the electric field still zero everywhere inside the shell?

_____Yes _____No _____It cannot be determined from the information given.

Now consider a small conducting sphere with charge $+Q$ whose center is at corner A of a cubical surface, as shown below.

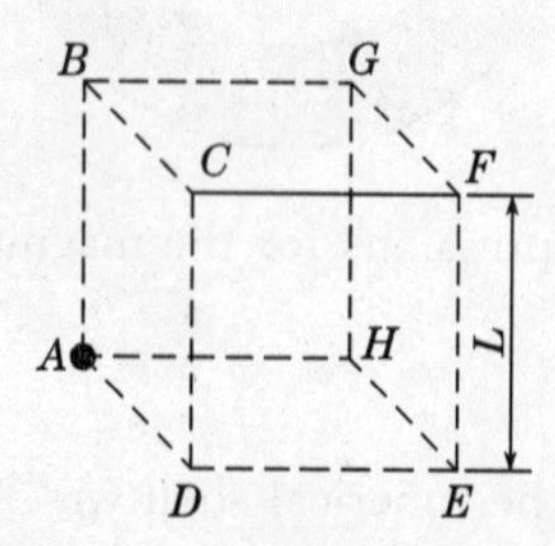

(c) For which faces of the surface, if any, is the electric flux through that face equal to zero?

_____$ABCD$ _____$CDEF$ _____$EFGH$ _____$ABGH$ _____$BCFG$ _____$ADEH$

(d) At which corner(s) of the surfaces does the electric field have the least magnitude?

(e) Determine the electric field strength at the position(s) you have indicated in part (d) in terms of Q, L, and fundamental constants, as appropriate.

(f) Given that one-eighth of the sphere at point A is inside the surface, calculate the electric flux through face $CDEF$.

8. As in the figure below, an infinite slab of charge with constant volume charge density $\rho_0>0$ lies parallel to the xy plane, bounded at $z=-a$ and $z=a$.

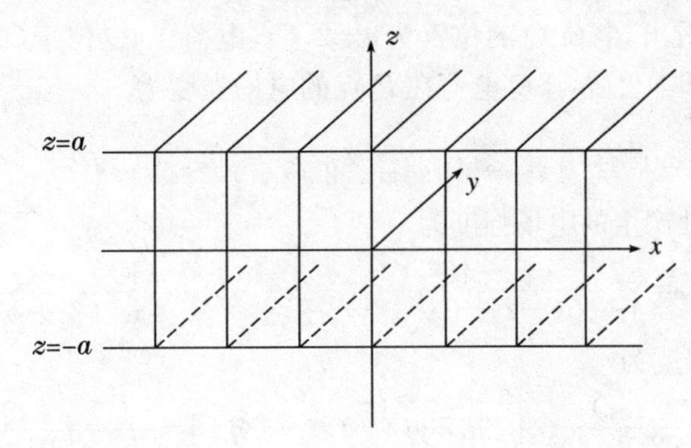

(a) What is the direction of the electric field at points on the xy plane?

(b) What is the direction of the field at points off the xy plane?

(c) Calculate the field at points $0<z<a$.

(d) Calculate the field at points $z>a$.

Now suppose the slab has a nonuniform charge density given by the equation $\rho(z)=\rho_0(a^2-z^2)$. (The slab is still bounded by the planes $z=-a$ and $z=a$)

(e) Compare the electric field at points on the xy plane to the field calculated in part (a).

(f) Qualitatively compare the field at points off the xy plane with the field calculated in part (b).

(g) Calculate the field at points z with $0<z<a$.

(h) Calculate the field at points $z>a$.

习题答案

Multiple-Choice

1. (e)　显然，测试电荷受到两个$+Q$电荷的库仑力的作用，大小都为$F=\frac{1}{4\pi\varepsilon_0}\frac{Qq}{r^2}$，其中$r$为正方形的边长。只是两个力的方向一个水平向左，一个竖直向下，合力的方向指向左下方45°的方向。因此，答案为(e)。

2. (d)　由题1可知，测试电荷受到两个$+Q$电荷的作用力，大小都为$F=\frac{1}{4\pi\varepsilon_0}\frac{Qq}{r^2}$，相互之间方向垂直。由矢量合成关系，合力大小为$F_{\text{net}}=\sqrt{F^2+F^2}=\sqrt{2}F$。因此，答案为(d)。

3. (a)　对位于$x=2$位置的点电荷，在x轴上各处产生的电场强度大小为$E_1=\frac{1}{4\pi\varepsilon_0}\frac{q}{(x-2)^2}$；而对位于$x=4$位置的点电荷，在$x$轴上各处产生的电场强度大小为$E_2=\frac{1}{4\pi\varepsilon_0}\frac{q}{(x-4)^2}$。注意在$x<2$和$x>4$的区间，两电荷产生电场的方向相同，总场强大小为两电荷电场强度大小相加，即$E=E_1+E_2=\frac{1}{4\pi\varepsilon_0}\left[\frac{q}{(x-2)^2}+\frac{q}{(x-4)^2}\right]$；而在$2<x<4$的区间内，两电荷电场的方向相反，总场强大小为两电荷电场强度大小相减的绝对值，即$E=|E_1+E_2|=\frac{1}{4\pi\varepsilon_0}\left|\frac{q}{(x-2)^2}-\frac{q}{(x-4)^2}\right|$。由此计算公式，可得

到相应的函数图像应为选项(a)。

本题也可以采用定性分析的方法。对点电荷电场，在靠近点电荷附近趋近于无限大；另外，在 $x=3$ 处，两 $+q$ 电荷产生的电场强度大小相等、方向相反，合场强为零；在远离电荷之处，电场强度大小逐渐减小直至趋近于零。显然，满足这几点要求的仅有选项(a)。

4. (e) 从图中可以看出，电荷 Q 的位置为$(-2,0)$，电荷 $-4Q$ 位于$(2,0)$处，设 P 点的坐标为$(0,y)$。由点电荷电场的基本公式，$+Q$ 电荷在 P 点的电场强度为

$$\boldsymbol{E}_1=\frac{1}{4\pi\varepsilon_0}\frac{Q}{r_1^3}\boldsymbol{r}_1=\frac{1}{4\pi\varepsilon_0}\frac{Q}{(2^2+y^2)^{3/2}}(2\boldsymbol{i}+y\boldsymbol{j})$$

而 $-4Q$ 电荷在 P 点处产生的电场强度为

$$\boldsymbol{E}_2=\frac{1}{4\pi\varepsilon_0}\frac{-4Q}{r_2^3}\boldsymbol{r}_2=\frac{1}{4\pi\varepsilon_0}\frac{-4Q}{[(-2)^2+y^2]^{3/2}}(-2\boldsymbol{i}+y\boldsymbol{j})=\frac{1}{4\pi\varepsilon_0}\frac{Q}{(2^2+y^2)^{3/2}}(8\boldsymbol{i}-4y\boldsymbol{j})$$

因此，P 点总的电场强度为

$$\boldsymbol{E}=\boldsymbol{E}_1+\boldsymbol{E}_2=\frac{1}{4\pi\varepsilon_0}\frac{Q}{(2^2+y^2)^{3/2}}[(2\boldsymbol{i}+y\boldsymbol{j})+(8\boldsymbol{i}-4y\boldsymbol{j})]=\frac{1}{4\pi\varepsilon_0}\frac{Q}{(2^2+y^2)^{3/2}}(10\boldsymbol{i}-3y\boldsymbol{j})$$

故合场强的方向由 $+x$ 和 $-y$ 方向合成，答案为(e)。

5. (a) 两电荷产生的总电场若为零，要求在该处两电荷分别产生的电场强度大小相等、方向相反。两电荷为异号电荷，在两电荷连线中间场强方向相同，合场强不会为零，因此可排除(c)、(d)选项。而在 $-4Q$ 电荷右侧，到 $-4Q$ 电荷的距离总是小于到 $+Q$ 电荷的距离，因此电场强度大小总不会相等，合场强也不会为零，因此选项(e)也可排除。在 $+Q$ 电荷左侧，两电荷产生电场方向相反，需要找出场强大小相等的位置。对 $+Q$ 电荷，在左侧产生的电场强度的大小为 $E_1=\frac{1}{4\pi\varepsilon_0}\frac{Q}{r_1^2}$，其中 r_1 为到 $+Q$ 电荷的距离；对 $-4Q$ 电荷，在左侧产生的电场强度的大小为 $E_2=\frac{1}{4\pi\varepsilon_0}\frac{4Q}{r_2^2}$，其中 r_2 为到 $-4Q$ 电荷的距离。两电场强度要大小相等，则需要有 $r_2=2r_1$，即到 $-4Q$ 电荷的距离是到 $+Q$ 电荷距离的两倍。对 A 点，到 $+Q$ 电荷的距离为 4，到 $-4Q$ 电荷的距离为 8，满足要求；对 B 点，到 $+Q$ 电荷的距离为 1，到 $-4Q$ 电荷的距离为 5，不满足要求。因此，答案为(a)。

6. (a) 从图中可以看出，六个 $+Q$ 电荷呈正六边形对称分布，相对的两个点电荷电量相同，到圆心处的距离相等，在圆心处产生的电场强度大小相等、方向相反，合场强为零。六个电荷两两相对，在圆心处合场强为零，因此六个电荷在圆心处产生的总场强也为零。故答案为(a)。

7. (d) 每个电荷在圆心处产生的电势为$\frac{1}{4\pi\varepsilon_0}\frac{Q}{R}$，因此六个电荷在圆心处产生的总电势为 $V=6\times\frac{1}{4\pi\varepsilon_0}\frac{Q}{R}=\frac{3}{2\pi\varepsilon_0}\frac{Q}{R}$。以无限远为电势零点，圆心处电势高于无限远处，将正电荷从无限远移动到圆心处电势能增加，电场力做负功，即需要外力克服电场力做功才能将 $+Q$ 电荷从无限远处移动到圆心处。圆心和无限远处的电势差为 $V=\frac{3}{2\pi\varepsilon_0}\frac{Q}{R}$，因此将 $+Q$ 点电荷从无限远移动到圆心处，外力需做功大小为 $W=QV=\frac{3}{2\pi\varepsilon_0}\frac{Q^2}{R}$。因此，答案为(d)。

8. (b) 由电势的定义，两点间电势差（终点减起点）等于电场强度路径积分（从起点到终点）的负值。因此

$$\Delta V=-\int\boldsymbol{E}\cdot\mathrm{d}\boldsymbol{l}=-\int_0^{0.5}(ax+b)\mathrm{d}x=-\left(\frac{1}{2}ax^2+bx\right)\Big|_0^{0.5}$$

$$=-\left(\frac{1}{2}\times40\times0.5^2+4\times0.5\right)=-7(\mathrm{V})$$

故答案为(b)。

9. (e) 对均匀带电球面，其在球外产生的电场相当于将所有电荷集中于球心处在球外产生的

电场，因此其在球外产生的电势也相当于将所有电荷集中于球心处在球外产生的电势。故此均匀带电球面在 P 点处产生的电势为 $V_P=\frac{1}{4\pi\varepsilon_0}\frac{Q}{r}=\frac{kQ}{r}$。对带电球面，因为所有电荷到球心处的距离相同，因此在球心处产生的电势为 $V_O=\frac{1}{4\pi\varepsilon_0}\frac{Q}{R}=\frac{kQ}{R}$。故对此带电量为 $+Q$ 的均匀分布的球面电荷，在 O、P 两点产生的电势差为

$$V_{PO}=V_O-V_P=\frac{kQ}{R}-\frac{kQ}{r}=kQ\left(\frac{1}{R}-\frac{1}{r}\right)$$

其中 O 点电势高于 P 点电势。将一 $+q$ 点电荷从 P 点移动到 O 点，其电势能增加量为

$$U_{PO}=qV_{PO}=kqQ\left(\frac{1}{R}-\frac{1}{r}\right)$$

若要将 $+q$ 电荷从 P 点移动到 O 点，外力做功至少要等于系统电势能的增量，也即外力至少要做功为 $W=kqQ\left(\frac{1}{R}-\frac{1}{r}\right)$。因此，答案为(e)。

10. (c)　本题为已知电势求电场强度的问题。由电势和电场强度的关系，有

$$\boldsymbol{E}=-\text{grad}V=-\boldsymbol{\nabla}V=-\left(\frac{\partial V}{\partial x}\boldsymbol{i}+\frac{\partial V}{\partial y}\boldsymbol{j}+\frac{\partial V}{\partial z}\boldsymbol{k}\right)$$

对于本题问题，已知 $V(r)=kr^2$，即电势为球对称分布，则空间电场强度也为球对称分布，也即场强沿着径向方向，可直接用球坐标下梯度算符：

$$E(r)=-\frac{\partial V}{\partial r}=-2kr$$

也可以采用直角坐标系的计算公式：

$$\boldsymbol{E}=-\left(\frac{\partial V}{\partial x}\boldsymbol{i}+\frac{\partial V}{\partial y}\boldsymbol{j}+\frac{\partial V}{\partial z}\boldsymbol{k}\right)$$

注意到 $r=\sqrt{x^2+y^2+z^2}$，有 $\frac{\partial r}{\partial x}=\frac{x}{\sqrt{x^2+y^2+z^2}}=\frac{x}{r}$，$\frac{\partial r}{\partial y}=\frac{y}{r}$，$\frac{\partial r}{\partial z}=\frac{z}{r}$。

而 $\frac{\partial V}{\partial x}=\frac{\partial V}{\partial r}\frac{\partial r}{\partial x}=2kr\frac{x}{r}=2kx$，$\frac{\partial V}{\partial y}=2ky$，$\frac{\partial V}{\partial z}=2kz$。

因此

$$\boldsymbol{E}=-\left(\frac{\partial V}{\partial x}\boldsymbol{i}+\frac{\partial V}{\partial y}\boldsymbol{j}+\frac{\partial V}{\partial z}\boldsymbol{k}\right)=-2k(x\boldsymbol{i}+y\boldsymbol{j}+z\boldsymbol{k})=-2k\boldsymbol{r}$$

即空间电场强度大小为 $2kr$，方向沿着径向指向球心($k>0$)。

故在距离球心 r_0 处，电场强度的大小为 $E=2kr_0$。因此，答案为(c)。

11. (b)　由10题可知，空间电场强度为 $\boldsymbol{E}=-2k\boldsymbol{r}$，即在距离球心 r_0 处，空间电场强度大小为 $2kr_0$，方向沿着径向指向球心。放置一个电子在此处时，由于电子带负电，其受到的电场力的方向和该处电场强度的方向相反，因此电子受到力的方向背离球心。故本题答案为(b)。

12. (d)　由电场强度和电势之间的关系，电场强度等于电势梯度的负值，对一维问题，相当于电场强度等于电势 V 对 x 的微分的负值，而微分在图像上表现为曲线的斜率。由于本题只要考虑电荷受力的大小，不考虑方向问题，而电荷受力的大小和该处电场强度的大小成正比，因此只要考虑各点处电场强度大小的关系，即曲线斜率绝对值的大小。显然，从图中可以看出，在 D 点处曲线最倾斜，即其斜率绝对值最大，因此电荷放于此处时受到的电场力最大。故答案为(d)。

13. (d)　电荷在电场中运动时，若在运动过程中电场力任意时刻做功均为零，根据功的定义，要么电场力处处为零(不符合本题要求)，要么电场力处处和位移垂直。而正电荷受到的电场力的方向就是该处电场的方向，因此要求电场处处和位移垂直，即电荷沿着垂直于电场的方向运动。故选项(a)、(b)均是错的。而在移动过程中电场力做功处处为零，即电势能一直保持不变，移动路径各处电势相同，即电荷沿等势面(线)运动。故答案为(d)。

14. (a)　由等势线和电场强度的关系，任意位置处的电场强度的方向总是垂直于该处等势线的方向，且从高电势指向低电势方向。从题目等势线图中可以看出，在 A 点，电场强度应该垂直于该处等势线且指向 0 V 等势线的方向，即应指向右上方。因此，答案为(a)。

15. (b)　由等势线和电场强度的关系，在等势线比较密集的地方，即等势线间距比较近的地方，电场强度大小较大；在等势线比较松散的地方，即等势线间距比较远的地方，电场强度大小较小。从题目图中比较各处等势线的间距，很显然在 B 点处等势线比较密集，等势线间距较小，此处电场强度数值较大。因此，答案为(b)。

16. (b)　将电荷从 C 点移动到 E 点，电场力做功等于电势能的减少量：

$$W_e=q(V_C-V_E)=-1\times10^{-6}\ \mathrm{C}\times(10\ \mathrm{V}-20\ \mathrm{V})=1\times10^{-5}\ \mathrm{J}=10\ \mu\mathrm{J}$$

即电场力做正功，外力做功等于电场力做功的负值，因此外力做功为 $-10\ \mu\mathrm{J}$。故答案为(b)。

17. (c)　使用高斯定理进行电场计算时，要求空间电场分布具有比较高的对称性，如球对称、柱(轴)对称和无限大平面对称，对其他较低的对称性，如立方体形状，很难将电场强度的闭合曲面积分化简成比较简单的形式。因此，不能用高斯定理直接计算该对称性下周围空间的电场强度。本题中选项(b)为球对称情况，选项(d)、(e)为柱对称情况，选项(a)为无限大平面情况，都可以利用高斯定理计算空间电场。而选项(c)为立方对称，无法利用高斯定理直接计算空间电场强度分布。因此，答案为(c)。

18. (d)　由例题 1 - 16 可知，对均匀带电球体，空间的电场分布为

$$\boldsymbol{E}=\begin{cases}\dfrac{q}{4\pi\varepsilon_0R^3}\boldsymbol{r} & r\leqslant R\\[2ex] \dfrac{q}{4\pi\varepsilon_0r^2}\boldsymbol{e}_r & r>R\end{cases}$$

即在球内，电场强度大小和到球心距离 r 成正比；在球外，电场强度大小和到球心距离 r 的平方成反比。显然，在 $r=R$ 处电场强度大小最大。因此，答案为(d)。

Free-Response

1. 解：(a) 显然，左上角和右下角处的两个 $-Q$ 电荷在 P 点处产生的电场强度大小相等、方向相反，合场强为零。而左下角 $+Q$ 电荷在 P 点产生的电场方向指向右上方，右上角 $-Q$ 电荷在 P 点产生的电场也指向右上方。因此，四个电荷在 P 点产生的总电场方向指向右上方，如下图所示。

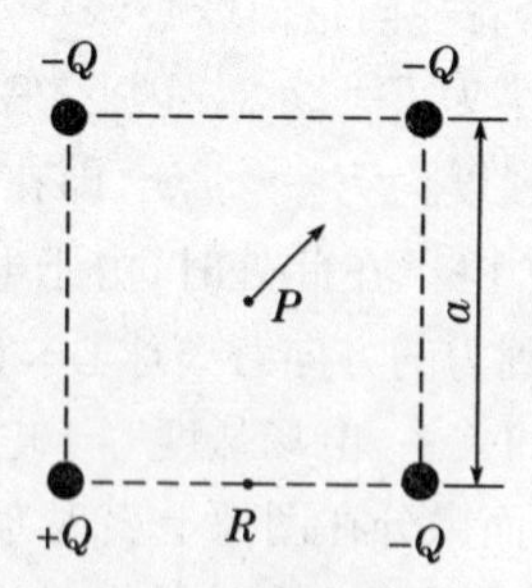

(b) i. 由(a)分析可知，P 点电场强度大小等于左下角 $+Q$ 电荷和右上角 $-Q$ 电荷产生的电场强度大小之和。

左下角 $+Q$ 电荷在 P 点产生电场强度大小为 $E_1=\dfrac{Q}{4\pi\varepsilon_0r^2}=\dfrac{Q}{4\pi\varepsilon_0\left(\dfrac{\sqrt{2}}{2}a\right)^2}=\dfrac{Q}{2\pi\varepsilon_0a^2}$；

右上角 $-Q$ 电荷在 P 点产生电场强度大小为 $E_2=\dfrac{Q}{2\pi\varepsilon_0a^2}$。

因此，P 点总电场强度大小为 $E=E_1+E_2=\dfrac{Q}{\pi\varepsilon_0 a^2}$。

ii. 因为电势为标量，没有方向问题，因此可计算出每个电荷在 P 点的电势，然后直接相加得到总电势。由于四个电荷到 P 点的距离都为 $r=\dfrac{\sqrt{2}}{2}a$，因此 $+Q$ 电荷在 P 点产生的电势为 $V_+=\dfrac{Q}{4\pi\varepsilon_0 r}=\dfrac{Q}{2\sqrt{2}\pi\varepsilon_0 a}$；每个 $-Q$ 电荷在 P 点产生的电势为 $V_-=\dfrac{-Q}{2\sqrt{2}\pi\varepsilon_0 a}$。因此，$P$ 点处的总电势为 $V=V_++3V_-=\dfrac{-Q}{\sqrt{2}\pi\varepsilon_0 a}$。

(c) 由(b)问得出四个电荷在 P 点的电势为 $V_P=\dfrac{-Q}{\sqrt{2}\pi\varepsilon_0 a}$，而四个电荷在 R 点的电势为

$$V_R=\frac{Q}{4\pi\varepsilon_0(a/2)}+\frac{-Q}{4\pi\varepsilon_0(a/2)}+2\frac{-Q}{4\pi\varepsilon_0(\sqrt{5}a/2)}=\frac{-Q}{\sqrt{5}\pi\varepsilon_0 a}$$

显然，$V_R>V_P$，即 R 点电势高。正电荷从 P 点运动到 R 点，电势增加，电势能增加，电场力做负功。

本题也可由电场方向来判断。从 P 点到 R 点的竖直路径上各位置处，正方形下方两个异号电荷产生的电场强度的方向总是水平向右；上方两个电荷产生的电场强度总是竖直向上。因此，在从 P 点到 R 点这段路程中，电场总是大致指向右上方的方向，对正电荷，受到的电场力方向和电场方向一致，和位移的方向夹角超过 90°，因此电场力做功为负。

(d) i. 显然，将右上角的电荷由 $-Q$ 替换为 $+Q$ 电荷，则中心 P 点处电场强度为零。此时左上角和右下角的两个 $-Q$ 电荷相对于 P 点对称，在 P 点处产生电场强度大小相等、方向相反，合场强为零；此时左下角和右上角的两个 $+Q$ 电荷也相对于 P 点对称，在 P 点处产生电场强度大小相等、方向相反，合场强也为零。因此，P 点总电场强度为零。

ii. 由于四个电荷到 P 点距离相等，都为 r，因此四个点电荷在 P 点产生的总电势等于 $V=\dfrac{\sum Q}{4\pi\varepsilon_0 r}$。故只需使四个电荷总电荷量为零，即只需将任何一个 $-Q$ 电荷替换为 $+Q$ 电荷，中心 P 点电势就为零。但由上问，将右上角 $-Q$ 换成 $+Q$ 时，P 点电场强度也为零，不满足要求。因此，可以将左上角或右下角的 $-Q$ 电荷替换为 $+Q$ 电荷，这样可以使 P 点电势为零，但电场强度不为零。

注意：将左下角 $+Q$ 电荷替换为 $+3Q$ 电荷也满足要求。

2. 解：(a) i. 三个点电荷到 P_1 点的距离相同，电荷量相同，因此在 P_1 点处产生的电场强度大小相同，方向沿着各自的连线方向，如下图所示。

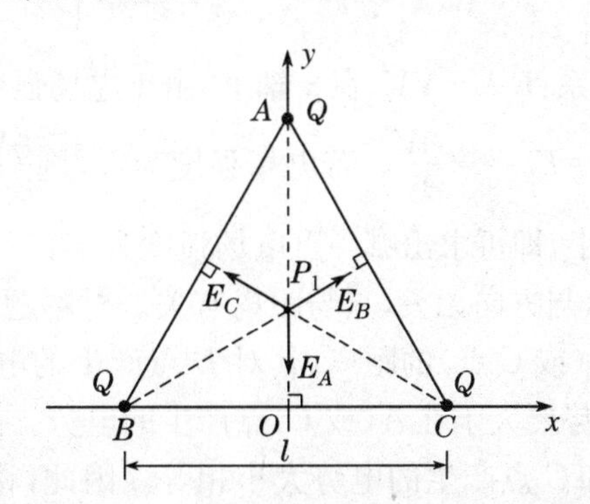

ii. 对 P_2 点，相比于 P_1 点稍靠下一些，因此其到上顶点 A 的距离较大，到 B、C 的距离较小，因此 B、C 两处电荷在 P_2 点产生的电场强度大小稍大于 A 点电荷在 P_2 点产生的电场强度大小，即 $E_B=E_C>E_A$，方向仍沿各自连线方向，如下图所示。

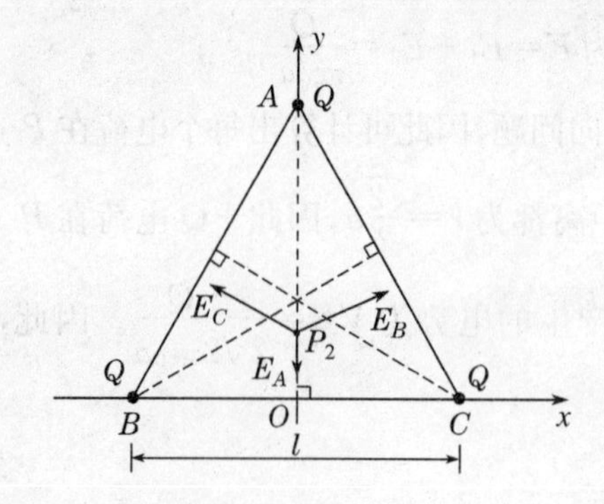

由于 $r_{AP_2}>r_{AP_1}$，因此 A 点在 P_2 点产生的电场强度大小小于在 P_1 点产生的电场强度大小；同理，由于 $r_{BP_2}<r_{BP_1}$，$r_{CP_2}<r_{CP_1}$，因此 B 点和 C 点分别在 P_2 点产生的电场强度大小都大于各自在 P_1 点产生的电场强度大小，如下表。

	Greater than at P_1	Less than at P_1	The same as at P_1
E_A		✓	
E_B	✓		
E_C	✓		

(b) 显然，在 y 轴上任意点，A 处电荷产生的电场强度沿 y 轴方向，没有 x 方向的分量。而由对称性，B、C 两点电荷关于 y 轴对称，因此其在 y 轴任意点产生的电场强度大小相等，方向相对于 y 轴对称，其合场强必然只有 y 方向分量，而 x 方向分量为零。

(c) 对 y 轴任意位置处，三个电荷产生的总电势为

$$V=\frac{1}{4\pi\varepsilon_0}\frac{Q}{r_A}+\frac{1}{4\pi\varepsilon_0}\frac{Q}{r_B}+\frac{1}{4\pi\varepsilon_0}\frac{Q}{r_C}=\frac{Q}{4\pi\varepsilon_0}\left(\frac{1}{r_A}+\frac{1}{r_B}+\frac{1}{r_C}\right)$$

其中 r_A、r_B、r_C 分别为 A、B、C 三点到所求位置处的距离。

设所求位置坐标为 $(0,y)$。对三角形内部，有 $y<\frac{\sqrt{3}}{2}l$。此时

$$r_A=\frac{\sqrt{3}}{2}l-y,\ r_B=r_C=\sqrt{\frac{l^2}{4}+y^2}$$

因此

$$V=\frac{Q}{4\pi\varepsilon_0}\left(\frac{1}{\frac{\sqrt{3}}{2}l-y}+\frac{2}{\sqrt{\frac{l^2}{4}+y^2}}\right)$$

(d) 由电场强度和电势的关系：$\boldsymbol{E}=-\boldsymbol{\nabla}V$。在 y 轴上，由于电场强度的方向总是沿着 y 方向，因此只需计算 y 方向分量即可，即 $E=E_y=-\frac{\partial V}{\partial y}$。若电场强度为零，则 $\frac{\partial V}{\partial y}=0$，即将(c)问中结果对 y 求微分，并计算微分为零时 y 的大小，即可求出哪一点电场强度为零。

3. 解：(a) 由于电势为标量，与方向无关，只与距离有关。对本题，如题目图所示，对环上任意部分，到 B 点的距离都小于到 A 点（或 C 点）的距离，其对 B 点产生的电势要大于对 A(C) 点产生的电势，因此环整体在 B 点产生的电势要大于在 A（或 C）点产生的电势。而 A 和 C 相对于环的对称轴也是对称的，由对称性，环在 A 点和 C 点产生的电势大小相等。因此，将电势由大到小排列，B 点排第一，A、C 两点同排第二。

(b) 由于 P 点在圆弧的圆心处，圆弧上任意位置到 P 点距离都为 R，任一小带电微元 dQ 在 P 点产生的电势为 $dV=\frac{1}{4\pi\varepsilon_0}\frac{dQ}{R}$。因此，圆弧整体在 P 点产生的电势为

$$V=\int \mathrm{d}V=\int \frac{1}{4\pi\varepsilon_0}\frac{\mathrm{d}Q}{R}=\frac{1}{4\pi\varepsilon_0 R}\int \mathrm{d}Q=\frac{Q}{4\pi\varepsilon_0 R}$$

(c) 此电荷仅在电场力作用下运动，因此运动过程中能量守恒，有

$$U_i+K_i=U_f+K_f$$

在初始位置，电荷 q 的势能为 $U_i=qV=\frac{qQ}{4\pi\varepsilon_0 R}$，动能为 $K_i=0$。

在很远处(相当于无限远)，势能为 $U_f=0$，动能为 $K_f=\frac{1}{2}mv^2$。

代入能量守恒公式，有 $\frac{qQ}{4\pi\varepsilon_0 R}=\frac{1}{2}mv^2$。

可求得电荷 q 最终速度大小为 $v=\sqrt{\frac{qQ}{2\pi\varepsilon_0 Rm}}$。

(d) 由对称性，显然 P 点电场强度的方向沿着 x 轴方向，如下图所示。

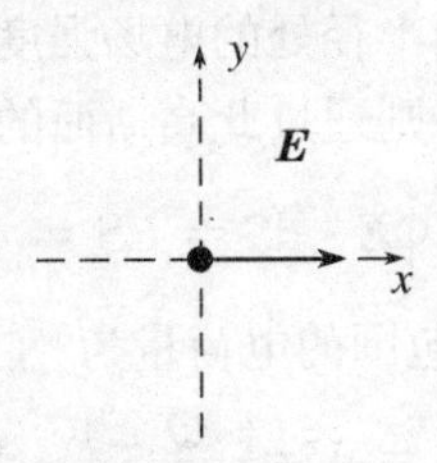

(e) 参见例题 1－6，圆弧上每小段电荷微元在 P 点产生的电场强度在 x 方向的分量为

$$\mathrm{d}E_x=\mathrm{d}E\cos\theta=\frac{1}{4\pi\varepsilon_0}\frac{\lambda R\mathrm{d}\theta}{R^2}\cos\theta=\frac{\lambda}{4\pi\varepsilon_0 R}\cos\theta\mathrm{d}\theta=\frac{Q}{2\pi^2\varepsilon_0 R^2}\cos\theta\mathrm{d}\theta$$

整个圆弧在 P 点产生的电场强度大小为

$$E=E_x=\int \mathrm{d}E_x=\int_{-\pi/4}^{\pi/4}\frac{Q}{2\pi^2\varepsilon_0 R^2}\cos\theta\mathrm{d}\theta=\frac{Q}{\pi^2\varepsilon_0 R^2}\sin\frac{\pi}{4}=\frac{\sqrt{2}Q}{2\pi^2\varepsilon_0 R^2}$$

4. 解：(a) i. 本题为根据电场线图像描述电场情况。根据电场线的要求，电场线比较密集的地方电场强度大，电场线比较松散的地方电场强度小。在本题中，显然 C 点处电场线比 A、B 两点处更密集。因此，C 点处电场强度最大。

ii. 由图中可见，A、B、C 三点及其连线上，电场强度方向均有向右的分量，对电势来讲，电场强度的方向总是从高电势处指向低电势处，因此 A 点电势最高。

(b) i. 显然，B 点附近电场强度方向向右，电子带负电，其受力方向和电场方向相反，因此电子从 B 点开始向左运动。由于运动过程中电场方向始终向右，因此电子受力方向始终向左，加速度方向也始终向左，速度方向也始终向左，并且大小逐渐增加。而由(a)中分析可知，左侧电场强度小于右侧，因此随着电子的运动，其所在位置处的电场强度大小减小，其受到的电场力的大小也逐渐减小，因此其加速度的大小也逐渐减小。

综上所述，电子从 B 点开始向左运动，速度方向始终向左，大小逐渐增加，加速度方向也始终向左，大小逐渐减小。

ii. 电子运动过程中能量守恒，其运动过程中动能的增加量等于势能的减少量，因此有 $\frac{1}{2}mv^2=q\Delta V$。可求得

$$v=\sqrt{\frac{2q\Delta V}{m}}=\sqrt{\frac{2\times1.6\times10^{-19}\times10}{9.11\times10^{-31}}}\approx1.9\times10^6(\mathrm{m/s})$$

(c) 可将这一小段近似为均匀电场，由电场和电势的关系，有

$$E=-\frac{\Delta V}{\Delta r}=\frac{20\ \mathrm{V}}{0.01\ \mathrm{m}}=2\,000\ \mathrm{V/m}$$

(d) 等势线如下图所示，注意等势线要处处与电场线方向垂直。

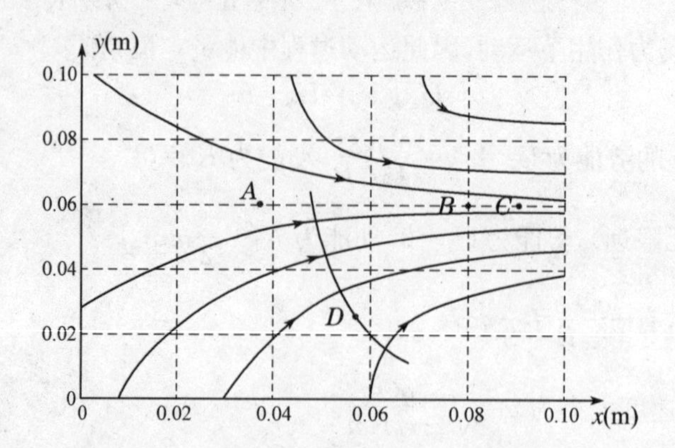

5. 解：(a) 显然，本题中电荷分布呈球对称分布，因此空间中的电场分布也具有球对称分布，即各处电场强度方向都沿着径向方向，相同半径处的电场强度大小相同，因此可采用高斯定理求解空间电场强度大小。取同心球面作为高斯面，则通过此高斯面的电通量为

$$\Phi_E = \oint \boldsymbol{E} \cdot \mathrm{d}\boldsymbol{S} = ES = 4\pi r^2 E$$

i. 对 $r<a$ 处，半径为 r 的同心球面包围的电荷量为

$$Q_{\text{enclosed}} = \rho V = \frac{Q}{\frac{4}{3}\pi a^3}\frac{4}{3}\pi r^3 = \frac{Qr^3}{a^3}$$

由高斯定理，有 $4\pi r^2 E = \dfrac{Qr^3}{\varepsilon_0 a^3}$。

可求得 $E = \dfrac{Qr}{4\pi\varepsilon_0 a^3}$。

ii. 对 $a<r<2a$ 处，高斯面所包围电荷量为 $Q_{\text{enclosed}} = Q$。

由高斯定理，有 $4\pi r^2 E = \dfrac{Q}{\varepsilon_0}$。

可求得 $E = \dfrac{Q}{4\pi\varepsilon_0 r^2}$。

iii. 对 $2a<r<3a$ 处，高斯面所包围电荷量为

$$Q_{\text{enclosed}} = Q + \rho' V = Q + \frac{-Q}{\frac{4}{3}\pi[(3a)^3-(2a)^3]}\frac{4}{3}\pi[r^3-(2a)^3] = \frac{Q}{19a^3}(27a^3-r^3)$$

由高斯定理，有 $4\pi r^2 E = \dfrac{Q}{19\varepsilon_0 a^3}(27a^3-r^3) = \dfrac{Q}{19\varepsilon_0}\left(27-\dfrac{r^3}{a^3}\right)$。

可求得 $E = \dfrac{Q}{76\pi\varepsilon_0 r^2}\left(27-\dfrac{r^3}{a^3}\right)$。

iv. 对 $r>3a$ 处，高斯面所包围电荷量为 $Q_{\text{enclosed}} = Q + (-Q) = 0$。

由高斯定理，有 $4\pi r^2 E = 0$。可求得 $E = 0$。

(b) 由(a)中 iv 问，可知在 $r>3a$ 处空间电场强度为零，因此从外球壳外表面到无限远的电场强度的积分为零，故外球壳外表面电势为零。

(c) 由电势定义，可得两点间电势差为

$$V_X - V_Y = \int_X^Y \boldsymbol{E} \cdot \mathrm{d}\boldsymbol{l} = \int_a^{2a} \frac{Q}{4\pi\varepsilon_0 r^2}\mathrm{d}r = \frac{Q}{8\pi\varepsilon_0 a}$$

6. 解：(a) i. 显然，空间电荷分布呈球对称分布，因此电场分布也呈球对称分布，可利用高斯定理求解空间电场强度数值。取同心球面作为高斯面，则

$$\oint \boldsymbol{E}\cdot \mathrm{d}\boldsymbol{S} = ES = 4\pi r^2 E$$

当 $r>R$ 时，高斯面包围的电荷为 $Q_{\text{enclosed}}=Q$。

由高斯定理，有 $4\pi r^2 E=\dfrac{Q}{\varepsilon_0}$。可求得 $E=\dfrac{Q}{4\pi\varepsilon_0 r^2}$，即 $r>R$ 处相当于所有电荷集中在球心处产生的电场。

ii. 在 $r>R$ 处电势为 $V=\int_r^{\infty}\boldsymbol{E}\cdot\mathrm{d}\boldsymbol{l}=\int_r^{\infty}\dfrac{Q}{4\pi\varepsilon_0 r^2}\mathrm{d}r=\dfrac{Q}{4\pi\varepsilon_0 r}$，即 $r>R$ 处的电势相当于所有电荷集中在球心处产生的电势。

(b) 质子带正电，因此其在球外受到的电场力的作用始终沿径向向外。从 P 点开始由静止释放后，将沿径向一直向外运动，直到无限远处。在运动过程中始终受到向外的电场力的作用，因此其速度大小一直增加。随着质子运动离球心距离增加，其所在处电场强度大小逐渐减小，其受到的电场力的大小也逐渐减小，因此其加速度大小也逐渐减小，但方向一直沿径向向外。

(c) 电子带负电(电量为 $-e$)，其受到的电场力的方向和该处电场的方向相反。因此，电子放在球外时，其受到的电场力指向球心，从 P 点开始释放后将向着球心运动。运动过程中能量守恒，即动能的增加量等于电势能的减少量，有

$$K=U(r)-U(R)=\frac{-eQ}{4\pi\varepsilon_0 r}-\frac{-eQ}{4\pi\varepsilon_0 R}=\frac{eQ}{4\pi\varepsilon_0}\left(\frac{1}{R}-\frac{1}{r}\right)$$

本问也可以直接用静电力做功求得。电子在运动过程中受到的静电力为 $F=\dfrac{-eQ}{4\pi\varepsilon_0 r^2}$，其碰到带电球云时的动能等于静电力做功，即

$$K=\int \boldsymbol{F}\cdot\mathrm{d}\boldsymbol{l}=\int_r^R\frac{-eQ}{4\pi\varepsilon_0 r^2}\mathrm{d}r=\frac{eQ}{4\pi\varepsilon_0}\left(\frac{1}{R}-\frac{1}{r}\right)$$

(d) 由于球状电云总带电量为 $+Q$。由电荷密度分布计算此总带电量时，可将球云分成很多微元球壳，每个球壳半径为 r，厚度为 $\mathrm{d}r$，该微元球壳的体积为 $\mathrm{d}V=4\pi r^2\mathrm{d}r$。则该微元球壳所带电量为

$$\mathrm{d}Q=\rho\mathrm{d}V=4\pi\rho_0 r^2\left(1-\frac{r}{R}\right)\mathrm{d}r=4\pi\rho_0\left(r^2-\frac{r^3}{R}\right)\mathrm{d}r$$

因此，球云总带电量为

$$Q=\int\mathrm{d}Q=\int_0^R 4\pi\rho_0\left(r^2-\frac{r^3}{R}\right)\mathrm{d}r=4\pi\rho_0\left(\frac{1}{3}r^3-\frac{r^4}{4R}\right)\Bigg|_0^R=\frac{1}{3}\pi\rho_0 R^3$$

故其密度函数：$\rho_0=\dfrac{3Q}{\pi R^3}$。

(e) 对 $r\leqslant R$ 处的电场强度，可利用高斯定理进行计算。取同心球面作为高斯面，由电场强度的对称性，有 $\oint\boldsymbol{E}\cdot\mathrm{d}\boldsymbol{S}=ES=4\pi r^2 E$。

而此高斯面内所包围的电荷量为

$$Q_{\text{closed}}=\int\mathrm{d}Q=\int_0^r 4\pi\rho_0\left(r^2-\frac{r^3}{R}\right)\mathrm{d}r=4\pi\rho_0\left(\frac{1}{3}r^3-\frac{r^4}{4R}\right)\Bigg|_0^r=\frac{1}{3}\pi\rho_0\left(4r^3-\frac{3r^4}{R}\right)$$

由高斯定理，有 $4\pi r^2 E=\dfrac{\pi\rho_0}{3\varepsilon_0}\left(4r^3-\dfrac{3r^4}{R}\right)$。

可求得 $E=\dfrac{\rho_0 r}{12\varepsilon_0}\left(4-\dfrac{3r}{R}\right)$。

也可将(d)中结果代入，有 $E=\dfrac{Qr}{4\pi\varepsilon_0 R^3}\left(4-\dfrac{3r}{R}\right)$。

7. 解：(a) 显然，电荷分布具有球对称性，因此空间电场分布也具有球对称性。应用高斯定理进行计算时，所取高斯面为同心球面，有 $\oint\boldsymbol{E}\cdot\mathrm{d}\boldsymbol{S}=ES=4\pi r^2 E$。

当取高斯面在球壳内部时，高斯面内所包围电荷量为零。

由高斯定理，有 $4\pi r^2E=0$，因此可得球壳内部电场强度处处为零。

(b) 若球壳表面电荷分布不均匀，则不满足球对称性，此时不能用高斯定理直接计算球壳内电场强度。此时若电荷分布不再对称分布，则各部分电荷在球内产生的电场不能完全抵消，因此球壳内部电场强度可以不为零。故答案为 No。

(c) 小的孤立带电金属球在球外产生的电场可看做点电荷产生的电场，各处电场强度的方向沿径向方向。由于金属球在立方体的一个顶点上，显然在 $ABCD$、$ABGH$、$ADEH$ 三个面上电场强度的方向在相应面内，即和该处面的法线方向垂直，因此这三个面上的电通量为零。而另三个面：面 $CDEF$、面 $EFGH$、面 $BCFG$ 处电场强度和面有一定角度，电通量不为零。

(d) 孤立导体球的电荷分布在球面上，类似于(a)中情况，因此该球面内电场强度处处为零。而立方体的顶点 A 处于该球面内，因此电场为零。故顶点 A 处电场数值最小。

(e) 由上问可知，A 处电场强度大小为零。

(f) 选取此立方体表面作为高斯面，显然，此立方体表面内所包围的电荷量为小球带电量的1/8，即 $Q_{\text{closed}}=\dfrac{Q}{8}$。

而对此立方体的六个表面，由(c)问可知，其中 $ABCD$、$ABGH$、$ADEH$ 三个面上的电通量为零。由对称性，可以看出 $CDEF$、$EFGH$、$BCFG$ 三个面上的电通量大小是相同的。因此，$CDEF$ 面上的电通量为整个立方体表面总电通量的 1/3。

由高斯定理，立方体表面总电通量为 $\Phi_{\text{total}}=\dfrac{Q_{\text{closed}}}{\varepsilon_0}=\dfrac{Q}{8\varepsilon_0}$。

因此，$CDEF$ 面上的电通量为 $\Phi_{CDEF}=\dfrac{Q_{\text{total}}}{3}=\dfrac{Q}{24\varepsilon_0}$。

8. 解：(a) 由对称性，在 xy 平面处，上下部分的电荷是对称分布的，因此该处电场强度在 z 方向的分量既不会向上，也不会向下，只能为零。而由于电荷在 xy 方向上的分布是无限大均匀分布的，因此在任意位置处电场强度的 x、y 分量也均为零。故在 xy 面处，电场强度都为零，没有方向。

(b) 由(a)中分析可知，在 xy 面外任意处，电场强度的 x、y 分量总是为零。但对 xy 面之外的位置，z 方向的电荷分布不再关于该点对称。因此，在 xy 面外位置电场沿着 z 方向(若该板带正电荷，则电场强度的方向背离 xy 平面，即在 $z>0$ 处沿着 $+z$ 方向，在 $z<0$ 处沿着 $-z$ 方向)。

(c) 由(a)、(b)中的对称性分析可知，除 xy 平面外，电场强度都是沿着 z 轴的方向；且由对称性可知，在距离 xy 平面相同的地方电场强度的大小相同(但在 $z>0$ 处沿着 $+z$ 方向，在 $z<0$ 处沿着 $-z$ 方向)。由此可取如下图所示的立方体形高斯面，该立方体上、下表面与 xy 平面平行，且立方体中心位于 xy 平面上，立方体边长为 $2z$，即上表面位于 $+z$ 处，下表面位于 $-z$ 处。

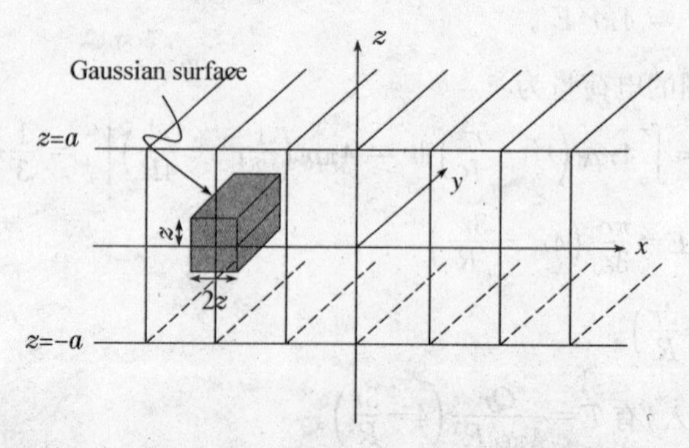

对此立方体形闭合曲面应用高斯定理。由空间电场的特性可知，只在该立方体上、下两个表面处的电场强度的通量不为零，在前、后、左、右四个侧面上的电通量为零。设在上表面处电场强度的大小

为 E,方向由以上分析可知沿 $+z$ 方向,则在下表面处电场强度的大小同样为 E,但方向沿着 $-z$ 方向。该立方体闭合曲面的总电通量为

$$\Phi_E = \oint \boldsymbol{E} \cdot d\boldsymbol{S} = 2ES = 2E(2z)^2 = 8Ez^2$$

当 $z<a$ 时,立方体在板内,此立方体内部所包围的总电荷量为

$$\sum_{\text{closed}} Q = \rho V = \rho (2z)^3 = 8\rho z^3$$

由高斯定理 $\Phi_E = \oint \boldsymbol{E} \cdot d\boldsymbol{S} = \frac{1}{\varepsilon_0}\sum_{\text{closed}} Q$,可得 $8Ez^2 = \frac{8\rho z^3}{\varepsilon_0}$。则电场强度大小为 $E = \frac{\rho z}{\varepsilon_0}$。

若考虑电场强度的方向,可写为 $\boldsymbol{E} = \frac{\rho \boldsymbol{z}}{\varepsilon_0}$。

注意:该结果应该满足(a)情况,即当 $z=0$ 时,$E=0$。

(d) 要计算 $z>a$ 时,即板外的电场强度,可如(c)中取同样的立方体表面,只是立方体较大一些,$z>a$。

对板外空间电场分布的对称情况和板内一样,因此对于此立方体表面,仍有其闭合曲面电通量为 $\Phi_E = \oint \boldsymbol{E} \cdot d\boldsymbol{S} = 2ES = 8Ez^2$。

当 $z>a$ 时,立方体超出了板的范围,这时立方体内仅在截得板的部分由电荷存在,即此时立方体内部所包围的总电荷量为

$$\sum_{\text{closed}} Q = \rho V' = \rho(4z^2 \cdot 2a) = 8\rho z^2 a$$

由高斯定理,可得 $8Ez^2 = \frac{8\rho z^2 a}{\varepsilon_0}$。则电场强度大小为 $E = \frac{\rho a}{\varepsilon_0}$。

考虑到电场强度的方向,在 $z>a$ 处,$\boldsymbol{E} = \frac{\rho a}{\varepsilon_0}\boldsymbol{k}$;在 $z<-a$ 处,$\boldsymbol{E} = -\frac{\rho a}{\varepsilon_0}\boldsymbol{k}$。

对(c)和(d)的结果,也可以将厚板看做很多无限大均匀带电薄板的组合,采用积分的方法得到同样结果,但采用高斯定理进行计算相对较简单。

(e) 当板内电荷密度不再均匀分布、而变成按照 $\rho(z) = \rho_0(a^2 - z^2)$ 的方式分布时,电荷分布在板内虽不是完全均匀,但电荷分布的对称性和前面相比并没有变化,因此空间电场的分布情况和前四问是类似的。对 xy 平面处,上、下电荷分布对称,因此该平面内各处电场均为零。

(f) 由于电荷分布的对称性,在 xy 平面外,电场强度仍然沿着 z 轴的方向(若该板带正电荷,则电场强度的方向背离 xy 平面,即在 $z>0$ 处沿着 $+z$ 方向,在 $z<0$ 处沿着 $-z$ 方向)。

(g) 类似(c)中的情况取立方体高斯面,则通过此闭合曲面的电通量同样为

$$\Phi_E = \oint \boldsymbol{E} \cdot d\boldsymbol{S} = 2ES = 8Ez^2$$

当 $z<a$ 时,立方体在板内,由于电荷不再均匀分布,因此立方体内的电荷量要采用积分方法进行计算。将立方体划分成很多平行于 xy 平面的薄层,每个薄层的厚度为 dc(对于立方体内的电荷计算,此时立方体已确定,z 为不变量,计算内部总电荷量积分时要用另外的变量来表示),面积为 $S=(2z)^2=4z^2$。薄层所在 z 坐标为 c,该处电荷密度为 $\rho=\rho_0(a^2-c^2)$。则每个薄层内电荷量为 $dQ=\rho dV=\rho_0(a^2-c^2)\cdot 4z^2 dc = 4\rho_0 z^2(a^2-c^2)dc$。

因此,此立方体内部所包围的总电荷量为

$$\sum_{\text{closed}} Q = \int dQ = \int_{-z}^{z} 4\rho_0 z^2 (a^2 - c^2)\, dc = \frac{8}{3}\rho_0 z^3 (3a^2 - z^2)$$

由高斯定理,可得 $8Ez^2 = \frac{8\rho_0 z^3(3a^2 - z^2)}{3\varepsilon_0}$。则电场强度大小为 $E = \frac{\rho_0(3a^2 - z^2)z}{3\varepsilon_0}$。

考虑电场强度的方向,可写为 $\boldsymbol{E} = \frac{\rho_0(3a^2 - z^2)\boldsymbol{z}}{3\varepsilon_0}$。

(h) 类似于(d),取 $z>a$ 的立方体表面作为高斯面。则通过此闭合曲面的电通量同样为

$$\Phi_{\mathrm{E}}=\oint \boldsymbol{E}\cdot \mathrm{d}\boldsymbol{S}=2ES=8Ez^2$$

此时立方体内部所包围的总电荷为

$$\sum_{\text{closed}} Q=\int \mathrm{d}Q=\int_{-a}^{a} 4\rho_0 z^2(a^2-c^2)\,\mathrm{d}c=\frac{16}{3}\rho_0 a^3 z^2$$

由高斯定理,可得 $8Ez^2=\dfrac{16\rho_0 a^3 z^2}{3\varepsilon_0}$。则电场强度大小为 $E=\dfrac{2\rho_0 a^3}{3\varepsilon_0}$。

考虑电场强度的方向,在 $z>a$ 处,$\boldsymbol{E}=\dfrac{2\rho_0 a^3}{3\varepsilon_0}\boldsymbol{k}$;在 $z<-a$ 处,$\boldsymbol{E}=-\dfrac{2\rho_0 a^3}{3\varepsilon_0}\boldsymbol{k}$。

第二章 导体(Conductors) 电容器(Capacitors) 电介质(Dielectrics)

1. 静电场中的导体

上一章我们讨论了真空中的静电场,即空间中除了确定的电荷外,不考虑其他任何物质的存在。实际上在我们的世界中,有很多由原子、分子等组成的物质存在,这些物质的存在对确定电荷在空间产生的电场情况会产生影响。按导电能力来划分,一般可将这些物质分成导体和电介质两类:导电能力极强的物质称为导体,如金属、电解液等;导电能力极弱或不能导电的物体称为绝缘体或电介质,如橡胶、木头、云母等。

对导体来说,其内部存在大量可自由运动的自由电荷,这些自由电荷可在外电场驱动下做定向运动,即导电性。金属是比较常见的导体,金属由基本固定带正电的离子和大量可自由运动的自由电子组成。

(1) 静电感应(Electrostatic induction)与静电平衡(Electrostatic equilibrium)

当导体不带电、外电场也为零时,金属导体中大量的自由电子的负电荷和离子的正电荷总量相等,其代数和为零,整个导体呈电中性。这时导体中正负电荷均匀分布,除微观热运动外,没有电荷的宏观运动。当把导体放入外电场中,在一个很短的时间内(约 10^{-6} s),导体中会有电场存在,导体中的自由电荷在电场的作用下会发生定向运动,从而引起导体中正负电荷的重新分布,使导体不再是处处电荷均匀分布,而会使导体的一部分区域正电荷总量超过负电荷总量,总体带正电,一部分区域正电荷总量低于负电荷总量,总体带负电。这种现象称为静电感应现象。导体中的自由电荷的宏观定向运动在没有电源的驱动下,会很快停止下来,使电荷分布重新达到一个相对稳定的状态,导体中的电荷不再发生宏观运动,这种状态称为静电平衡状态。

显然,要达到静电平衡状态,导体中的自由电荷所受到的合力应该为零,此时这些自由电荷才不会做宏观的定向运动,从而改变导体中的电荷分布。在只有静电力的情况下,导体中任意一处的自由电荷受到的静电力为零,即任意处的电场强度为零。因此,导体静电平衡的必要条件就是导体内任意点的电场强度都等于零。

如图 2-1 所示,将一块导体板放入一朝右的均匀电场中,一开始导体内部电场不为零,此时导体内部自由电荷受到电场力的作用(对金属的情况,其中自由电子受到向左的力),在电场力的作用下,自由电荷发生定向运动,使导体左侧带负电,右侧带正电。经过很短的一段时间后,导体达到静电平衡状态,此时导体内部的总静电场为零,即外电场和导体上重新分布的电荷在导体内部产生的电场的矢量和在导体内部处处为零。

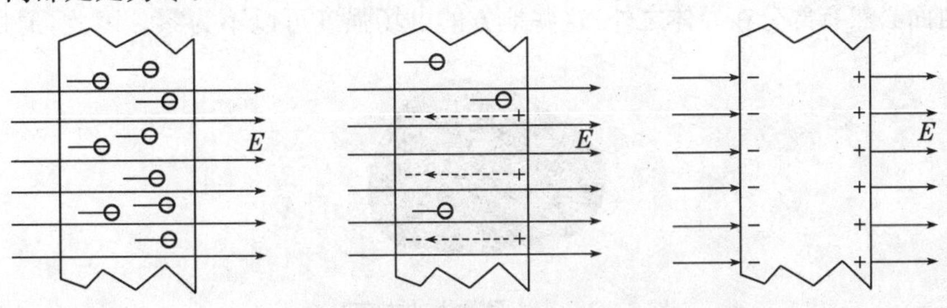

图 2-1 静电感应与静电平衡

注意，导体在静电平衡时，导体内部电场处处为零，但这并不是说外部电荷在导体内部不产生电场，而是外部电荷产生的电场和导体上电荷重新分布后产生的电场在导体内部的矢量和处处为零，即外电荷产生的电场在导体内部被导体上的感应电荷产生的电场抵消了。在导体外部，外电荷和导体上感应电荷两者产生的电场叠加，但一般并不为零，最终的电场和导体不存在时的电场会有一定的不同。如图 2-2 所示，将一导体球放入均匀电场中，达到静电平衡后，导体内部电场处处为零，外部电场也变得不再均匀。

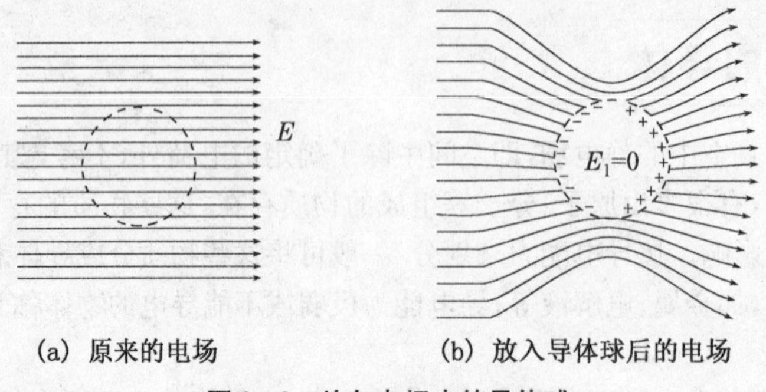

(a) 原来的电场　　(b) 放入导体球后的电场

图 2-2　均匀电场中的导体球

不管外电场是均匀电场还是其他任意分布的情况，不管导体是什么形状，也不管导体是带电的还是不带电的，导体放入电场中后，总会在很短的时间之内就能使其内部的自由电荷达到适合的位置，使得导体上电荷产生的电场和外电荷产生的电场在导体内部处处可以抵消。自然界就是如此神奇。

除了内部电场处处为零外，导体达到静电平衡时，还会满足两个条件：① 导体表面的电场强度垂直于导体表面。这是由于导体表面处，自由电荷无法跑出导体之外，因此可以受到指向导体外侧的作用力，但若电场有沿着导体表面的分量，则导体表面上的自由电荷会受到平行于表面的作用力，从而可以沿着表面运动，就无法达到平衡状态。因此，导体表面的电场强度垂直于表面时，才有可能达到静电平衡。② 导体是等势体，其表面是等势面。因为导体内部电场处处为零，由电场强度和电势的关系，很容易得到导体上任意两点间电势相等，即导体是等势体。

（2）导体表面电荷分布

导体达到静电平衡状态时，导体内部电场强度处处为零。而这是由于外电荷产生的电场在导体内部被导体上的电荷产生的电场抵消了。无论是带电导体，还是将导体放入外电场中，导体上都会有电荷的分布，那么在静电平衡状态下，导体上的电荷是如何分布的呢？

通过研究发现，当导体处于静电平衡状态时，导体内部任何位置都没有净电荷的存在，电荷只能分布于导体的表面上。这一结果可由高斯定理推出。如图 2-3 所示，在导体内任意一点 P 处，总可围绕 P 点作一闭合曲面 S，且 S 上各点均在导体内部，即 S 上任意点处的电场强度都为零，通过 S 曲面的电通量也必然为零。由高斯定理，闭合曲面 S 内部的电荷总量必然为零。由于 S 曲面是任意的，而且可以足够小，因此要满足上述结论，必然要求 P 点处的电荷体密度为零，或 P 点附近的净电荷为零，即导体内部任意位置都没有净电荷的存在。对导体表面而言，若作一个包围表面点的闭合曲面，则该闭合曲面必然有部分在导体之外，这些地方的电场强度可以不为零。因此，通过整个曲面的

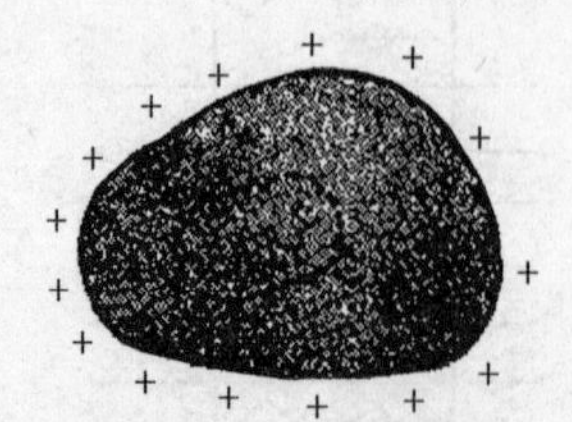

图 2-3　实心导体上的电荷分布

电通量也可以不为零。所以导体表面可以带有净电荷，导体上的电荷也只能分布在导体表面。

对实心导体而言，电荷只能分布在外表面。若导体内部有空腔(Cavum)存在，则除了外表面之外，导体在空腔处还存在内表面，那么这些空腔的内表面上是否有电荷分布呢？对存在空腔的导体，一般可分为两种情况：一种是空腔内部没有其他电荷存在，一种是空腔内部有其他电荷存在。

对空腔内部没有其他电荷存在的情况，因为空腔在导体内部，必然可作一闭合曲面 S 将空腔完全包住，且曲面 S 上所有点均在导体内部，如图 2-4 所示。当导体处于静电平衡状态时，S 上各点的电场强度都为零，即通过曲面 S 的电通量为零。由高斯定理，闭合曲面 S 所包围的部分内的总电荷量为零。闭合曲面 S 所包围的部分包括空腔内部及空腔内表面，由于我们讨论的情况为空腔内部没有其他电荷存在，因此必然有空腔内表面所带的电荷总量为零。注意：电荷总量为零并不意味着就一定没有电荷分布，也可以是一部分带正电，一部分带负电，但电荷总量为零。但若是这种情况，在空腔内部必然会存在电场。图 2-4 所示情况下，在空腔内部总可以找到一条电场线由正电荷发出到负电荷处终止，而这些正、负电荷都在空腔内表面处，沿着这条电场线作电场强度的路径积分。因为各处电场强度的方向和路径位移的方向一致，因此该积分一定大于零。则由电势的公式可得，该正电荷处的电势大于该负电荷处的电势。但由于正、负电荷都在导体内表面，这和导体是一个等势体的经典平衡条件相矛盾，因此空腔内表面有电荷分布的假设必然是错误的，即当导体空腔内部没有其他电荷存在时，空腔内表面上也没有净电荷分布。

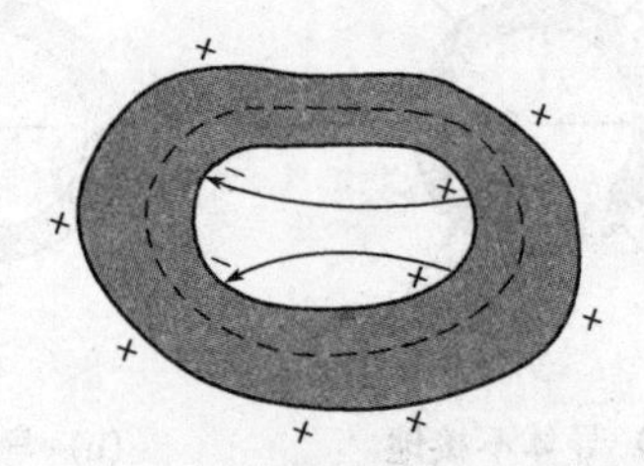

图 2-4　有空腔导体上的电荷分布(空腔内无电荷)

当空腔内部有其他电荷存在时，空腔内表面可以有电荷分布，同样由高斯定理我们可以确定，空腔内部及空腔内表面的电荷总量要为零。也就是说，若空腔内部有一个带电量为 $+Q$ 的电荷，则空腔内表面所带电荷的总量必为 $-Q$，如图 2-5 所示。

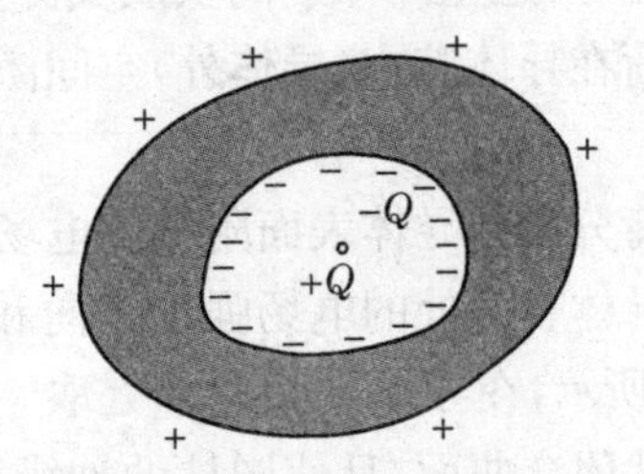

图 2-5　有空腔导体上的电荷分布(空腔内有电荷)

(3) **静电屏蔽(Electrostatic shield)**

由以上的分析我们可以知道，当有空腔的导体外有电荷分布时，这些外部电荷产生的电场会影响导体外表面的电荷分布，并最终使得外部电荷和导体外表面电荷在导体内部(包括导体内空腔部分)所产生的总电场强度等于零，即导体外部的电荷只会影响导体外表面电荷分布及导体外部电场的情况，但对导体内空腔部分不产生影响(由于导体表面电荷重新分布的总效应)。也就是说，空腔导体能够屏蔽导体外部电荷对导体空腔内部电场的影响(无论空腔内部是否有电荷存在)，如图 2-6 所示。

对空腔内的电荷，其会影响空腔内表面的电荷分布及空腔内部的电场情况，但空腔内电荷和空腔内表面电荷在导体及导体外部所产生的总电场强度为零。但要注意，若导体为孤立导体(不接地)，则导体上的电荷总量守恒；当导体内表面有净电荷出现，则导体外表面会带有等量异号的电荷总量，这

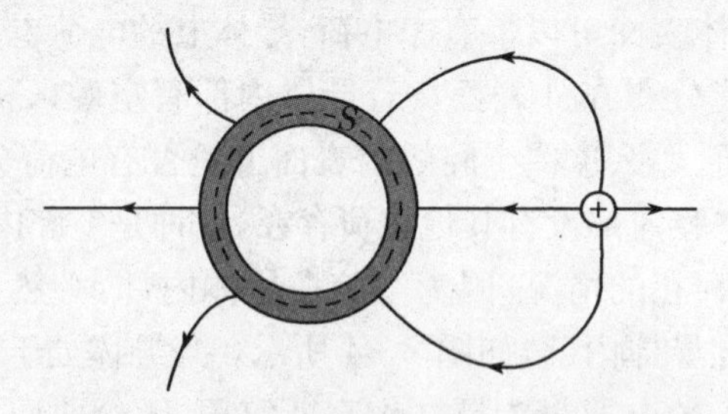

图 2-6 空腔外电荷对空腔内电场无影响

会影响导体外表面电荷的分布情况,从而影响导体外部的电场情况,如图 2-7(a)所示。对不接地的导体来说,并不能完全屏蔽内部电荷对导体外空间电场的影响,但可以证明,这一影响和导体空腔内部的电荷总量有关,和空腔内电荷的分布及位置无关。若想要使得完全屏蔽内部电荷对外部空间电场的影响,可以将导体接地(即使导体电势为零)。当导体接地时,导体的电势等于零,导体外表面的感应电荷因接地而被中和(此时若导体外无其他电荷分布时,导体外表面电荷处处为零),导体外的电场也就不再受导体空腔内电荷的影响,如图 2-7(b)所示。

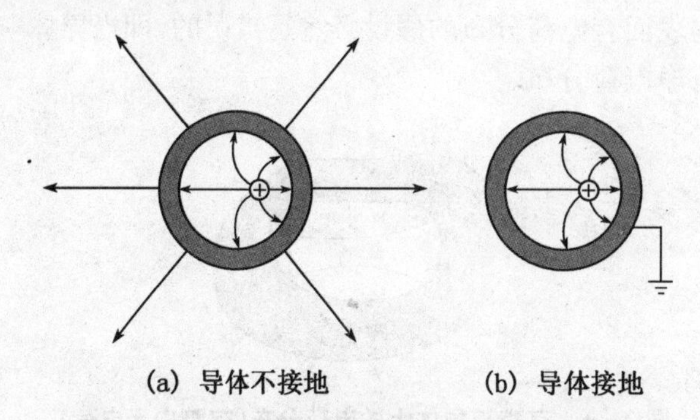

(a) 导体不接地　　(b) 导体接地

图 2-7 空腔内电荷对空腔外电场的影响情况

总之,在静电平衡状态下,导体外部电荷分布对导体空腔内部的电场分布不会产生影响,接地导体空腔内部电荷分布对导体外部的电场分布不会产生影响。这种空腔导体将内、外电荷对电场的影响相互隔绝的现象称为静电屏蔽。注意,这里"屏蔽"的实质实际上是导体外(内)表面上相应的感应电荷激发的电场抵消了外(内)部电荷在导体腔内(导体外)空间激发的电场。

(4) 导体表面电场

下面我们研究一下导体表面电荷分布和导体表面附近的电场强度之间的关系。

前面讲到,在静电平衡状态下,导体表面处的电场强度方向和导体表面垂直,电场强度的大小可以利用高斯定理来计算。如图 2-8 所示,在导体表面 P 点处取一个小的面积微元 ΔS,然后围绕这个面积微元作一个钱币状的扁平圆柱状闭合曲面,且使圆柱的轴线垂直于该处表面,则闭合曲面的上、下底面和该处表面平行。由于面积元很小,可以近似认为面积元内电荷均匀分布,导体外侧圆柱底面处电场强度也均匀。对此圆柱状闭合曲面,由于下表面在导体内,电场强度处处为零,因此相应电通量也为零;在侧面处,由于侧面总与导体表面电场强度方向垂直,其电通量也为零;对上底面,显然有电通量 $\Psi_E = E\Delta S$,即通过该闭合圆柱曲面的总电通量 $\Psi_E = E\Delta S$。而闭合曲面内部所包围的电荷总量为 $q=\sigma\Delta S$,其中 σ 为 P 点处的面电荷密度。由高斯定理,可得

$$\Psi_E = \oint_S \boldsymbol{E} \cdot \mathrm{d}\boldsymbol{S} = E\Delta S = \frac{\sigma\Delta S}{\varepsilon_0}$$

消去 ΔS,有 $E=\frac{\sigma}{\varepsilon_0}$,即导体表面附近的电场强度大小和表面电荷面密度成正比。由于导体表面附近电场强度方向与表面垂直,写成矢量形式,有

$$\boldsymbol{E}=\frac{\sigma}{\varepsilon_0}\boldsymbol{e}_{\mathrm{n}}$$

其中 $\boldsymbol{e}_{\mathrm{n}}$为导体表面的法线方向的单位向量。

注意:在上式中导体表面附近的电场仅和该处导体表面的面电荷密度有关,但并不意味着该处的电场仅由该处表面电荷独立产生,而是由所有空间电荷共同激发产生。

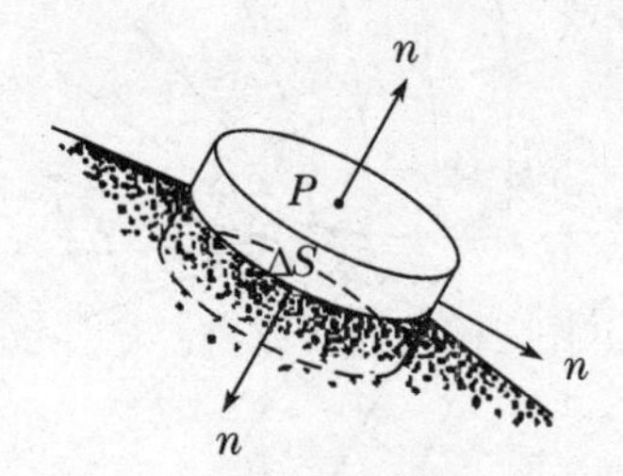

图 2-8　导体表面场强的计算

(5) 尖端效应(Point effect)

对于一些几何形状有对称性的孤立导体,其电荷在表面的分布情况一般是较容易求得的。例如孤立导体球,其所带电荷会均匀分布在导体球表面。但对于一般情况,导体形状比较复杂时,其表面电荷分布的具体数值的计算是比较困难的。但对于表面各部分电荷密度的相对大小,我们可以进行近似的分析。

先看下面这个情况:如图 2-9 所示,两个半径不同的导体球通过导线进行连接,两导体球的距离较远,每个导体球表面的电荷分布可认为不受另一导体球的影响。另外,导线的影响也可以忽略。在这种情况下,我们分析一下两导体球表面电荷分布的情况。

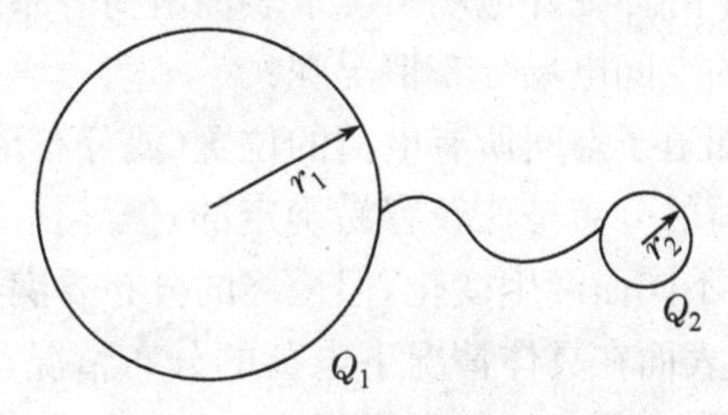

图 2-9　导线连接的导体球

对大导体球,半径为 r_1,其带电量为 Q_1,可近似认为均匀分布在其表面,因此其电势为 $V_1=\frac{1}{4\pi\varepsilon_0}\frac{Q_1}{r_1}$。

同理,小导体球半径为 r_2,带电量 Q_2,其电势为 $V_2=\frac{1}{4\pi\varepsilon_0}\frac{Q_2}{r_2}$。

两导体球由导线相连接,意味着两导体球等电势,即 $V_1=V_2$。

由$\frac{1}{4\pi\varepsilon_0}\frac{Q_1}{r_1}=\frac{1}{4\pi\varepsilon_0}\frac{Q_2}{r_2}$,可得$\frac{Q_1}{Q_2}=\frac{r_1}{r_2}$,即两导体球带电量之比等于其半径比。

再求一下两导体球表面的电荷密度关系:

$$\frac{\sigma_1}{\sigma_2}=\frac{Q_1/(4\pi r_1^2)}{Q_2/(4\pi r_2^2)}=\frac{r_2}{r_1}$$

即导体球表面电荷密度之比等于半径之比的倒数,也就是半径大(表面比较平缓)的球面电荷密度小,半径小(表面弯曲程度较大)的球面电荷密度大。

这一结论可近似用于一般形状的导体,可将导体看做不同弯曲程度(曲率半径)的导体球相互连在一起的情况,则在导体表面突出的部分,弯曲程度较大,曲率半径小,电荷密度较大,表面外侧电场强度大;在导体表面平缓的部分,弯曲程度较小,曲率半径大,电荷密度较小,表面外侧电场强度小,如

图 2-10 所示。

注意:以上分析是近似的分析结果,由于导体表面电荷分布会相互影响,实际的表面电荷密度和相应部分的曲率半径并不完全成反比例关系。有可能不同曲率半径处的电荷密度可能相同,相同曲率半径处时电荷密度可能不同。

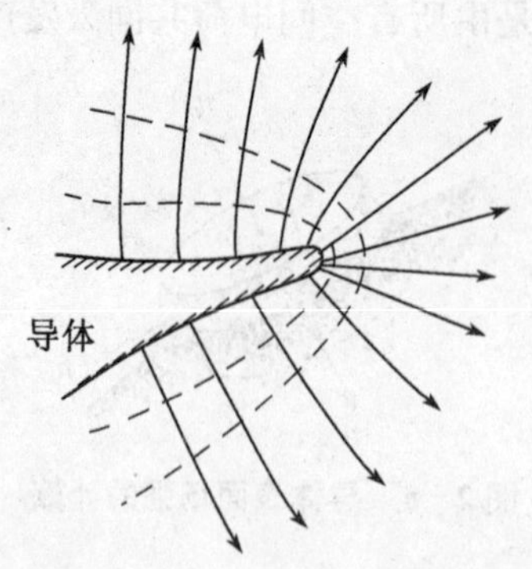

图 2-10 导体的尖端效应

在导体很尖的突出部分,外侧电场强度会相对特别强,其周围的介质(如空气)相比其他位置容易被击穿,这种效应就称为尖端效应。

对一般的仪器设备,由于尖端效应,设备中尖锐的部分(如毛刺等)容易造成周围介质击穿而使仪器发生故障,因此应尽量避免。但有时也可以利用尖端效应来为我们服务,如避雷针、场致发射显微镜等就是利用尖端效应原理制成的。

(6) 有导体存在时的静电场计算

在前面的内容中,我们讲述了导体在外电场情况下表面电荷分布的基本性质。那么,对有导体存在时的静电场,该如何计算实际的空间电场分布情况呢?

在第一章里我们知道,只要知道了空间所有电荷的位置(或分布情况),就可以计算出空间任一点的电场强度。除导体外,其他电荷的分布是比较容易确定的,但导体上存在自由电荷,即导体表面的电荷分布会随着其他电荷的分布不同而产生变化,但最终的分布要满足静电平衡条件。因此,我们可以利用静电平衡条件来确定导体表面在具体情况下电荷的分布情况,然后再利用导体表面电荷分布及其他电荷分布情况最终计算得到空间各处的电场强度。

在计算导体表面电荷分布时,一般先假设相应的面电荷分布(或面电荷分布函数),然后再利用以下几个原则来列方程组,最终求得实际导体表面电荷分布。

计算导体表面电荷分布的原则:① 电荷守恒,即孤立导体各部分的电荷总量保持不变;② 导体静电平衡条件,即导体内部电场处处为零;③ 导体的电势要满足给定要求。一般情况下主要利用前两个原则,在有些涉及导体电势要求的(如电容器问题)加入第三个条件。

例题 2-1 有两块面积较大的导体薄板平行放置,它们的面积均为 S,距离为 d,见图 2-11。若给 A 板电荷 Q_1,B 板电荷 Q_2。(a) 求导体板四个表面的电荷分布、空间的场强分布及两板之间的电势差;(b) 若将 B 板接地,再求电荷分布、场强分布及两板的电势差。

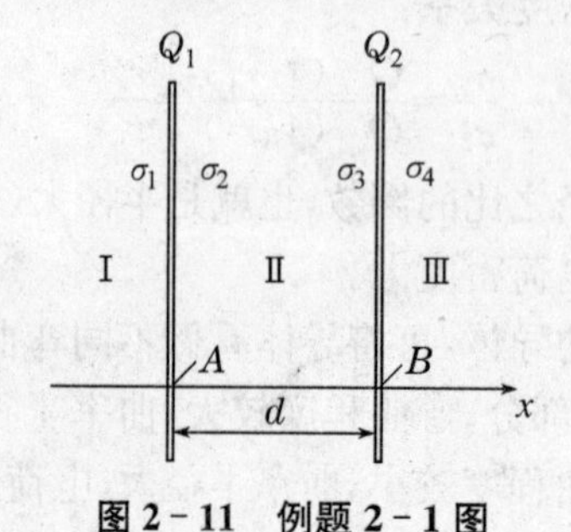

图 2-11 例题 2-1 图

解:(a) 不考虑边缘效应,静电平衡时电荷将分布在导体板的表面,形成四个均匀带电平面。如图 2-11 所示,设电荷面密度分别为 σ_1、σ_2、σ_3、σ_4。

每一平板上电荷守恒,可得

$$(\sigma_1+\sigma_2)S=Q_1,(\sigma_3+\sigma_4)S=Q_2$$

空间电场计算可近似将每个平面看做无限大平面来计算空间电场。

对 A 点,σ_1 面产生的电场为向右的 $\frac{\sigma_1}{2\varepsilon_0}$,$\sigma_2$、$\sigma_3$、$\sigma_4$ 面产生的电场分别为向左的 $\frac{\sigma_2}{2\varepsilon_0}$、$\frac{\sigma_3}{2\varepsilon_0}$、$\frac{\sigma_4}{2\varepsilon_0}$。因此,$A$ 点总电场强度为 $E_A=\frac{\sigma_1}{2\varepsilon_0}-\frac{\sigma_2}{2\varepsilon_0}-\frac{\sigma_3}{2\varepsilon_0}-\frac{\sigma_4}{2\varepsilon_0}$。而由于 A 点在导体内部,要满足静电平衡条件,即 $E_A=0$,因此有 $\frac{\sigma_1}{2\varepsilon_0}-\frac{\sigma_2}{2\varepsilon_0}-\frac{\sigma_3}{2\varepsilon_0}-\frac{\sigma_4}{2\varepsilon_0}=0$。

同理,对 B 点,总电场强度为 $E_B=\frac{\sigma_1}{2\varepsilon_0}+\frac{\sigma_2}{2\varepsilon_0}+\frac{\sigma_3}{2\varepsilon_0}-\frac{\sigma_4}{2\varepsilon_0}$。而由静电平衡条件,$B$ 点处电场强度也为零,因此有 $\frac{\sigma_1}{2\varepsilon_0}+\frac{\sigma_2}{2\varepsilon_0}+\frac{\sigma_3}{2\varepsilon_0}-\frac{\sigma_4}{2\varepsilon_0}=0$。

联立以上四式,可解得

$$\sigma_1=\sigma_4=\frac{1}{2}\frac{Q_1+Q_2}{S},\sigma_2=-\sigma_3=\frac{1}{2}\frac{Q_1-Q_2}{S}$$

对Ⅰ区,电场强度为 $E_{\text{I}}=-\frac{\sigma_1}{2\varepsilon_0}-\frac{\sigma_2}{2\varepsilon_0}-\frac{\sigma_3}{2\varepsilon_0}-\frac{\sigma_4}{2\varepsilon_0}=-\frac{Q_1+Q_2}{2\varepsilon_0 S}$,其中负号表示场强方向向左;

对Ⅱ区,电场强度为 $E_{\text{II}}=\frac{\sigma_1}{2\varepsilon_0}+\frac{\sigma_2}{2\varepsilon_0}-\frac{\sigma_3}{2\varepsilon_0}-\frac{\sigma_4}{2\varepsilon_0}=\frac{Q_1-Q_2}{2\varepsilon_0 S}$;

对Ⅲ区,电场强度为 $E_{\text{III}}=\frac{\sigma_1}{2\varepsilon_0}+\frac{\sigma_2}{2\varepsilon_0}+\frac{\sigma_3}{2\varepsilon_0}+\frac{\sigma_4}{2\varepsilon_0}=\frac{Q_1+Q_2}{2\varepsilon_0 S}$。

两板间电势差为 $V=\int\boldsymbol{E}\cdot\mathrm{d}\boldsymbol{l}=E_{\text{II}}d=\frac{(Q_1-Q_2)d}{2\varepsilon_0 S}$。

(b) 若将 B 板接地,同样设四个面的电荷面密度分别为 σ_1、σ_2、σ_3、σ_4。

此时仅有 A 板电荷守恒,即 $(\sigma_1+\sigma_2)S=Q_1$。

B 板由于接地,两面上电荷总量不再保持为 Q_2。

静电平衡条件同样要求满足,即

$$E_A=\frac{\sigma_1}{2\varepsilon_0}-\frac{\sigma_2}{2\varepsilon_0}-\frac{\sigma_3}{2\varepsilon_0}-\frac{\sigma_4}{2\varepsilon_0}=0,E_B=\frac{\sigma_1}{2\varepsilon_0}+\frac{\sigma_2}{2\varepsilon_0}+\frac{\sigma_3}{2\varepsilon_0}-\frac{\sigma_4}{2\varepsilon_0}=0$$

除此之外,由于 B 板接地,即给出其电势条件,即要求 B 板电势为零。而Ⅲ区的电场强度为 $E_{\text{III}}=\frac{\sigma_1}{2\varepsilon_0}+\frac{\sigma_2}{2\varepsilon_0}+\frac{\sigma_3}{2\varepsilon_0}+\frac{\sigma_4}{2\varepsilon_0}$。若要 B 板电势为零,即从 B 板到无限远的电场强度的积分等于零,而Ⅲ区的电场强度为一常数。因此,要满足要求,唯一的可能性为Ⅲ区的电场强度等于零,即 $E_{\text{III}}=\frac{\sigma_1}{2\varepsilon_0}+\frac{\sigma_2}{2\varepsilon_0}+\frac{\sigma_3}{2\varepsilon_0}+\frac{\sigma_4}{2\varepsilon_0}=0$。

联立以上四个方程,可解得

$$\sigma_1=\sigma_4=0,\sigma_2=-\sigma_3=\frac{Q_1}{S}$$

即电荷集中于 A、B 两板内侧。

空间各部分电场强度为

对Ⅰ区,$E_{\text{I}}=-\frac{\sigma_1}{2\varepsilon_0}-\frac{\sigma_2}{2\varepsilon_0}-\frac{\sigma_3}{2\varepsilon_0}-\frac{\sigma_4}{2\varepsilon_0}=0$;

对Ⅱ区，$E_{\text{Ⅱ}}=\dfrac{\sigma_1}{2\varepsilon_0}+\dfrac{\sigma_2}{2\varepsilon_0}-\dfrac{\sigma_3}{2\varepsilon_0}-\dfrac{\sigma_4}{2\varepsilon_0}=\dfrac{Q_1}{\varepsilon_0 S}$；

对Ⅲ区，$E_{\text{Ⅲ}}=\dfrac{\sigma_1}{2\varepsilon_0}+\dfrac{\sigma_2}{2\varepsilon_0}+\dfrac{\sigma_3}{2\varepsilon_0}+\dfrac{\sigma_4}{2\varepsilon_0}=0$。

两板间电势差为 $V=\int \boldsymbol{E}\cdot d\boldsymbol{l}=E_{\text{Ⅱ}}d=\dfrac{Q_1 d}{\varepsilon_0 S}$。

例题 2-2 一半径为 R_1 的导体球带有电量 q，球外有一内、外半径分别为 R_2 和 R_3 的同心导体球壳带电为 Q。(a) 求导体球和球壳的电势；(b) 若用导线连接球和球壳，再求它们的电势；(c) 若不是连接而是使外球接地，再求它们的电势。

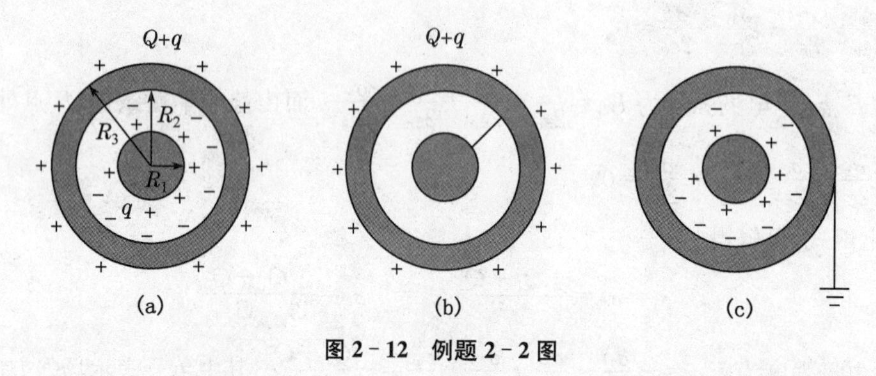

图 2-12 例题 2-2 图

解：(a) 由对称性可知，电荷在各表面处均为均匀分布。空间电场强度也具有球对称性，可利用高斯定理求解空间各处电场强度。

由静电平衡条件及导体表面电荷分布要求，球壳内表面带电量为 $-q$，外表面带电量为 $Q+q$（由球壳电荷守恒要求），如图 2-12(a)所示。因此，空间各处电场强度分布为

$$E=\begin{cases}0 & r<R_1\\ \dfrac{1}{4\pi\varepsilon_0}\dfrac{q}{r^2} & R_1<r<R_2\\ 0 & R_2<r<R_3\\ \dfrac{1}{4\pi\varepsilon_0}\dfrac{Q+q}{r^2} & r>R_3\end{cases}$$

故导体球电势为

$$V_1=\int \boldsymbol{E}\cdot d\boldsymbol{l}=\int_{R_1}^{R_2}\frac{1}{4\pi\varepsilon_0}\frac{q}{r^2}dr+\int_{R_3}^{\infty}\frac{1}{4\pi\varepsilon_0}\frac{Q+q}{r^2}dr=\frac{1}{4\pi\varepsilon_0}\left(\frac{q}{R_1}-\frac{q}{R_2}+\frac{Q+q}{R_3}\right)$$

导体球壳电势为

$$V_2=\int \boldsymbol{E}\cdot d\boldsymbol{l}=\int_{R_3}^{\infty}\frac{1}{4\pi\varepsilon_0}\frac{Q+q}{r^2}dr=\frac{1}{4\pi\varepsilon_0}\frac{Q+q}{R_3}$$

也可以利用电势叠加方法直接计算各处电势。注意，球面均匀分布电荷在球外产生的电势为 $\dfrac{1}{4\pi\varepsilon_0}\dfrac{Q}{r}$，在球内产生的电势等于在球面处的电势。本题中共有三个均匀球面所产生的电势。

导体球电势：$V_1=\dfrac{1}{4\pi\varepsilon_0}\dfrac{q}{R_1}+\dfrac{1}{4\pi\varepsilon_0}\dfrac{-q}{R_2}+\dfrac{1}{4\pi\varepsilon_0}\dfrac{Q+q}{R_3}=\dfrac{1}{4\pi\varepsilon_0}\left(\dfrac{q}{R_1}-\dfrac{q}{R_2}+\dfrac{Q+q}{R_3}\right)$；

导体球壳电势：$V_2=\dfrac{1}{4\pi\varepsilon_0}\dfrac{q}{R_3}+\dfrac{1}{4\pi\varepsilon_0}\dfrac{-q}{R_3}+\dfrac{1}{4\pi\varepsilon_0}\dfrac{Q+q}{R_3}=\dfrac{1}{4\pi\varepsilon_0}\dfrac{Q+q}{R_3}$。

(b) 用导线连接球和球壳后，两者构成一个整体，电荷 $Q+q$ 全部分布在球壳外表面，如图 2-12(b)所示。此时球和球壳等电势，其电势为

$$V_1=V_2=\frac{1}{4\pi\varepsilon_0}\frac{Q+q}{R_3}$$

(c) 若将外球壳接地,则外球壳电势为零:$V_2=0$。此时球壳外表面电荷量为零,只有小球表面带电$+q$,球壳内表面带电$-q$,如图 2-12(c)所示。

此时内球的电势为

$$V_1=\frac{1}{4\pi\varepsilon_0}\frac{q}{R_1}+\frac{1}{4\pi\varepsilon_0}\frac{-q}{R_2}=\frac{q}{4\pi\varepsilon_0}\left(\frac{1}{R_1}-\frac{1}{R_2}\right)$$

例题 2-3　如图 2-13 所示,一半径为 R 的导体球原来不带电,在球外距球心为 d 处放一点电荷,求球电势;若将球接地,求其上的感应电荷。

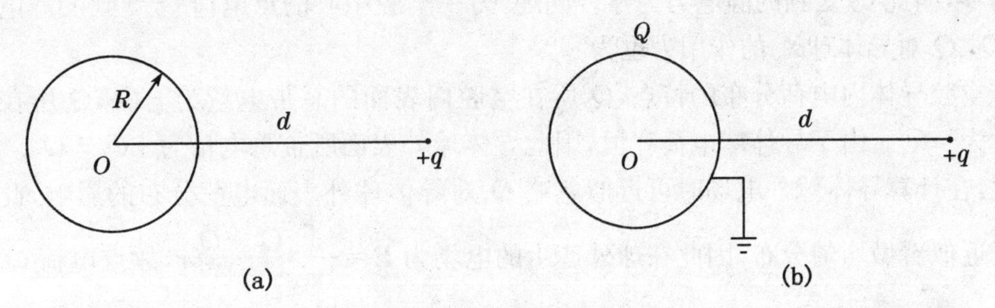

图 2-13　例题 2-3 图

解:如图 2-13(a)所示,当球外有一$+q$ 电荷存在时,在球表面产生感应电荷分布,这时球面上电荷不再均匀分布。但对导体,电荷只分布在表面处,而表面处各处到球心的距离相等,因此表面电荷在球心处产生的电势为

$$V_1=\int\frac{1}{4\pi\varepsilon_0}\frac{dq}{R}=\frac{1}{4\pi\varepsilon_0 R}\int dq=\frac{Q_s}{4\pi\varepsilon_0 R}$$

其中 Q_s为表面总电荷量。由上式可知,球面电荷分布在球心处产生的电势只和球面电荷总量有关,和电荷在表面分布情况无关。由电荷守恒定律,可知 $Q_s=0$。因此,此时导体球表面电荷在球心处产生的电势 $V_1=0$。

故球心处电势等于$+q$ 电荷在O 处产生的电势,即 $V=\frac{q}{4\pi\varepsilon_0 d}$。

如图 2-13(b)所示,若将导体球接地,此时导体球表面电荷总量不为零(设大小为 Q),但球心处电势应该为零。因此

$$V=\frac{Q}{4\pi\varepsilon_0 R}+\frac{q}{4\pi\varepsilon_0 d}=0$$

可求得 $Q=-\frac{R}{d}q$。

例题 2-4　如图 2-14 所示,一球形导体 A 内包含着两个球形空腔。这导体本身的总电荷为零,但在两空腔中有电荷存在,一空腔中心有一点电荷 Q_b,另一空腔中心有一点电荷 Q_c,距离此导体很远处(到球心距离为 r)有一点电荷 Q_a。求导体 A 及三个点电荷的受力大小。

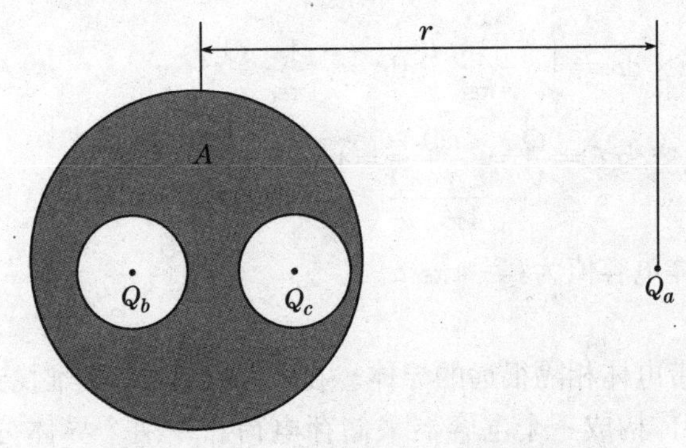

图 2-14　例题 2-4 图

解：由于导体的静电屏蔽效应，球形导体外部电荷和导体外表面电荷分布总效应在球内空腔处产生的总电场处处为零，空腔内的电场强度仅受空腔内的电荷及空腔内表面电荷分布的影响。同样，空腔内的电荷及空腔内表面电荷分布在空腔之外（包括导体外即导体其他部分）产生的总电场处处为零，因此导体内不同空腔的电荷之间也互不影响，而导体外侧的电场仅受外部电荷及导体外表面电荷分布的影响。

由以上分析可知，Q_b电荷受到的作用力仅和该空腔内表面电荷分布有关。而此空腔为球形空腔，且Q_b电荷刚好位于空腔的球心处。由对称性可知，此空腔内表面电荷为均匀分布，在空腔内部产生的电场为零，因此Q_b受到的静电力为零。同理，另一空腔中心的点电荷Q_c受到的静电力作用也为零。同样，Q_b、Q_c对导体球A的作用力也为零。

根据有空腔导体内电荷分布的特点，Q_b所在空腔内表面的总带电量为$-Q_b$，Q_c所在空腔内表面的总带电量为$-Q_c$。由于导体球电荷守恒，因此导体球外表面所带总电量为$+Q_b+Q_c$。因为Q_a距离导体球很远，在计算导体球外电场时可近似忽略Q_a对导体球外表面电荷分布的影响，此时导体球外表面电荷可近似看做均匀分布，因此在球外产生的电场为$\boldsymbol{E}=\frac{1}{4\pi\varepsilon_0}\frac{Q_b+Q_c}{r^3}\boldsymbol{r}$，故点电荷$Q_a$受到的静电力的大小为$F_a=\frac{1}{4\pi\varepsilon_0}\frac{Q_a(Q_b+Q_c)}{r^2}$。则导体$A$受到的静电力的大小为$F_A=\frac{1}{4\pi\varepsilon_0}\frac{Q_a(Q_b+Q_c)}{r^2}$。

2. 电容器（Capacitor） 电容（Capacitance）

(1) 孤立导体电容

导体上可以带有净电荷，这些电荷会分布在导体表面，并使导体具有一定的电势。研究表明，一个孤立导体的电势V（以无穷远为电势零点）与它所带的净电量q成正比，若一个导体上的电荷量增加几倍，则导体表面的电荷分布并不改变，只是各处的电荷面密度都相应地增加同样的倍数，空间各处的电场强度大小也增加同样的倍数，导体的电势也增加同样的倍数。也就是说，导体所带电荷量q与它的电势V的比值为一个常数，这个常数反映了该导体在一定电势情况下携带电荷的能力，称为孤立导体的电容，用符号C表示。其公式为

$$C=\frac{q}{V}$$

电容C是表征导体储存电量能力的物理量，只与导体的大小和形状有关。因此，对确定大小和形状的导体，其电容值是确定的。

在国际单位制中，电容的单位为C/V，或F（法）。

例题 2-5 求一半径为a的孤立导体球的电容。

解：对孤立导体球，令其带电量为Q，则电荷均匀分布在导体球表面，球外电场强度为

$$\boldsymbol{E}=\frac{1}{4\pi\varepsilon_0}\frac{Q}{r^3}\boldsymbol{r}$$

球表面电势为$V=\int\boldsymbol{E}\cdot \mathrm{d}\boldsymbol{r}=\int_a^{\infty}\frac{1}{4\pi\varepsilon_0}\frac{Q}{r^2}\mathrm{d}r=\frac{1}{4\pi\varepsilon_0}\frac{Q}{a}$。

因此，孤立导体球的电容为$C=\frac{Q}{V}=\frac{Q}{\frac{1}{4\pi\varepsilon_0}\frac{Q}{a}}=4\pi\varepsilon_0 a$。

即半径为a的孤立导体电容值为$C=4\pi\varepsilon_0 a$。

(2) 电容器的电容

孤立导体是指和其他带电体相隔很远的导体。在实际情况中，很难找到并利用理想的孤立导体。实际上，通常采用将两个导体构成一个电容器来储存电荷。令两个导体分别带上等量异号电荷$+q$

和$-q$,两个导体的电势分别为V_A、V_B,则两导体间电势差为V_A-V_B。将带正电荷导体所带的总电量q和两导体间电势差V_A-V_B的比值定义为电容器的电容,即

$$C=\frac{q}{V_A-V_B}$$

电容器电容的大小也只取决于两导体(或称为极板)的大小、形状、相对位置及极板间电介质的相对介电常数。

(3) 电容器电容计算

电容器电容的计算一般采用以下步骤:① 先令电容器两极板分别带电$+q$和$-q$;② 利用带电导体的计算方法求出空间的电场强度分布;③ 由空间电场计算两极板间电势差;④ 最后用电容器电容公式求得电容器电容值。

例题 2-6 求平行板电容器的电容(平行板电容器有两块面积为S的平行导体板组成,两板间距为d,且间距远小于其尺寸,可忽略边缘效应,两板间为真空,如图 2-15 所示)。

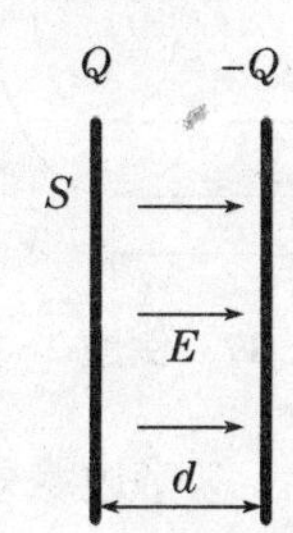

图 2-15 例题 2-6 图

解:令两平行板带电量分别为$+Q$和$-Q$,由例题 2-1 可知,两板间电场强度为$E=\frac{Q}{\varepsilon_0 S}$。

两板间电势差为$V=Ed=\frac{Qd}{\varepsilon_0 S}$。

因此,平行板电容器的电容值为$C=\frac{Q}{V}=\frac{\varepsilon_0 S}{d}$。

即平行板电容器的电容值和板面积成正比、和两板间距成反比。

例题 2-7 求球形电容器的电容。球形电容器由两个同心的导体球壳A、B构成,如图 2-16 所示。设其内球的外径为R_A,外球的内径为R_B,两球壳间为真空。

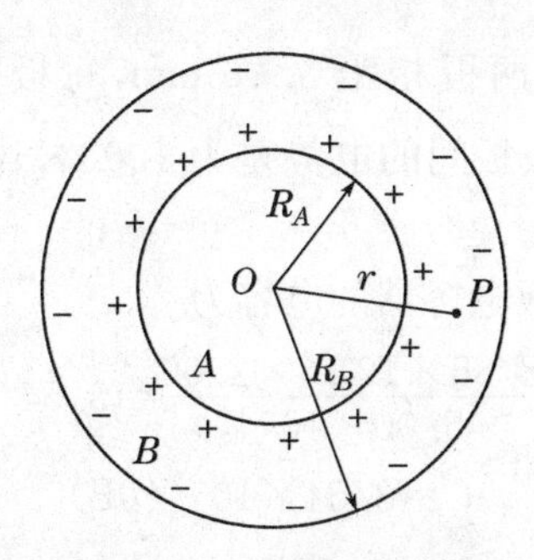

图 2-16 例题 2-7 图

解:设内球壳带电$+Q$,外球壳带电$-Q$。显然,$+Q$电荷均匀分布在内球壳外表面,$-Q$电荷均匀分布在外球壳内表面。由高斯定理可求出两球壳间电场强度为$E=\frac{1}{4\pi\varepsilon_0}\frac{Q}{r^2}$,方向沿径向方向。

因此,两球壳间电势差为$V=\int \boldsymbol{E}\cdot \mathrm{d}\boldsymbol{r}=\int_{R_A}^{R_B}\frac{1}{4\pi\varepsilon_0}\frac{Q}{r^2}\mathrm{d}r=\frac{Q}{4\pi\varepsilon_0}\left(\frac{1}{R_A}-\frac{1}{R_B}\right)$。

故此电容器电容为 $C=\dfrac{Q}{V}=\dfrac{4\pi\varepsilon_0 R_A R_B}{R_B-R_A}$。

当此两球壳非常接近时，即距离 $d=R_B-R_A\ll R_A$，且近似有 $R_B\approx R_A=R$，则此电容器电容近似为 $C=\dfrac{4\pi\varepsilon_0 R_A R_B}{R_B-R_A}\approx\dfrac{\varepsilon_0\cdot 4\pi R^2}{d}=\dfrac{\varepsilon_0 S}{d}$，与平行板电容器电容公式一样，即当球壳半径非常接近时可近似看做平行板电容器。

例题 2-8 求圆柱形电容器的电容。圆柱形电容器由两个同轴的金属圆筒 A、B 构成，如图 2-17 所示。两个圆筒的长度均为 L，内筒的外径为 R_A，外筒的内径为 R_B，两筒间为真空。设 L 很大，可忽略边缘效应。

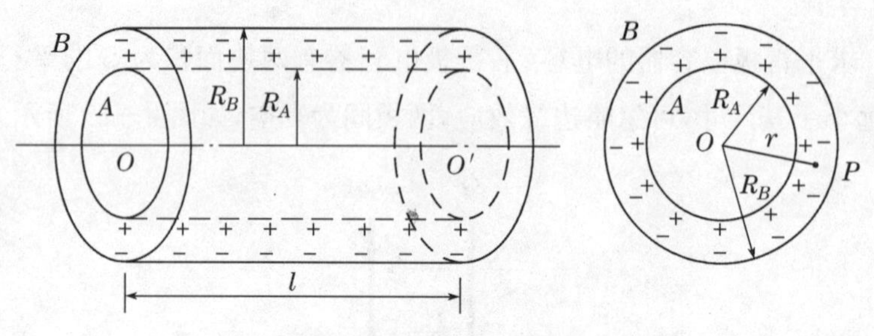

图 2-17 例题 2-8 图

解：令内筒带 $+Q$ 电荷，外筒带 $-Q$ 电荷。忽略边缘效应，由对称性，电荷分别均匀分布在圆筒表面。即电荷分布呈轴对称，因此空间电场分布也呈轴对称性，空间电场强度可通过高斯定理求得。

取半径为 r、长度为 l 的同轴圆柱体表面作为高斯面。由高斯定理，可得

$$2\pi r l E=\frac{1}{\varepsilon_0}\frac{Q}{L}l$$

可求得 $E=\dfrac{Q}{2\pi\varepsilon_0 L r}$。

因此，内、外筒之间的电势差为 $V=\int \boldsymbol{E}\cdot \mathrm{d}\boldsymbol{l}=\int_{R_A}^{R_B}\dfrac{Q}{2\pi\varepsilon_0 L r}\mathrm{d}r=\dfrac{Q}{2\pi\varepsilon_0 L}\ln\dfrac{R_B}{R_A}$。

故同轴圆筒电容器的总电容为 $C=\dfrac{Q}{V}=\dfrac{2\pi\varepsilon_0 L}{\ln(R_B/R_A)}$。

单位长度上的电容为 $C_l=\dfrac{2\pi\varepsilon_0}{\ln(R_B/R_A)}$。

例题 2-9 平行板电容器的两板相距 5.00 mm，每板面积为 2.00 m²，两板之间为真空。(a) 计算此电容器的电容；(b) 若两极板间的电势差为 1.00×10^4 V，求每一平板上的电荷及两板中间区域的电场强度。

解：(a) 由例题 2-6 可知，平行板电容器的电容为

$$C=\frac{\varepsilon_0 S}{d}=\frac{8.85\times10^{-12}\times2.00}{5.00\times10^{-3}}=3.54\times10^{-9}\,(\mathrm{F})$$

或写为

$$C=3.54\times10^{-3}\,(\mu\mathrm{F})$$

(b) 电容器上的电荷量为

$$Q=CV_{AB}=3.54\times10^{-9}\times1.00\times10^{4}=3.54\times10^{-5}\,(\mathrm{C})$$

两平行板中间为均匀电场，则其电场强度大小为

$$E=\frac{V_{AB}}{d}=\frac{1.00\times10^{4}}{5.00\times10^{-3}}=2.00\times10^{6}\,(\mathrm{V/m})$$

(4) 电容器的串并联关系

电容器串联(in series)：如图 2-18 所示，当多个电容器串联时，设每个电容器的电容值分别为

C_1、C_2、$\cdots C_n$,串联之后可等效成一个总电容器,其电容值为 C。

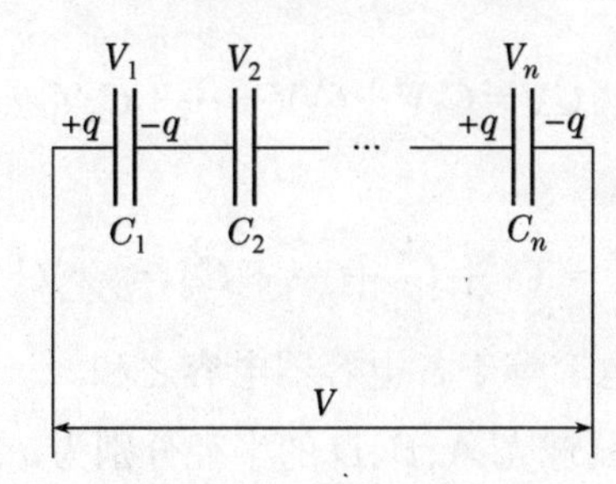

图 2-18 电容器串联

对串联的电容器,当处于电路之中时,由于电荷守恒,相连的电容器的两个极板必然带等量异号电荷,而每个电容器的两个极板也都带等量异号电荷,因此串联电容器上每个电容器的两极板都带等量异号的电荷 $+q$ 和 $-q$,每个电容器带电量都相同。每个电容器两极板间电势差分别为 V_1、V_2、$\cdots V_n$,串联后两端总电势差为 V,则有

$$V=V_1+V_2+\cdots+V_n$$

而对每个电容器,有

$$V_1=\frac{q}{C_1},V_2=\frac{q}{C_2},\cdots,V_n=\frac{q}{C_n}$$

而对等效总电容器,有

$$V=\frac{q}{C}$$

联立以上方程,可得

$$\frac{q}{C}=\frac{q}{C_1}+\frac{q}{C_2}+\cdots+\frac{q}{C_n}$$

两边消去 q,可得

$$\frac{1}{C}=\frac{1}{C_1}+\frac{1}{C_2}+\cdots+\frac{1}{C_n}=\sum_{i=1}^{n}\frac{1}{C_i}$$

即电容器串联时,等效电容器电容的倒数等于各电容器电容的倒数之和。

电容器并联(in parallel):如图 2-19 所示,当多个电容器并联时,设每个电容器的电容值分别为 C_1、C_2、$\cdots C_n$,并联之后可等效成一个总电容器,其电容值为 C。

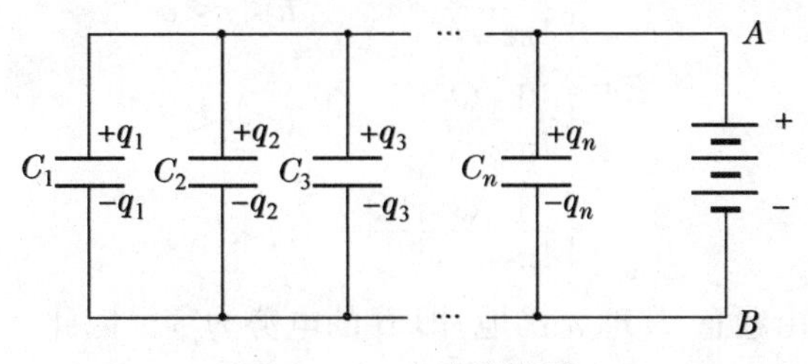

图 2-19 电容器并联

对并联的电容器,所有的正极板通过导线连接到一起,因此电势相同,所有的负极板也用导线连接到一起,电势也相同,即每个电容器两极板间的电势差及等效电容器极板间电势差都为 V。每个电容器正极板所带电荷量分别为 q_1、q_2、$\cdots q_n$,并联后等效电容器正极板带电量为 q,则有

$$q=q_1+q_2+\cdots+q_n$$

而对每个电容器,有

$$q_1=C_1V,q_2=C_2V,\cdots,q_n=C_nV$$

而对等效总电容器,有

$$q=CV$$

联立以上方程，可得

$$CV=C_1V+C_2V+\cdots+C_nV$$

两边消去 V，可得

$$C=C_1+C_2+\cdots+C_n=\sum_{i=1}^{n}C_i$$

即电容器并联时，等效电容器电容等于各电容器电容之和。

例题 2 - 10 三个同心薄金属球壳 A、B、D 的半径分别为 a、b、d，而 $a<b<d$。球壳 B 与地相连，如图 2 - 20 所示。求球壳 A 与 D 之间的有效电容。（假定金属球壳离地很远）

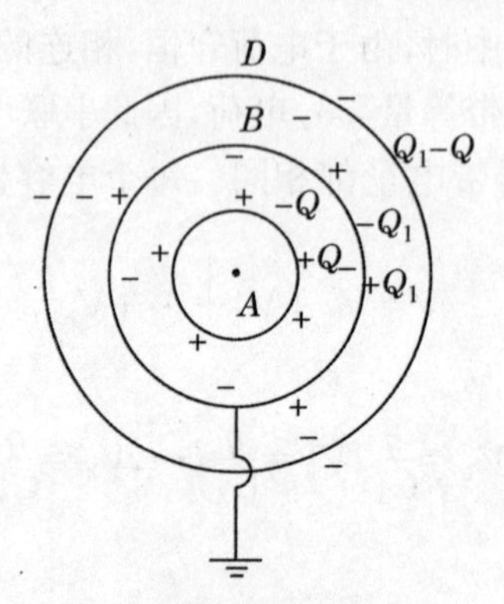

图 2 - 20 例题 2 - 10 图

解：本题有两种方法求解。

第一种，利用电荷分布求空间电场，再求出两板电势差，由电容公式计算。

对此电容器，给 A 球壳 $+Q$ 电荷，D 球壳 $-Q$ 电荷。则各球壳表面电荷分布为：A 球壳外表面均匀分布 $+Q$ 电荷，B 球壳内表面均匀分布 $-Q$ 电荷（空腔导体电荷分布要求），由于 B 球壳接地，本身电荷量不守恒，设 B 球壳外表面均匀分布 $+Q_1$ 电荷，则 D 球壳内表面均匀分布 $-Q_1$ 电荷，D 球壳外表面均匀分布 Q_1-Q 电荷（电荷守恒）。

则空间各处电场强度为

$$E=\begin{cases}0 & r<a\\ \dfrac{1}{4\pi\varepsilon_0}\dfrac{Q}{r^2} & a<r<b\\ \dfrac{1}{4\pi\varepsilon_0}\dfrac{Q_1}{r^2} & b<r<d\\ \dfrac{1}{4\pi\varepsilon_0}\dfrac{Q_1-Q}{r^2} & r>d\end{cases}$$

其中 Q_1 电荷量暂时未知。由题意，B 球壳接地，即 B 的电势为零。因此

$$V_B=\int_B^{\infty}\boldsymbol{E}\cdot\mathrm{d}\boldsymbol{l}=\int_b^d\frac{1}{4\pi\varepsilon_0}\frac{Q_1}{r^2}\mathrm{d}r+\int_d^{\infty}\frac{1}{4\pi\varepsilon_0}\frac{Q_1-Q}{r^2}\mathrm{d}r$$

$$=\frac{Q_1}{4\pi\varepsilon_0}\left(\frac{1}{b}-\frac{1}{d}\right)+\frac{Q_1-Q}{4\pi\varepsilon_0}\frac{1}{d}=\frac{1}{4\pi\varepsilon_0}\left(\frac{Q_1}{b}-\frac{Q}{d}\right)=0$$

可求得 $Q_1=\dfrac{b}{d}Q$。

由此可求得 A、D 两球壳间电势为

$$V_{AD}=\int_A^D\boldsymbol{E}\cdot\mathrm{d}\boldsymbol{l}=\int_a^b\frac{1}{4\pi\varepsilon_0}\frac{Q}{r^2}\mathrm{d}r+\int_b^d\frac{1}{4\pi\varepsilon_0}\frac{Q_1}{r^2}\mathrm{d}r$$

$$=\frac{Q}{4\pi\varepsilon_0}\left(\frac{1}{a}-\frac{1}{b}\right)+\frac{1}{4\pi\varepsilon_0}\frac{bQ}{d}\left(\frac{1}{b}-\frac{1}{d}\right)=\frac{Q}{4\pi\varepsilon_0}\left[\left(\frac{1}{a}-\frac{1}{b}\right)+\frac{d-b}{d^2}\right]$$

因此,可求得 A、D 间电容为

$$C=\frac{Q}{V_{AD}}=\frac{4\pi\varepsilon_0}{\left(\frac{1}{a}-\frac{1}{b}\right)+\frac{d-b}{d^2}}$$

第二种方法,可用电容器的串并联关系来计算。本题目中可分解为三个电容器:A、B 球壳间的同心球壳电容器 C_{AB},B、D 间的同心球壳电容器 C_{BD},以及 D 和无限远之间的电容(即将 D 看做孤立导体球电容)$C_{D\infty}$。注意到 B 接地,即 B 与无限远电势相同,可视为短路,几个电容器的连接关系可如图 2-21 所示。

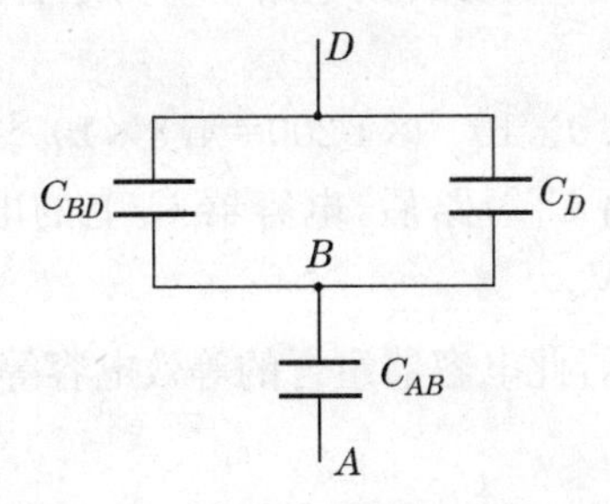

图 2-21 三个电容器的连接关系

由例题 2-5 和例题 2-7 可知,其中各电容器电容值为

$$C_{AB}=\frac{4\pi\varepsilon_0 ab}{b-a},C_{BD}=\frac{4\pi\varepsilon_0 bd}{d-b},C_{D\infty}=4\pi\varepsilon_0 d$$

设 A、D 间的等效电容为 C,则有 $\frac{1}{C}=\frac{1}{C_{AB}}+\frac{1}{C_{BD}+C_{D\infty}}$。

代入各电容数据,可求得 $C=\frac{4\pi\varepsilon_0}{\left(\frac{1}{a}-\frac{1}{b}\right)+\frac{d-b}{d^2}}$。

两种方法结果一致。

例题 2-11 如图 2-22 所示电路,b 点接地,a 点电势为 +1 200 V。已知三个电容器的电容分别为 $C_1=3.0\ \mu F$,$C_2=4.0\ \mu F$,$C_3=2.0\ \mu F$。求:(a) a、b 间的等效电容;(b) 每个电容器上所带电荷量及 c 点电势;(c) 若将 a、c 之间用导线连接将 C_1 短路,则电容器 C_2 上的电荷及电势差有何变化?

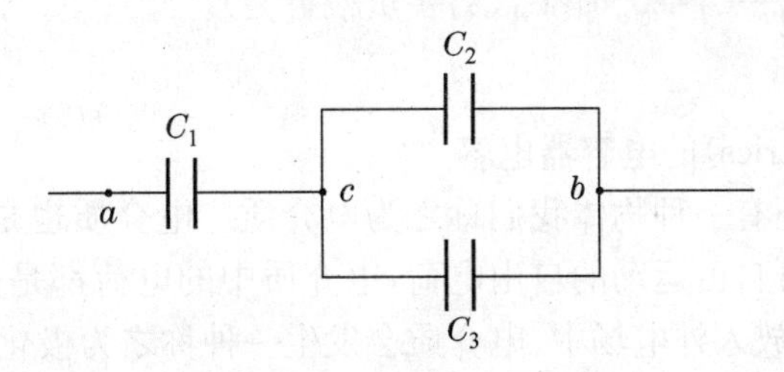

图 2-22 例题 2-11 图

解:(a) 显然,a、b 间总电容可看做电容 C_2、C_3 并联后再和 C_1 串联。

对电容 C_2、C_3 并联的等效电容:$C'=C_2+C_3=6.0(\mu F)$。

而总等效电容相当于 C_1 和 C' 串联,因此若总等效电容为 C,则有

$$\frac{1}{C}=\frac{1}{C_1}+\frac{1}{C'}$$

因此有 $C=\frac{C_1C'}{C_1+C'}=\frac{3.0\times6.0}{3.0+6.0}=2.0(\mu F)$。

故 a、b 间的等效电容大小为 2.0 μF。

(b) 如(a)中所述，总电容相当于 C_1 和 C' 串联，而串联电容的总电量和各电容电量均相等，即 $Q_1=Q'=Q=CV_{ab}=2.0\times10^{-6}\times1\,200=2.4\times10^{-3}$(C)。

此时 C' 两段电压：$V_{cb}=\frac{Q'}{C'}=\frac{2.4\times10^{-3}}{6.0\times10^{-6}}=400$(V)。

因为 $V_{cb}=V_c-V_b=V_c-0$，因此 c 点电势为 400 V。

因为 C' 为电容 C_2、C_3 并联的等效电容，因此 C_2、C_3 两电容器上所带电荷分别为

$$Q_2=C_2V_{cb}=4.0\times10^{-6}\times400=1.6\times10^{-3}\text{(C)}$$
$$Q_3=C_3V_{cb}=2.0\times10^{-6}\times400=0.8\times10^{-3}\text{(C)}$$

(c) 若将 a、c 之间用导线连接将 C_1 短路，则电路中仅为电容 C_2、C_3 并联于 a、b 之间。此时电容 C_2 上的电势差为 $V_{ab}=1\,200$ V。

C_2 上的电荷量为 $Q_2=C_2V_{ab}=4.0\times10^{-6}\times1\,200=4.8\times10^{-3}$(C)。

因此，将 a、c 之间用导线连接将 C_1 短路后，电容器 C_2 上的电荷量由 1.6×10^{-3} C 变为 4.8×10^{-3} C，电势差从 400 V 变为 1 200 V。

例题 2－12 如图 2－23 所示，此电容器组合的等效电容等于 C_2，证明必有 $C_2=0.618C_1$。

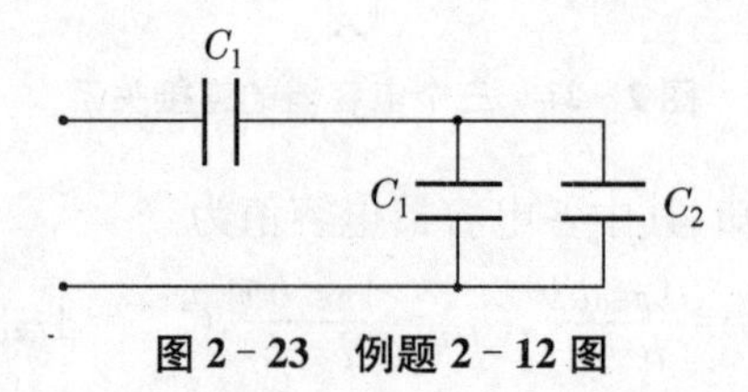

图 2－23 例题 2－12 图

证明：设此电容器总等效电容为 C。由图所示各电容的串并联关系，可知

$$\frac{1}{C}=\frac{1}{C_1}+\frac{1}{C_1+C_2}$$

因此可求得 $C=\frac{C_1(C_1+C_2)}{2C_1+C_2}$。

若要满足 $C=C_2$，则有 $C_2=\frac{C_1(C_1+C_2)}{2C_1+C_2}$。

整理，可得 $C_2^2+C_1C_2-C_1^2=0$。

解此方程，可得 $C_2=\frac{\sqrt{5}-1}{2}C_1=0.618C_1$（另一负根舍去）。

命题得证。

(5) 充有电介质(Dielectrics)的电容器电容

自然界中除了导体外，还有一种物体我们称之为电介质。电介质也是由分子、原子组成，但和导体不同的是，电介质中没有可自由运动的自由电荷，电介质中的电荷都是受到一定限制，只能做微小位置上的变化。当将电介质放入外电场中，电介质会发生一种称之为极化的变化，也会对空间中的电场产生一定的影响。关于电介质对空间电场的具体影响我们不在本书中讨论，有兴趣的同学可自行学习。电介质的一个重要用处就是可以放入电容器内部从而改变电容器的电容值，在这里我们仅研究将均匀电介质放入电容器内部时会对电容器的电容产生什么影响。

若一个电容器两极板间为真空，其电容为 C_0，现将两极板间充满某种均匀电介质后电容器电容变为 C，则两者的比值为

$$\varepsilon_r=\frac{C}{C_0}$$

这一比值 ε_r（有时用 κ 表示）仅与充入的电介质的性质有关，称为该介质的相对介电常数。相对介

电常数ε_r是一个反映电介质本身特性的物理量。当一个电容器中充满相对介电常数为ε_r的均匀电介质时，电容器的电容值比相应的真空电容器的电容值增大到ε_r倍，即

$$C=\varepsilon_r C_0$$

其中：C为充满电介质之后的电容器电容；C_0为相应的真空电容器电容；ε_r为电介质的相对介电常数。

例题 2－13　一平行板电容器，两板面积为S，间距为d。(a) 如图 2－24(a)所示，若此电容器中充满相对介电常数为ε_{r1}的电介质，则此电容器的电容为多少？(b) 如图 2－24(b)所示，两板间平行地放置两块面积也是S、厚度分别为d_1和$d_2(d=d_1+d_2)$、相对介电常数分别为ε_{r1}和ε_{r2}的介质板，则此电容器的电容为多少？(c) 若将(b)问中相对介电常数为ε_{r2}的介质板抽掉[图 2－24(c)]，则此电容器的电容为多少？

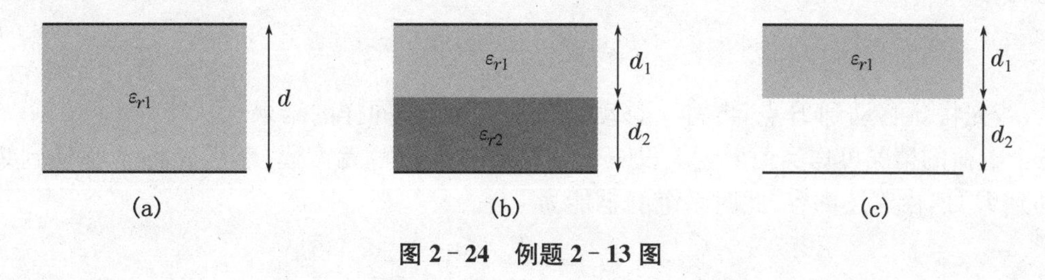

图 2－24　例题 2－13 图

解：(a) 充满电介质的电容器的电容值比起相应的真空电容器的电容值增大到ε_r倍，对真空平行板电容器，由例题 2－6 可知，其电容值为$C=\dfrac{\varepsilon_0 S}{d}$。因此，此充满电介质的电容器的电容值为$C_a=\dfrac{\varepsilon_{r1}\varepsilon_0 S}{d}$。

(b) 对此电容器，可看做两个距离为d_1、充满相对介电常数为ε_{r1}电介质的电容器 1 和距离为d_2、充满相对介电常数为ε_{r2}电介质的电容器 2 的串联。其中各电容器的电容值分别为$C_1=\dfrac{\varepsilon_{r1}\varepsilon_0 S}{d_1}$，$C_2=\dfrac{\varepsilon_{r2}\varepsilon_0 S}{d_2}$。

由电容器串联公式：$\dfrac{1}{C_b}=\dfrac{1}{C_1}+\dfrac{1}{C_2}$，可求得总电容器实际电容为$C_b=\dfrac{C_1C_2}{C_1+C_2}=\dfrac{\varepsilon_{r1}\varepsilon_{r2}\varepsilon_0 S}{\varepsilon_{r1}d_2+\varepsilon_{r2}d_1}$。

(c) 这一情况相当于将(b)问中的ε_{r2}变为 1(真空的相对介电常数)，即令(b)问中结果的$\varepsilon_{r2}=1$，则可得其电容值为$C_c=\dfrac{\varepsilon_{r1}\varepsilon_0 S}{\varepsilon_{r1}d_2+d_1}$。

考虑到$d_1=d-d_2$，上式也可写为$C_c=\dfrac{\varepsilon_{r1}\varepsilon_0 S}{d+(\varepsilon_{r1}-1)d_2}$。当介质全充满电容器空间时($d_2=0$)，此时(c)问的电容和(a)问中的结果相同。

3. 静电场的能量(Electrostatic energy)

在上一章我们讲过，空间中分布的电荷系统具有电势能。对于两个点电荷的系统，所具有的电势能为

$$U=\frac{1}{4\pi\varepsilon_0}\frac{q_1q_2}{r}$$

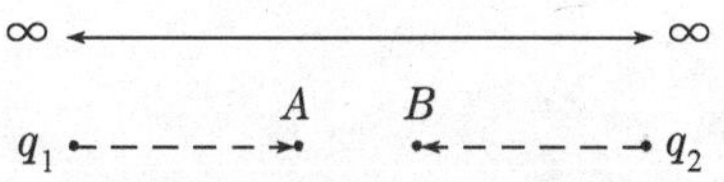

∞　∞
A　B
q_1　q_2

图 2－25　电势能的推导

其中：q_1、q_2为两个点电荷分别的带电量；r为两个点电荷的间距。

这一公式也可以按如下方法推出：设两个电荷原来相距无穷远，通常我们认为这时的静电势能为零。然后按顺序将两个电荷分别移动到当前位置，如图 2－25 所示。在这个过程中外力克服静电力

所做的功就等于系统静电势能的增量，这样就可求出当前情况的静电势能。先将 q_1 移动到 A 处，此过程中 q_2 一直保持在无穷远处，因此对 q_1 的作用力为零，移动 q_1 时外力做功为零。然后再将 q_2 从无穷远移动到 B 处，此过程中 q_2 一直受到 q_1 施加的静电力，因此在移动 q_2 的过程中外力要反抗静电力做功。其值为

$$W=q_2(V_2-V_\infty)$$

其中：V_2 为电荷 q_1 激发的电场在 B 点处的电势；V_∞ 为 q_1 激发的电场在无穷远处的电势。可求得

$$W=q_2(V_2-V_\infty)=\frac{1}{4\pi\varepsilon_0}\frac{q_1q_2}{r}$$

这一外力反抗静电力所做的功就等于系统静电能的增量。因此，当 q_1、q_2 分别处于 A、B 位置时，系统静电能为

$$U=W=\frac{1}{4\pi\varepsilon_0}\frac{q_1q_2}{r}$$

同样，若先将 q_2 移动到 B 点，再将 q_1 移动到 A 点，将获得同样的结果。

对三个电荷的情况可作类似处理。设三个电荷原来都相距无穷远，然后先将 q_1 移动到 A 处，再将 q_2 移动到 B 处，由前述内容，此时系统静电能为

$$U_{12}=\frac{1}{4\pi\varepsilon_0}\frac{q_1q_2}{r_{12}}$$

若此后再将无穷远处的 q_3 移动到 C 点（和 A、B 的距离分别为 r_{13}、r_{23}），则移动 q_3 过程中外力反抗静电力做功为

$$W_3=q_3(V_{31}+V_{32})=\frac{1}{4\pi\varepsilon_0}\frac{q_1q_3}{r_{13}}+\frac{1}{4\pi\varepsilon_0}\frac{q_2q_3}{r_{23}}$$

其中：V_{31} 为 q_1 激发的电场在 C 点的电势；V_{32} 为 q_2 激发的电场在 C 点的电势。

则此时系统的总静电能为

$$U=U_{12}+W_3=\frac{1}{4\pi\varepsilon_0}\frac{q_1q_2}{r_{12}}+\frac{1}{4\pi\varepsilon_0}\frac{q_1q_3}{r_{13}}+\frac{1}{4\pi\varepsilon_0}\frac{q_2q_3}{r_{23}}$$

即三个电荷系统的总静电能等于两两之间的静电能的总和。

按照同样的方法，我们可以求出多个点电荷系统的总静电能为

$$U=\frac{1}{2}\sum_{i\neq j}\frac{1}{4\pi\varepsilon_0}\frac{q_iq_j}{r_{ij}}$$

即多个点电荷系统的总静电能等于每两个点电荷之间静电能相加的总和。

注意：公式前面的系数 1/2 是由于在求和中没有限制 i、j 的顺序，求和计算中任何两个电荷的静电能重复计算了一次。例如，$i=1$、$j=2$ 时计算了一次 q_1 和 q_2 之间的静电能，$i=2$、$j=1$ 时又计算了一次 q_1 和 q_2 之间的静电能，一共计算了两次。因此，在总求和号之前加上系数 1/2，以得到实际的总能量。

对电容器，极板上也有电荷分布，因此也具有静电能。但电容器极板上的电荷分布为连续电荷分布，不能用点电荷分布的方法计算静电能。对连续电荷分布的情况，总静电能的公式为

$$U=\frac{1}{2}\int_V\rho\varphi\mathrm{d}V\text{（对体电荷分布）}$$

或：

$$U=\frac{1}{2}\int_S\sigma\varphi\mathrm{d}S\text{（对面电荷分布）}$$

其中 φ 为各电荷元处的电势。

这里仅写出连续电荷分布时静电能的计算公式，本课程中对一般连续电荷分布的静电能计算不作要求。

但对电容器的情况，也可以通过移动电荷过程中外力克服静电力做功的方法来求得。

先设电容器两极板都不带电，此时系统静电能为零。然后将电荷一小份、一小份地从负极板移动

到正极板，并计算在此过程中外力克服静电力所做的总功，即可求得最终情况下系统的总静电能。

如图 2-26 所示，在移动过程中，若某时刻电容器两极板带电量分别为$+q$和$-q$，此时两极板间电势差为ΔV，要再将$+\mathrm{d}q$的电荷从负极板移动到正极板，外力克服静电做功为

$$\mathrm{d}W=\Delta V\mathrm{d}q=\frac{q}{C}\mathrm{d}q$$

因此，当电容器从$q=0$开始一直充电到$q=Q$时，外力做的总功

$$W=\int\mathrm{d}W=\int_0^Q\frac{q}{C}\mathrm{d}q=\frac{1}{2}\frac{Q^2}{C}$$

这个功就等于电容器所具有电荷的静电能，即带电量为Q、电容为C的电容器的静电能为

$$U=\frac{1}{2}\frac{Q^2}{C}$$

而又由电容器的基本公式：$Q=CV$，其中V为此时电容器两极板间的电势差(或电压)，则电容器的静电能可写为

$$U=\frac{1}{2}\frac{Q^2}{C}=\frac{1}{2}QV=\frac{1}{2}CV^2$$

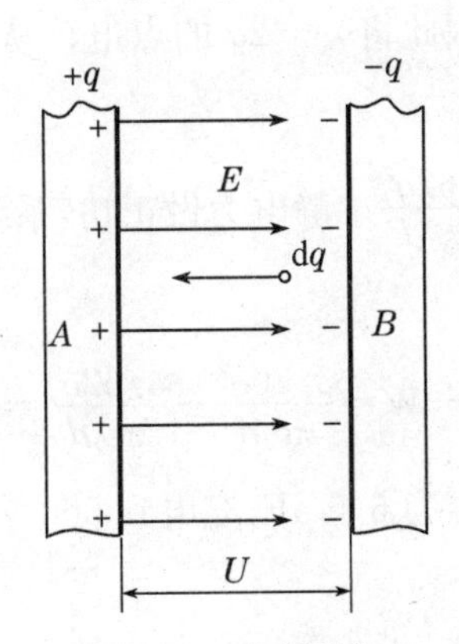

图 2-26　电容器充电

例题 2-14　如图 2-27 所示，在一边长为d的立方体的每个顶点上放有一个带电量为$+q$的点电荷。(a) 求此系统的总静电能；(b) 若将一带电量为$-2q$的点电荷放在此立方体的中心，则此系统的总静电能变为多少？

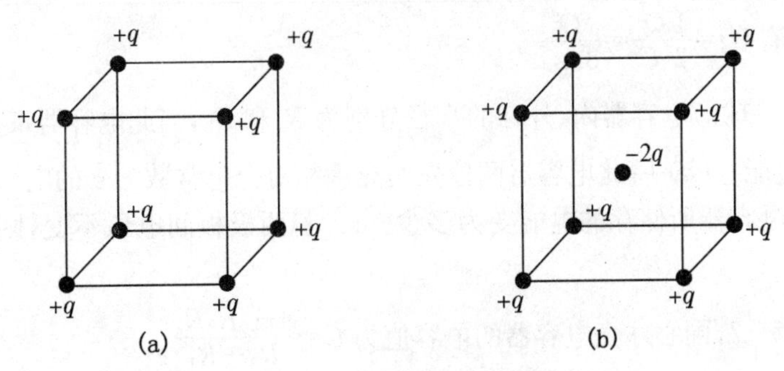

图 2-27　例题 2-14 图

解：(a) 多个点电荷系统的总静电能等于每两个点电荷之间静电能相加的总和。本题 8 个$+q$的点电荷两两一组，一共有 28 组组合，其中距离为d(即同一边上的两个近邻电荷)的组合有 12 组(立方体的 12 条边)，距离为$\sqrt{2}d$(面对角线上的两个电荷)的组合有 12 组(六个面×每面两个对角线)，距离为$\sqrt{3}d$(体对角线上的两个电荷)的组合有 4 组(四个体对角线)。因此，此体系总静电能为

$$U_a=12\times\frac{1}{4\pi\varepsilon_0}\frac{q^2}{d}+12\times\frac{1}{4\pi\varepsilon_0}\frac{q^2}{\sqrt{2}d}+4\times\frac{1}{4\pi\varepsilon_0}\frac{q^2}{\sqrt{3}d}=\frac{1}{4\pi\varepsilon_0}\frac{q^2}{d}\left(12+\frac{12}{\sqrt{2}}+\frac{4}{\sqrt{3}}\right)$$

$$\approx\frac{5.70q^2}{\pi\varepsilon_0 d}$$

(b) 本问可采用两种方法计算。

第一种，对此 9 个点电荷两两之间的经典能计算出来后相加。这 9 个点电荷一共可组成 36 对两两电荷组，除(a)问中 28 组两个 $+q$ 点电荷的组合外，还有 8 组顶点的 $+q$ 电荷和中心的 $-2q$ 电荷的组合。因此，此系统的总静电能等于(a)问中的总静电能加上 8 组 $+q$ 和 $-2q$ 电荷之间的静电能之和：

$$U_b=U_a+8\times\frac{1}{4\pi\varepsilon_0}\frac{-2q^2}{\frac{\sqrt{3}}{2}d}=\frac{1}{4\pi\varepsilon_0}\frac{q^2}{d}\left(12+\frac{12}{\sqrt{2}}+\frac{4}{\sqrt{3}}-\frac{32}{\sqrt{3}}\right)\approx\frac{1.08q^2}{\pi\varepsilon_0 d}$$

第二种，已知前 8 个 $+q$ 点电荷间的静电能为 $U_a=\frac{5.70q^2}{\pi\varepsilon_0 d}$。此 8 个 $+q$ 电荷在立方体中心产生的电势为 $V=8\times\frac{1}{4\pi\varepsilon_0}\frac{q}{\frac{\sqrt{3}}{2}d}=\frac{4q}{\sqrt{3}\pi\varepsilon_0 d}$，因此将一 $-2q$ 的点电荷从无限远移动到立方体中心，静电力做功为 $W=-2q(V_\infty-V)=\frac{8q^2}{\sqrt{3}\pi\varepsilon_0 d}\approx\frac{4.62q^2}{\pi\varepsilon_0 d}$。静电力做正功，系统静电能降低，因此(b)问中系统的总静电能为

$$U_b=U_a-W=\frac{5.70q^2}{\pi\varepsilon_0 d}-\frac{4.62q^2}{\pi\varepsilon_0 d}=\frac{1.08q^2}{\pi\varepsilon_0 d}$$

例题 2-15 一个电容器的电容为 6.0 μF，充电到 500 V。求所储存的电能。

解：电容器储能为

$$U=\frac{1}{2}CV^2=\frac{1}{2}\times6.0\times10^{-6}\times500^2=0.75(\text{J})$$

此电容器储存的电能为 0.75 J。

例题 2-16 计算一个带电量为 Q、半径为 a 的孤立导体球的电能。

解：由例题 2-5，孤立导体球可看做一个电容器，其电容值为 $C=4\pi\varepsilon_0 a$。则孤立导体球的电能可看做电容器的储能，有 $U=\frac{1}{2}\frac{Q^2}{C}=\frac{Q^2}{8\pi\varepsilon_0 a}$。

例题 2-17 一球形电容器内、外球的半径分别为 R_1 和 R_2，当此电容器带有电量 Q 时，(a) 求此电容器所储存的电能。(b) 将此电容器两球壳间充满相对介电常数为 ε_r 的电介质，求：i. 若极板上带电量不变，则此时电容器所储存的电能变为多少？ii. 若两极板间电压不变，则此时电容器所储存的电能变为多少？

解：(a) 由例题 2-7，同心球壳电容器的电容值为 $C=\frac{4\pi\varepsilon_0 R_1R_2}{R_2-R_1}$。

当电容器带电量为 Q 时，由电容器储能公式，此电容器储存静电能为

$$U=\frac{1}{2}\frac{Q^2}{C}=\frac{Q^2(R_2-R_1)}{8\pi\varepsilon_0 R_1R_2}=\frac{Q^2}{8\pi\varepsilon_0}\left(\frac{1}{R_1}-\frac{1}{R_2}\right)$$

(b) 当两球壳间充满相对介电常数为 ε_r 的电介质时，此时球形电容器的电容值变化为

$$C'=\frac{4\pi\varepsilon_r\varepsilon_0 R_1R_2}{R_2-R_1}。$$

i. 若两极板所带电荷量不变，则储存电能为

$$U'=\frac{1}{2}\frac{Q^2}{C'}=\frac{Q^2}{8\pi\varepsilon_r\varepsilon_0}\left(\frac{1}{R_1}-\frac{1}{R_2}\right)$$

ii. 若两极板间电压不变,则当前两极板电压等于之前电压,即

$$V''=V=\frac{Q}{C}=\frac{Q}{4\pi\varepsilon_0}\left(\frac{1}{R_1}-\frac{1}{R_2}\right)$$

则此时电容器储能为

$$U''=\frac{1}{2}C'V''^2=\frac{\varepsilon_r Q^2}{8\pi\varepsilon_0}\left(\frac{1}{R_1}-\frac{1}{R_2}\right)$$

习　题

Multiple-Choice Questions

1. Two initially uncharged conductors, 1 and 2, are mounted on insulating stands and are in contact, as shown below. A negatively charged rod is brought near but does not touch them. With the rod held in place, conductor 2 is moved to the right by pushing its stand, so that the conductors are separated. Which of the following is now true of conductor 2?

(a) It is uncharged

(b) It is positively charged

(c) It is negatively charged

(d) It is charged, but its sign cannot be predicted

(e) It is at the same potential that it was before the charged rod was brought near

2. When a negatively charged rod is brought near, but does not touch, the initially uncharged electroscope shown below, the leaves spring apart (Ⅰ). When the electroscope is then touched with a finger, the leaves collapse (Ⅱ). When next the finger and finally the rod are removed, the leaves spring apart a second time (Ⅲ). The charge on the leaves is

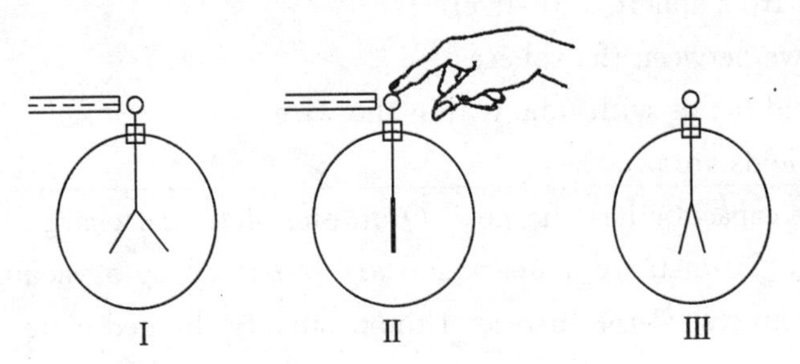

(a) positive in both Ⅰ and Ⅲ

(b) negative in both Ⅰ and Ⅲ

(c) positive in Ⅰ, negative in Ⅲ

(d) negative in Ⅰ, positive in Ⅲ

(e) impossible to determine in either Ⅰ or Ⅲ

3. A point charge $+Q$ is inside an uncharged conducting spherical shell that in turn is near several isolated point charges, as shown below. The electric field at point P inside the shell depends on the magnitude of

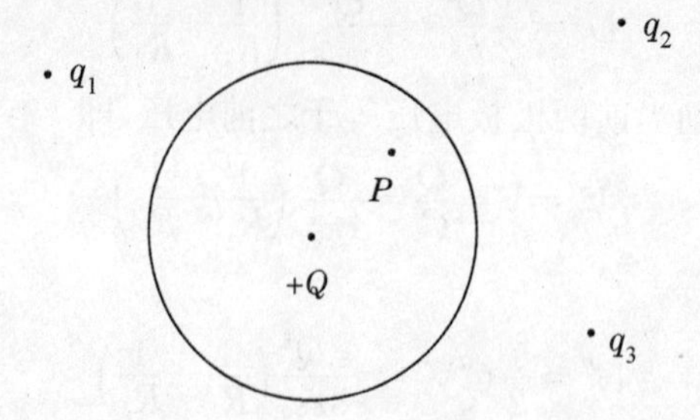

(a) Q only

(b) the charge distribution on the sphere only

(c) Q and the charge distribution on the sphere

(d) all of the point charges

(e) all of the point charges and the charge distribution on the sphere

4. A point charge $-Q$ is inserted inside a square uncharged metal box. Which of the following statements is true?

(a) A net charge of $+Q$ is distributed on the inner surface of the box

(b) The electric field outside the box is unaffected by the box and is determined solely by the point charge

(c) The potential within the walls of the metal box is zero

(d) There is a net charge of $+Q$ on the box

(e) The electric field inside the metal box is zero

5. Two metal spherical shells, with radii $r_1 > r_2$, each contain a charge $+Q$ distributed on their metal surfaces. The two shells are located for apart from each other compared to their radii. When a wire connects the two shells, what happens?

(a) Current flows from sphere 1 to sphere 2

(b) Current flows from sphere 2 to sphere 1

(c) No charge flows between the spheres

(d) An electric field builds with time within the wire

(e) No magnetic fields are produced

6. A parallel-plate capacitor has charge $+Q$ on one plate and charge $-Q$ on the other. The plates, each of area A, are distance d apart and are separated by a vacuum. A single proton of charge $+e$, released from rest at the surface of the positively charged plate, will arrive at the other plate with kinetic energy proportional to

(a) $\frac{edQ}{A}$ (b) $\frac{Q^2}{eAd}$ (c) $\frac{AeQ}{d}$ (d) $\frac{Q}{ed}$ (e) $\frac{eQ^2}{Ad}$

Questions 7—8: A capacitor is constructed of two identical conducting plates parallel to each other and separated by a distance d. The capacitor is charged to a potential difference of V_0 by a battery, which is then disconnected.

7. If any edge effects are negligible, what is the magnitude of the electric field between the plates?

(a) $V_0 d$ (b) $\frac{V_0}{d}$ (c) $\frac{d}{V_0}$ (d) $\frac{V_0}{d^2}$ (e) $\frac{V_0^2}{d}$

8. A sheet of insulating plastic material is inserted between the plates without otherwise disturbing the system. What effect does this have on the capacitance?

(a) It causes the capacitance to increase

(b) It causes the capacitance to decrease

(c) None; the capacitance does not change

(d) Nothing can be said about the effect without knowing the dielectric constant of the plastic

(e) Nothing can be said about the effect without knowing the thickness of the sheet

9. The plates of a parallel-plate capacitor of cross-sectional area A are separated by a distance d, as shown below. Between the plates is a dielectric material of constant K. The plates are connected in series with a variable resistance R and a power supply of potential difference V. The capacitance C of this capacitor will increase if which of the following is decreased?

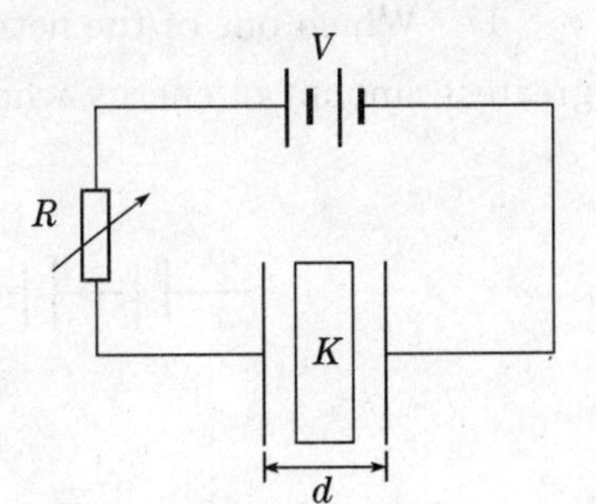

(a) A (b) R (c) K

(d) d (e) V

10. A parallel plate capacitor is connected to a battery. If the plate separation is doubled, after the circuit is allowed to reach equilibrium, the relationship between the final electric field and the initial electric field within the capacitor is

(a) $E_F=\frac{E_0}{4}$ (b) $E_F=\frac{E_0}{2}$ (c) $E_F=E_0$ (d) $E_F=2E_0$ (e) $E_F=4E_0$

11. In the situation described in question 10, which of the following is a valid comparison of the energy stored in the capacitor before and after the plate separation is doubled?

(a) $U_F=\frac{U_0}{4}$ (b) $U_F=\frac{U_0}{2}$ (c) $U_F=U_0$ (d) $U_F=2U_0$ (e) $U_F=4U_0$

12. If the capacitor described in question 10 were disconnected from the battery before the plates were separated, the relationship between the initial and final electric fields would be

(a) $E_F=\frac{E_0}{4}$ (b) $E_F=\frac{E_0}{2}$ (c) $E_F=E_0$ (d) $E_F=2E_0$ (e) $E_F=4E_0$

13. Again, supposing that the capacitor described in question 10 were disconnected from the battery before the plates were separated, the relationship between the initial and final energies would be

(a) $U_F=\frac{U_0}{4}$ (b) $U_F=\frac{U_0}{2}$ (c) $U_F=U_0$ (d) $U_F=2U_0$ (e) $U_F=4U_0$

Questions 14—15: Three identical capacitors, each of capacitance 3.0 μF, are connected in a circuit with a 12 V battery as shown below.

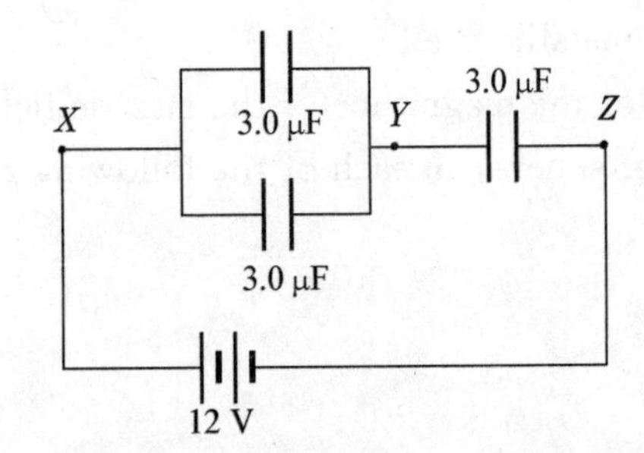

14. The equivalent capacitance between points X and Z is

(a) 1.0 μF (b) 2.0 μF (c) 4.5 μF (d) 6.0 μF (e) 9.0 μF

15. The potential difference between points Y and Z is

(a) zero (b) 3 V (c) 4 V (d) 8 V (e) 9 V

16. A 20 μF parallel-plate capacitor is fully charged to 30 V. The energy stored in the capacitor is most nearly

(a) 9×10^{3} J (b) 9×10^{-3} J (c) 6×10^{-4} J (d) 2×10^{-4} J (e) 2×10^{-7} J

17. Which one of the networks of four identical capacitors in the following figure can store the greatest amount of energy when connected to a given battery?

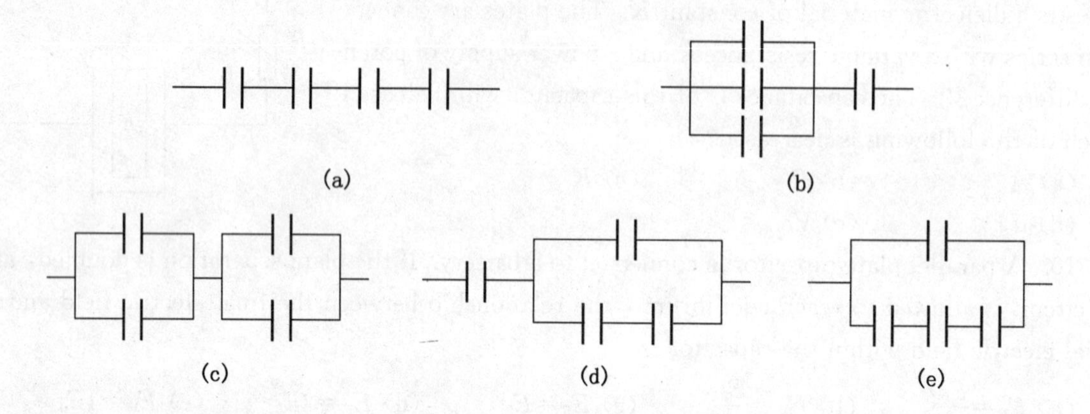

Free-Response Questions

1. A metal sphere of radius a contains a charge $+Q$ and is surrounded by an uncharged, concentric, metallic shell of inner radius b and outer radius c, as shown below. Express all algebraic answers in terms of the given quantities and fundamental constants.

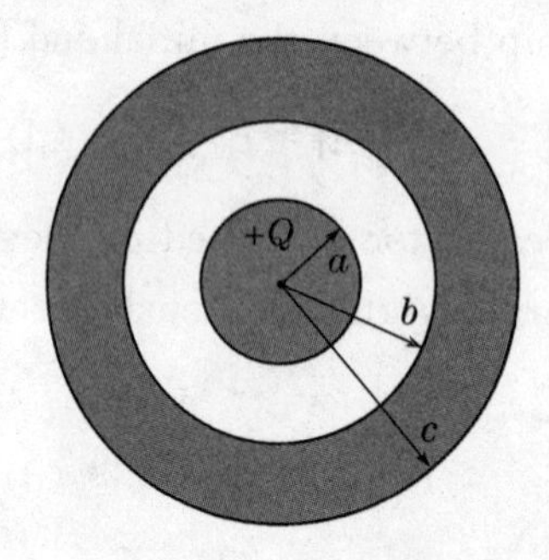

(a) Determine the induced charge on each of the following and explain your reasoning in each case.

i. The inner surface of the metallic shell

ii. The outer surface of the metallic shell

(b) Determine expressions for the magnitude of the electric field E as a function of r, the distance from the center of the inner sphere, in each of the following regions.

i. $r<a$

ii. $a<r<b$

iii. $b<r<c$

iv. $c<r$

(c) On the axes below, sketch a graph of E as a function of r.

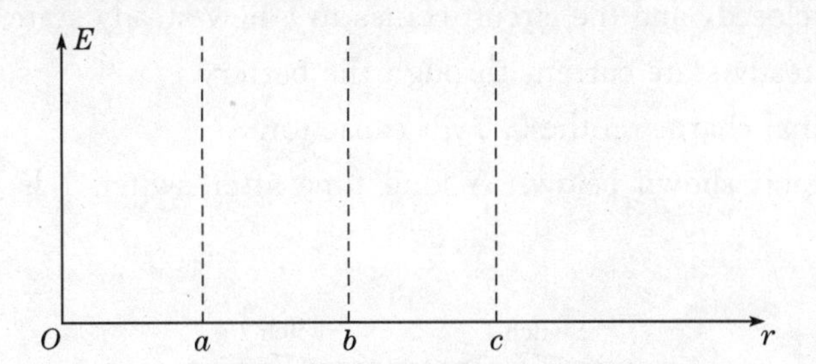

(d) An electron of mass m_e carrying a charge $-e$ is released from rest at a very large distance from the spheres. Derive an expression for the speed of the particle at a distance $10r$ from the center of the spheres.

2. The figure below left shows a hollow, infinite, cylindrical, uncharged conducting shell of inner radius r_1 and outer radius r_2. An infinite line charge of linear charge density $+\lambda$ is parallel to its axis but off center. An enlarged cross section of the cylindrical shell is shown below right.

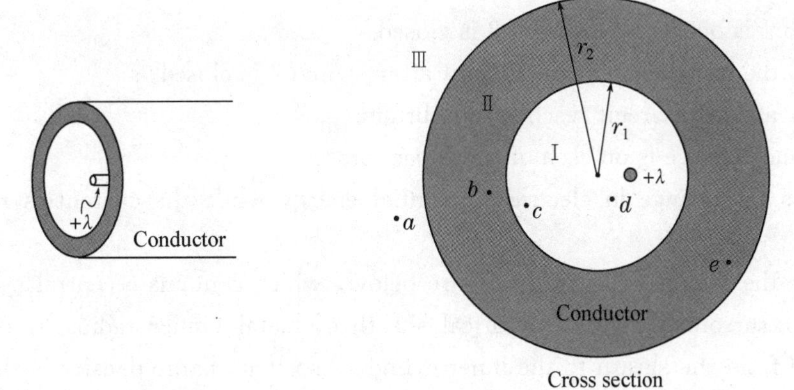

(a) On the cross section above right,

i. sketch the electric field lines, if any, in each of regions Ⅰ, Ⅱ, and Ⅲ.

ii. use + and − signs to indicate any charge induced on the conductor.

(b) In the spaces below, rank the electric potentials at points a, b, c, d, and e from highest to lowest (1=highest potential). If two points are at the same potential, give them the same number.

____V_a ____V_b ____V_c ____V_d ____V_e

3. In the circuit illustrated below, switch S is initially open and the battery has been connected for a long time.

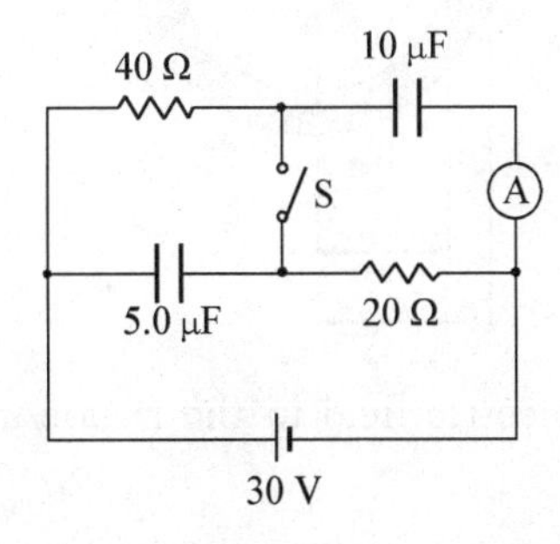

(a) What is the steady-state current through the ammeter?

(b) Calculate the charge on the 10 μF capacitor.

(c) Calculate the energy stored in the 5.0 μF capacitor.

The switch is now closed, and the circuit comes to a new steady state.

(d) Calculate the steady-state current through the battery.

(e) Calculate the final charge on the 5.0 μF capacitor.

4. Consider the circuit shown below. A long time after switch 1 is closed (and switch 2 is opened).

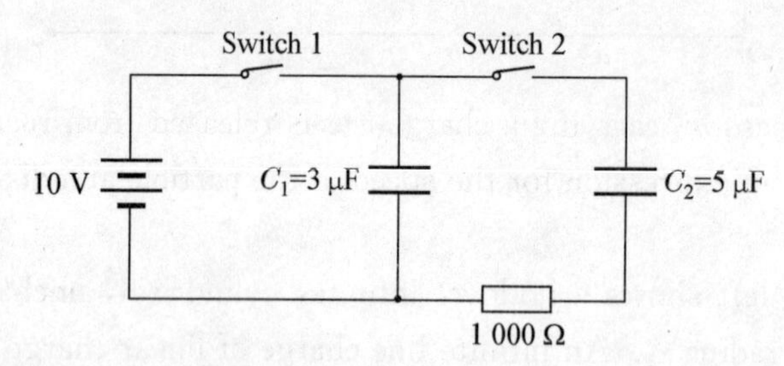

(a) What is the charge on capacitor C_1?

(b) What is the voltage across capacitor C_1?

Then switch 1 is opened and switch 2 is closed.

(c) What is the initial current the instant after switch 2 is closed?

Much later, after the circuit reaches equilibrium.

(d) How much charge is on each of the capacitors?

(e) What is the change in electrical potential energy while the current is running through switch 2?

5. Consider the coaxial cable in the figure below, which contains a central cylindrical core of metal (radius a) surrounded by a cylindrical sheath of metal (inner radius b, outer radius c). Charge is moved from the sheath to the inner cylinder, so that charge density is then λ coulombs/length along the inner cylinder and $-\lambda$ along the sheath.

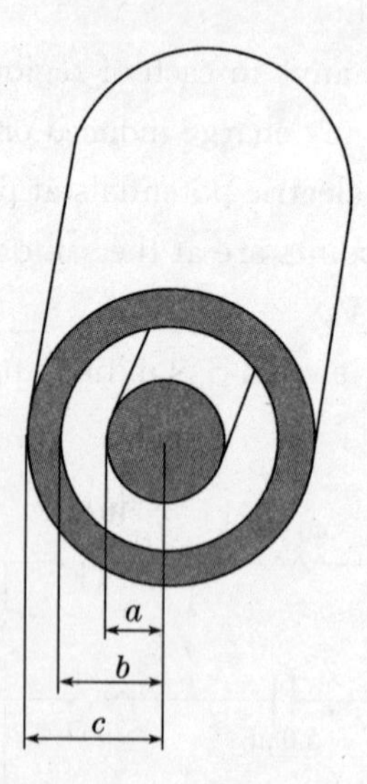

(a) Find an expression for the electric field in the region $a<r<b$ away from the edges of the capacitor.

(b) Calculate the potential difference between $r=a$ and $r=b$. Which surface is at higher potential?

(c) What is the capacitance of a coaxial cable of length l (ignore edge effects, as in our treatment of a parallel plate capacitor)?

(d) Then one-fourth of the coaxial cable is filled with pure water as shown below. Given that pure water acts as a dielectric with $\varepsilon_r=80$, what is the capacitance of this new capacitor?

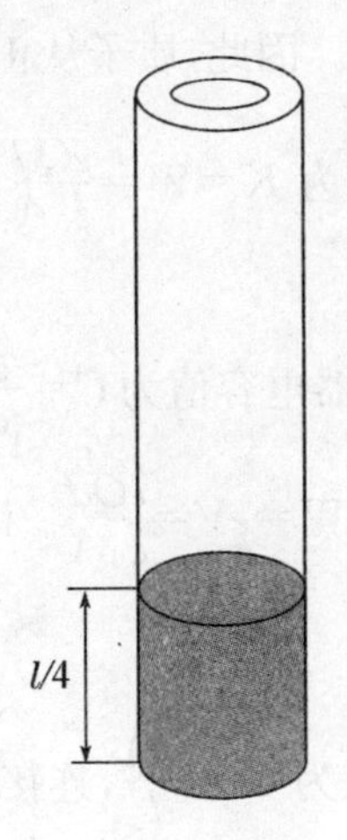

习题答案

Multiple-Choice

1. (c) 由静电感应现象,当带负电的棒靠近两个接触导体时,靠近棒的部分(导体 1)带有净的正电荷,远离棒的部分(导体 2)带有净的负电荷。因此,导体 2 和导体 1 分离后,导体 2 带有净的负电荷。故答案为(c)。

2. (d) 本题为关于静电感应的问题。情况Ⅰ中,带负电的棒靠近验电器,此时验电器上靠近带电棒的小球处为近端,由静电感应现象,近端带正电;而验电器内部的叶片为远端,带负电,叶片张开。在情况Ⅱ中,人手接触验电器小球,此时小球为近端,仍带正电,但此时人为远端,带负电,而验电器的叶片不再带电,叶片闭合。然后人手先离开验电器,此时验电器整体带正电,带负电的棒离开后,验电器的小球和叶片部分都带正电,叶片也张开(情况Ⅲ)。因此,在Ⅰ中,验电器叶片带负电,而Ⅲ中,验电器叶片带正电。故答案为(d)。

3. (a) 由于有空腔导体的静电屏蔽现象,闭合导体内部的电场不受外部电荷的影响,因此外部电荷分布对 P 点电场无影响。而球壳内表面的带电量也只和内部电荷有关,因此 P 点的电场强度仅与导体球壳内部的 $+Q$ 电荷的电量有关。故答案为(a)。

4. (a) 这是一个封闭导体空腔内部有电荷的问题。在导体内取闭合曲面包围空腔,由高斯定理,此闭合曲面内部总电荷量为零,即空腔内电荷量和空腔内表面电荷量的代数和为零。本题中空腔内电荷为 $-Q$,则空腔内表面(金属盒内表面)总电荷量为 $+Q$。因此,(a)选项是对的。由电荷守恒条件,此时金属盒外表面总带电量为 $-Q$,金属盒总带电量仍为零。因此,(d)选项是错的。由于金属盒是方形的,内外表面的电荷分布并不均匀,但最终分布要满足静电平衡条件。此时空腔内部电场由内部点电荷和空腔内表面电荷分布共同决定(但并不为零);金属盒外部电场由盒外表面电荷分布决定(也不为零),与空腔内的点电荷的位置无关。因此,选项(b)和(e)都是错的。由于盒外电场不为零,因此金属盒外表面的电势也不为零,因此选项(c)也是错的。故答案为(a)。

5. (b) 类似于本章第一节中关于尖端效应内容中的例子。两金属球壳初始时带电量都为 $+Q$,用导线连接在一起后,最终电势相等,其电荷分布满足:$\frac{Q_1}{Q_2}=\frac{r_1}{r_2}$,即半径较大的金属球壳最终带电量较多。因此,在此过程中有正电荷从半径较小的球壳 2 移动到半径较大的球壳 1 处,即有电流从球壳 2 到球壳 1。故答案为(b)。

6. (a)　平行板电容器内部电场为均匀电场，大小为 $E=\frac{\sigma}{\varepsilon_0}=\frac{Q}{\varepsilon_0 A}$。质子带正电，电量为 $+e$。所以，质子在此电场中受力为 $F=eE=\frac{eQ}{\varepsilon_0 A}$。因此，质子从正极板运动到负极板，电场力做功为 $W=Fd=\frac{eQd}{\varepsilon_0 A}$。其从静止开始运动，则其末动能为 $K=W=\frac{eQd}{\varepsilon_0 A}$，即质子达到负极板时动能正比于$\frac{eQd}{A}$。故答案为(a)。

本题也可用电势计算。平行板电容器电容值为 $C=\frac{\varepsilon_0 A}{d}$，带电量为 Q 时其两极板间电势差为 $V=\frac{Q}{C}=\frac{Qd}{\varepsilon_0 A}$，质子运动过程中静电力做功为 $W=eV=\frac{eQd}{\varepsilon_0 A}$。因此，末动能为 $K=W=\frac{eQd}{\varepsilon_0 A}$，即质子达到负极板时动能正比于$\frac{eQd}{A}$。

7. (b)　对平行板电容器，其电容值为 $C=\frac{\varepsilon_0 A}{d}$，连接到电压为 V_0 的电源时，电容器两端电压也为 V_0，此时电容器带电量为 $Q=CV_0=\frac{\varepsilon_0 AV_0}{d}$。则正极板上面电荷密度为 $\sigma=\frac{Q}{A}=\frac{\varepsilon_0 V_0}{d}$，因此极板间电场强度为 $E=\frac{\sigma}{\varepsilon_0}=\frac{V_0}{d}$。故答案为(b)。

本题也可直接用电场强度和电压的关系分析：由于平行板电容器两板间为均匀电场，因此两板电势差为 $V_0=Ed$，即两板间电场强度为 $E=\frac{V_0}{d}$。

8. (a)　将电介质板插入到平行板电容器中时，由于充满电介质的电容器电容要大于未充电介质时的电容，总电容器电容可看做充满部分和其他部分电容器通过串并联关系组成，而无论是串联还是并联，其中部分电容器电容值的增加总会导致总电容值的增加，因此电容器中只要充入电介质(即使没有充满)，其电容值就会增加(但具体增加的数值和充入电介质的尺寸有关)。故答案为(a)。

9. (d)　电容器的电容值仅和电容器本身的形状和充入介质有关，和所加的电压及电路中其他物理量无关，因此首先可排除选项(b)、(e)。对充满介质的平行板电容器，其电容值为 $C=\frac{\varepsilon_0 KA}{d}$。即电容大小随面积 A、电介质介电常数 K 的增加而增加，成同向关系；随两极板距离减小而增加，成反向关系。因此，只有间距减小时电容器电容值增加。故答案为(d)。

10. (b)　对平行板电容器，由例题 2－6 可知，其电容值 $C=\frac{\varepsilon_0 S}{d}$，两板间电场可近似看做均匀电场。当连接到电源上时，若电源电压为 V，两板间电势差也为 V，则有 $V=Ed$，或者：$E=\frac{V}{d}$。若电容器始终连接在电源上，两板间电势差不变，但两板间距离增大一倍，则有变化前 $E_0=\frac{V}{d}$；变化后 $E_F=\frac{V}{2d}$。因此，$E_F=\frac{E_0}{2}$。故答案为(b)。

11. (b)　对平行板电容器，其电容值 $C=\frac{\varepsilon_0 S}{d}$，电容器储存能量为

$$U=\frac{1}{2}CV^2=\frac{\varepsilon_0 SV^2}{2d}$$

当电容器始终连接在电源上，电容器两极板间电势差 V 不变，则极板间距变化前后储存的能量分别为：变化前 $U_0=\frac{\varepsilon_0 SV^2}{2d}$，变化后 $U_F=\frac{\varepsilon_0 SV^2}{2(2d)}=\frac{\varepsilon_0 SV^2}{4d}$。因此，$U_F=\frac{U_0}{2}$。故答案为(b)。

12. (c)　若电容器同电源分开，则电容器电容大小变化时两端电势差也会发生变化。因此，和

题10的情况不同，此时电容器两极板是孤立的，在变化过程中每个极板上电荷量不发生变化，此时两极板间场强 $E=\frac{\sigma}{\varepsilon_0}=\frac{Q}{\varepsilon_0 S}$。显然，两板间电场强度与两板间距离无关。因此，两板间距离发生变化时板间电场强度不变，$E_F=E_0$。故答案为(c)。

13. (d)　同12题，若电容器先和电源分开，则变化过程中两板间电势差会发生变化，但每个极板所带电荷量不变。此时电容器内储能为

$$U=\frac{1}{2}\frac{Q^2}{C}=\frac{Q^2 d}{2\varepsilon_0 S}$$

因此，极板间距变化前后电容器的储能分别为：变化前 $U_0=\frac{Q^2 d}{2\varepsilon_0 S}$，变化后 $U_F=\frac{Q^2(2d)}{2\varepsilon_0 S}=\frac{Q^2 d}{\varepsilon_0 S}$。因此，$U_F=2U_0$。故答案为(d)。

14. (b)　显然，XY 间为两个 3.0 μF 的电容器并联，因此其等效电容为 $C_{XY}=C_1+C_2=6.0(\mu F)$。然后再和 YZ 间的 3.0 μF 的电容器串联，总等效电容为 $C=\frac{1}{\frac{1}{C_{XY}}+\frac{1}{C_{YZ}}}=2.0(\mu F)$。因此，答案为(b)。

15. (d)　由14题，总等效电容为 2.0 μF，因此总电容带电量 $Q=CV=24(\mu C)$。而电容器串联时，每个电容器的带电量和总带电量相同，因此 YZ 间电容器的带电量也为 24 μC，两端电势差为 $V_{YZ}=\frac{Q_{YZ}}{C_{YZ}}=8(V)$。故答案为(d)。

16. (b)　由电容器的储能公式：$U=\frac{1}{2}CV^2=\frac{1}{2}\times 20\times 10^{-6}\times 30^2=9\times 10^{-3}(J)$。因此，答案为(b)。(本题中注意 μ 前缀代表了 10^{-6} 的数量级)

17. (e)　对电容器组合，总储能等于其等效电容在相同电压下的储能，即 $U=\frac{1}{2}CV^2$。对本题中，若连接相同电源，则总电压相同，因此等效电容大的组合储存的能量多。设每个电容器电容值为 C，对五个选项的组合情况分别计算其等效电容。

选项(a)：$\frac{1}{C_a}=\frac{4}{C}\Rightarrow C_a=\frac{C}{4}$；

选项(b)：$\frac{1}{C_b}=\frac{1}{C}+\frac{1}{3C}\Rightarrow C_b=\frac{3}{4}C$；

选项(c)：$\frac{1}{C_c}=\frac{1}{2C}+\frac{1}{2C}\Rightarrow C_c=C$；

选项(d)：$\frac{1}{C_d}=\frac{1}{C}+\frac{1}{C+\frac{1}{2}C}\Rightarrow C_d=\frac{3}{5}C$；

选项(e)：$C_e=C+\frac{1}{3}C\Rightarrow C_e=\frac{4}{3}C$。

显然，选项(e)组合的等效电容最大，其储存的能量最多。因此，答案为(e)。

Free-Response

1. 解：(a) i. 取一半径为 $r(b<r<c)$ 的同心球面作为高斯面应用高斯定理。此闭合曲面在导体球壳中，由导体的静电平衡条件可知，其上电场强度处处为零，则通过此闭合曲面的电通量为零。由高斯定理，则此曲面内部所包围的电荷总量也要为零。而此闭合曲面内部所包围的电荷总量来源于中间带电金属球所带的 $+Q$ 电荷，以及球壳内表面所带的电荷，总量为零，因此球壳内表面带电量为 $-Q$。

ii. 球壳总带电量为零，由电荷守恒，各表面带电量总和为零。由上问知，球壳内表面带电量为$-Q$，因此球壳外表面带电量为$+Q$。

(b) 由于各表面电荷均为均匀分布，即电荷分布具有球对称性，空间电场强度分布也具有球对称性，可由高斯定理求得各部分电场强度。空间中电荷分布由(a)问给出。

取同心球面作为高斯面，则电场强度的面积分为$\oint \boldsymbol{E}\cdot \mathrm{d}\boldsymbol{S}=4\pi r^2 E$。

i. 当$r<a$时，此时闭合球面内部所包围的电荷量为零。

由高斯定理，有$4\pi r^2 E=0$，可求得$E=0$；或由导体静电平衡条件，此处在导体球内部，电场处处为零。

ii. 当$a<r<b$时，此时闭合球面内部所包围的电荷量为$Q_{\text{closed}}=Q$。

由高斯定理，有$4\pi r^2 E=\dfrac{Q}{\varepsilon_0}$，可求得$E=\dfrac{Q}{4\pi\varepsilon_0 r^2}$。

iii. 当$b<r<c$时，此时闭合球面内部所包围的电荷量为$Q_{\text{closed}}=Q+(-Q)=0$。

由高斯定理，有$4\pi r^2 E=0$，可求得$E=0$；或由导体静电平衡条件，此处在导体球壳内部，电场处处为零。

iv. 当$c<r$时，此时闭合球面内部所包围的电荷量为$Q_{\text{closed}}=Q+(-Q)+Q=Q$。

由高斯定理，有$4\pi r^2 E=\dfrac{Q}{\varepsilon_0}$，可求得$E=\dfrac{Q}{4\pi\varepsilon_0 r^2}$。

(c) 由(b)问中结果，可画出$E-r$函数图像如下所示。

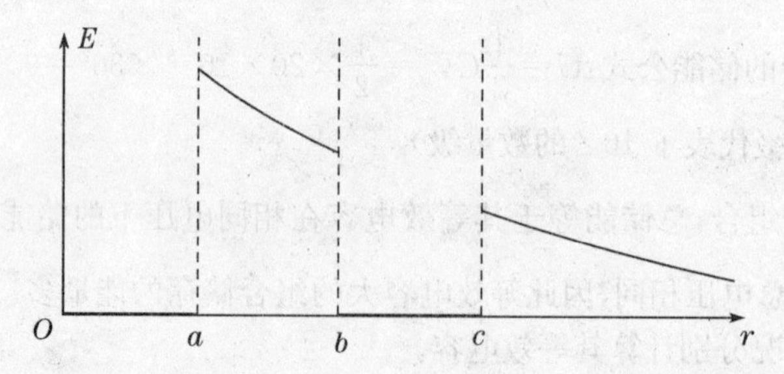

(d) 若$10r$在球壳之外，由上可知球壳外电场强度相当于球心处$+Q$电荷产生的电场，因此球壳外$10r$处电势为$V=\dfrac{Q}{4\pi\varepsilon_0(10r)}=\dfrac{Q}{40\pi\varepsilon_0 r}$。电子从无限远到$10r$处的运动过程中，能量守恒，即$K+U=0$，可得$\dfrac{1}{2}m_e v^2+\dfrac{-eQ}{40\pi\varepsilon_0 r}=0$，可求得$v=\sqrt{\dfrac{eQ}{20\pi\varepsilon_0 r m_e}}$。

注意，严格来讲，由于题目并没给出r的范围，所以$10r$有可能在球壳内部，也应该考虑以下可能性：

当$b<10r<c$时，电势$V=\dfrac{Q}{4\pi\varepsilon_0 c}$。

由能量守恒：$\dfrac{1}{2}m_e v^2+(-e)V=0$，可求得$v=\sqrt{\dfrac{eQ}{2\pi\varepsilon_0 c m_e}}$。

当$a<10r<b$时，电势$V=\dfrac{Q}{4\pi\varepsilon_0}\left(\dfrac{1}{10r}-\dfrac{1}{b}+\dfrac{1}{c}\right)$。

由能量守恒：$\dfrac{1}{2}m_e v^2+(-e)V=0$，可求得$v=\sqrt{\dfrac{eQ}{2\pi\varepsilon_0 m_e}\left(\dfrac{1}{10r}-\dfrac{1}{b}+\dfrac{1}{c}\right)}$。

当$10r<a$时，电势$V=\dfrac{Q}{4\pi\varepsilon_0}\left(\dfrac{1}{a}-\dfrac{1}{b}+\dfrac{1}{c}\right)$。

由能量守恒：$\dfrac{1}{2}m_e v^2+(-e)V=0$，可求得$v=\sqrt{\dfrac{eQ}{2\pi\varepsilon_0 m_e}\left(\dfrac{1}{a}-\dfrac{1}{b}+\dfrac{1}{c}\right)}$。

2. 解:(a) 空间电场强度分布和感应电荷分布如下图所示。

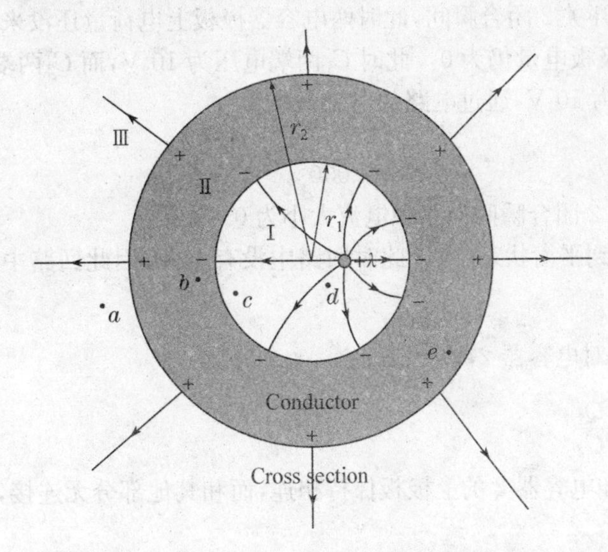

注意,对电场强度,导体空腔内部电场非均匀,右侧电场强度较大,电场线密集一些;左侧电场强度较小,电场线松散一些。导体内部电场强度要处处为零,没有电场线。导体外侧电场呈轴对称分布。

对导体上感应电荷,一定分布在导体内、外侧表面,内侧表面带负电荷,非均匀分布,右侧密集一些,左侧松散一些;外侧表面带正电荷,且均匀分布在外表面。

(b) 由上问中给出的空间各处的电场强度的分布以及考虑到导体为一个等势体,而电场强度的方向总是从高电势指向低电势。对图中各点,d 点最靠近带正电导线,电势相对最大;c 点在空腔内较远离带正电导线,电势相比 d 点较小,但比导体筒电势高;b、e 两点在导体内部,电势相等,都比 c 点电势略小;a 点在导体外,电势小于导体筒的电势。因此,各点电势排列序号为

$$\underline{\ 4\ }\ V_a \quad \underline{\ 3\ }\ V_b \quad \underline{\ 2\ }\ V_c \quad \underline{\ 1\ }\ V_d \quad \underline{\ 3\ }\ V_e$$

3. 解:(a) 对稳态电路,电容器相当于断路,因此此电路未导通,安培计中电流为零。

(b) 由于电路中没有电流,电阻上无电压降,电容相当于直接接到电源两端,即电容器上电压为电源电压(30 V)。因此,电容器上所带电荷量为

$$Q=CV=10\times10^{-6}\times30=3\times10^{-4}(\mathrm{C})\text{或}Q=300(\mu\mathrm{C})$$

(c) 5.0 μF 电容器两端的电压也为 30 V,因此电容器储能为

$$U=\frac{1}{2}CV^2=\frac{1}{2}\times5.0\times10^{-6}\times30^2=2.25\times10^{-3}(\mathrm{J})\text{或}U=2\,250(\mu\mathrm{J})$$

(d) 对稳态,电容器相当于断路,则此时电路相当于两个电阻串联后接于电源两端。因此,电源上通过的电流为

$$I=\frac{V}{R}=\frac{30}{40+20}=0.5(\mathrm{A})$$

(e) 由于电路中有电流,此时 5.0 μF 电容器两端和 40 Ω 电阻两端相连,因此其电压等于 40 Ω 电阻两端的电压:

$$V=IR=0.5\times40=20(\mathrm{V})$$

则该电容器上带电量为

$$Q=CV=5.0\times10^{-6}\times20=1\times10^{-4}(\mathrm{C})\text{或}Q=100(\mu\mathrm{C})$$

4. 解:(a) 当开关 1 闭合而开关 2 打开时,相当于电容 1 直接连接到电源上,稳定时电容器两端电压等于电源电压,即 C_1 两端电压为 10 V。

(b) 电容器极板电量:$Q=CV=3\times10^{-6}\times10=3\times10^{-5}(\mathrm{C})$,即此时电容器 1 带电量为 3×

10^{-5} C。

(c) 当开关 1 打开而开关 2 闭合瞬间,此时两电容器极板上电荷量还没来得及改变,即 C_1 极板电量仍为 3×10^{-5} C,而 C_2 极板电量仍为 0。此时 C_1 两端电压为 10 V,而 C_2 两端电压为 0 V,则电路中 1 000 Ω 电阻两端的电压为 10 V,通过电路的电流大小为

$$I=\frac{V}{R}=\frac{10}{1\,000}=0.01(\text{A})$$

即开关 1 打开而开关 2 闭合瞬间回路中电流大小为 0.01 A。

(d) 经长时间之后达到平衡状态,由于此时回路中没有电源,因此回路中电流为零,两电容器两端电势差相同。

对电容器 1,$V_1=\frac{Q_1}{C_1}$;对电容器 2,$V_2=\frac{Q_2}{C_2}$。

此时 $V_1=V_2$,即$\frac{Q_1}{C_1}=\frac{Q_2}{C_2}$。

而过程中,电容器 1 和电容器 2 的上极板保持相连,而和其他部分无连接,根据电荷守恒定律,有 $Q_1+Q_2=Q=3\times10^{-5}$ C。

联立以上方程,可解得 $Q_1=1.12\times10^{-5}$ C,$Q_2=1.88\times10^{-5}$ C。

(e) 由(b)、(d)可知变化前后各电容器上的电荷量。初始时,电容器 2 上电荷量为零,内部储能为零,全部储能来源于电容器 1。此时两电容器总储能为

$$U_0=\frac{1}{2}\frac{Q^2}{C_1}=\frac{1}{2}\times\frac{(3\times10^{-5})^2}{3\times10^{-6}}=1.5\times10^{-4}(\text{J})$$

稳定后最终两电容器储能为

$$U_\text{F}=\frac{1}{2}\frac{Q_1^2}{C_1}+\frac{1}{2}\frac{Q_2^2}{C_2}=\frac{1}{2}\times\frac{(1.12\times10^{-5})^2}{3\times10^{-6}}+\frac{1}{2}\times\frac{(1.88\times10^{-5})^2}{5\times10^{-6}}\approx5.63\times10^{-5}(\text{J})$$

因此,过程前后电势能变化为

$$\Delta U=U_\text{F}-U_0=5.63\times10^{-5}\text{ J}-1.5\times10^{-4}\text{ J}=-9.37\times10^{-5}\text{ J}$$

即过程前后电势能减少了 9.37×10^{-5} J,这一能量的减少对应于过程中电流通过电阻时内能的增加。

5. 解:(a) 对同轴电缆,可近似看做无限长的情况。此时空间电场分布满足无限长柱状分布的特点,即电场强度的方向总是垂直于轴线并指向(或背离)轴线的方向,可以利用高斯定理来求解空间电场。

作一半径为 $r(a<r<b)$、长度为 l 的同轴圆柱体,以其表面作为高斯面。由于空间电场的情况,此圆柱体的两个底面处的电通量为零,侧面各处电场强度大小相同且和侧面的法线方向处处一致,因此其总电通量为

$$\Phi_\text{E}=\oint\boldsymbol{E}\cdot\text{d}\boldsymbol{S}=ES=2\pi rlE$$

而此圆柱体内部所包围的总电荷量为

$$\sum_{\text{closed}}Q=\lambda l$$

由高斯定理,可得 $2\pi rlE=\frac{\lambda l}{\varepsilon_0}$。

可求得在距离轴 r 处,电场强度大小为 $E=\frac{\lambda}{2\pi\varepsilon_0 r}$,方向为垂直于轴线并背离轴线($\lambda>0$)的方向。

(b) 由上问可求出内筒和外筒之间的电场强度。可取径向方向由电场强度的路径积分求得内筒和外筒间的电势差为

$$V(a)-V(b)=\int\boldsymbol{E}\cdot\text{d}\boldsymbol{l}=\int_a^b\frac{\lambda}{2\pi\varepsilon_0 r}\text{d}r=\frac{\lambda}{2\pi\varepsilon_0}\ln\frac{b}{a}$$

由于 $b>a$,显然有 $V(a)>V(b)$,即 a 处(内筒处)电势高。

(c) 长度为 l 的内筒的总带电量为 $Q=\lambda l$。

由电容器电容的定义公式,可知长度为 l 的同轴电缆的电容值为

$$C_0=\frac{Q}{V}=\frac{\lambda l}{\frac{\lambda}{2\pi\varepsilon_0}\ln\frac{b}{a}}=\frac{2\pi\varepsilon_0 l}{\ln\frac{b}{a}}$$

(d) 若此电容器 1/4 长度内充满了电介质(纯水),要计算此电容器等效电容,可将之看做两个电容器的并联:一个长度为 $l/4$ 的充满电介质的同轴电容器 C_1,一个长度为 $3l/4$ 的真空同轴电容器 C_2。两电容器的电容值分别为

$$C_1=\frac{2\pi\varepsilon_r\varepsilon_0\ \frac{l}{4}}{\ln\frac{b}{a}}=\frac{\varepsilon_r}{4}C_0=20C_0$$

$$C_2=\frac{2\pi\varepsilon_0\ \frac{3l}{4}}{\ln\frac{b}{a}}=\frac{3}{4}C_0$$

因此,此电容器的总电容为

$$C=C_1+C_2=\frac{83}{4}C_0=\frac{83\pi\varepsilon_0 l}{2\ln\frac{b}{a}}$$

第三章　稳恒电路(Electric circuits)

1. 电流(Current)　电流密度(Current density)

我们中学就学习了关于电流的概念,即导体中电荷的定向运动形成电流,电流的大小为单位时间内通过导线横截面积的电荷量,或电荷量通过导线横截面积的速率:

$$I=\frac{dq}{dt}$$

电流是标量,只有大小和正负,没有空间方向,即我们只要知道电流向着导线的哪一边运动就可以了。电流 I 虽然能够描述电流(电荷定向运动)的强弱,但它反映的是导线截面的整体情况,并不能说明截面上各处电流通过(电荷定向运动)的细节。在实际问题中,常会遇到电流在粗细不均匀或材料不均匀,甚至在比较大的金属中通过的情形。如图 3-1 所示,为一电镀槽中电流分布的情况,这时电流在导体内部的各部分的情况可能不同,这就需要一个更精确的物理量来描述电流在导体中分布的细节。

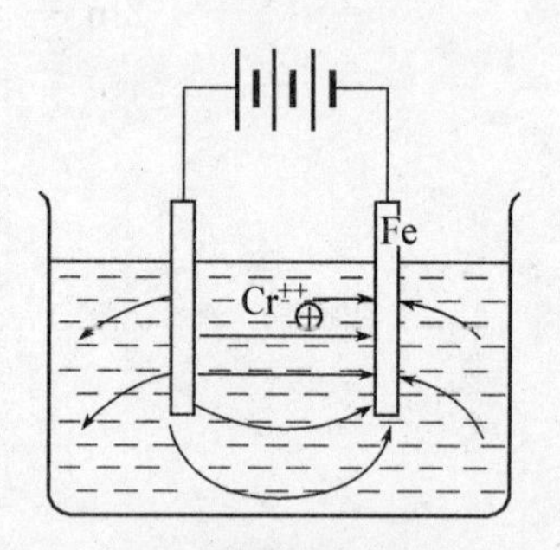

图 3-1　电镀槽中的电流分布

我们采用电流密度 $\boldsymbol{j}$ 这一物理量来描述导体空间各处电流的细节,或电荷在空间各处的具体运动情况。电流密度 $\boldsymbol{j}$ 是一个矢量,描述某点处电流或电荷运动的细节,其大小等于单位时间通过该点处垂直于电荷运动方向的单位面积内的电荷量,方向和该处正电荷的运动方向一致(或与负电荷的运动方向相反)。

如图 3-2 所示,若空间某处运动电荷的体密度(单位体积内运动电荷的总电量)为 ρ,电荷做定向运动[又称漂移运动(Drift motion)]的速度为 $\boldsymbol{v}_d$。对垂直于电荷运动方向的一个微小面元 ΔS,在一段为 Δt 的时间范围内,能通过面元 ΔS 的电荷一定都位于距 ΔS 面距离小于 $v_d\Delta t$ 的范围内。因此,在 Δt 时间内通过面元 ΔS 的总电量为

$$\Delta q=\rho\cdot v_d\Delta t\cdot\Delta S$$

故对该点处的电流密度大小为

$$j=\frac{\Delta q}{\Delta S\Delta t}=\rho v_d$$

再考虑电流密度的方向和该点处正电荷运动的方向一致,因此

$$\boldsymbol{j}=\rho\boldsymbol{v}_d$$

注意,若 ρ 为正值,即运动电荷为正电荷,$\boldsymbol{j}$ 与 $\boldsymbol{v}_d$ 方向一致;若 ρ 为负值,即运动电荷为负电荷,$\boldsymbol{j}$ 与 $\boldsymbol{v}_d$ 方向相反。

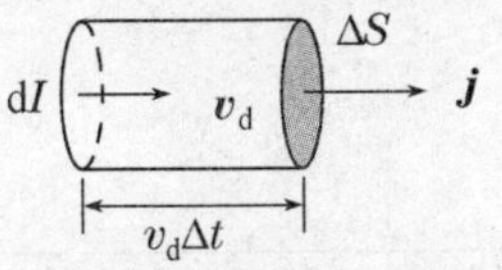

图 3－2　电流密度与电荷运动的关系

对常用的金属导体来说，其传导电流的运动电荷为电子。每个电子的电量为 e，若材料中单位体积内可自由运动的电子数目(又称载流子密度)为 n，则有 $\rho=ne$。那么电流密度：

$$\boldsymbol{j}=\rho\boldsymbol{v}_{\mathrm{d}}=ne\boldsymbol{v}_{\mathrm{d}}$$

注意，因为电子带负电荷，在这几个公式中 e 本身为一个负的数值，即

$$e=-1.6\times10^{-19}\ \mathrm{C}$$

在上面的分析中，对垂直于电流密度方向的小面元 ΔS，通过该小面积的电流为

$$I=\frac{\Delta q}{\Delta t}=j\Delta S$$

如图 3－3 所示，我们再取一个任意方向的小平面 $\Delta S'$，若此处电流密度为 $\boldsymbol{j}$，小平面的法线方向 $\boldsymbol{e}_{\mathrm{n}}$和 $\boldsymbol{j}$ 的夹角为 θ，$\Delta S'$在垂直 $\boldsymbol{j}$ 方向的投影面积大小为 $\Delta S'_{\perp}=\Delta S'\cos\theta$，则通过小平面 $\Delta S'$的电流为

$$I=j\Delta S'_{\perp}=j\Delta S\cos\theta=\boldsymbol{j}\cdot(\Delta S'\boldsymbol{e}_{\mathrm{n}})=\boldsymbol{j}\cdot\Delta\boldsymbol{S}'$$

其中面积矢量 $\Delta\boldsymbol{S}'$大小为 $\Delta S'$，方向沿平面法线方向 $\boldsymbol{e}_{\mathrm{n}}$的矢量。

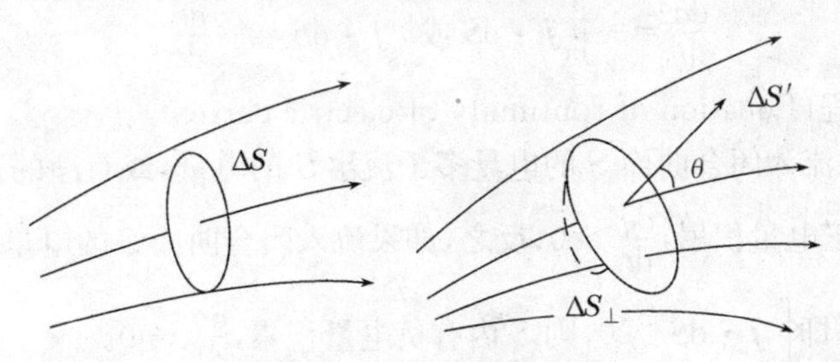

图 3－3　电流与电流密度

对任意大的曲面情况，若要求得通过该曲面的电流，可将曲面划分成很多小面元 $\mathrm{d}\boldsymbol{S}$(大小为 $\mathrm{d}S$，方向沿其相应的法线方向)，在每个面元处的电流密度为 $\boldsymbol{j}$，则通过整个曲面的电流为通过每个面元的电流的总和，即

$$I=\int\mathrm{d}I=\int_{S}\boldsymbol{j}\cdot\mathrm{d}\boldsymbol{S}$$

在国际单位制中，电流的单位为安培(A)，电流密度的单位为 $\mathrm{A/m^2}$。

例题 3－1　铝线的直径为 0.2 cm，铜线的直径为 0.15 cm。把铝线的一端和铜线的一端焊接在一起连成一根长导线。如导线中通过 10 A 的稳恒电流，试求每一导线的电流密度。

解：除导线接头处外，电流是均匀分布在每根导线的横截面上，因此电流密度就等于电流除以导线截面积。

对铝线，电流密度为 $j_{\mathrm{Al}}=\dfrac{I}{S_{\mathrm{Al}}}=\dfrac{10}{\frac{1}{4}\pi(0.002)^2}\approx3.18\times10^6(\mathrm{A/m^2})$；

对铜线，电流密度为 $j_{\mathrm{Cu}}=\dfrac{I}{S_{\mathrm{Cu}}}=\dfrac{10}{\frac{1}{4}\pi(0.0015)^2}\approx5.66\times10^6(\mathrm{A/m^2})$。

例题 3－2　一铜质导线的截面积为 $3\times10^{-6}\ \mathrm{m^2}$，其中通有电流 10 A。已知铜的自由电子数密度为 $n=8.48\times10^{28}$ 个/$\mathrm{m^3}$，求导线中电子平均漂移速率的大小。

解：对金属导体，电流密度和电子漂移速率间满足关系：$j=nev_{\mathrm{d}}$；

而导线的电流密度为 $j=\dfrac{I}{S}$。

因此,可求得平均电子漂移速率为

$$v_{\mathrm{d}}=\frac{I}{neS}=\frac{10}{8.48\times10^{28}\times1.60\times10^{-19}\times3\times10^{-6}}\approx2.46\times10^{-4}\,(\mathrm{m/s})$$

即铜质导线中电子平均漂移速率约为 2.46×10^{-4} m/s。

2. 稳恒电路的电场

在第一章中,我们讲到了电荷守恒定律,即对孤立系统,系统内的电荷总量保持不变。但在有电荷运动的区域,该区域的电荷密度是可以发生变化的。若某处电量减少,则有正电荷从该区域流出(或负电荷从外部流入);若某处电量增多,则有正电荷从外部流入(或负电荷从该区域流出)。

在存在电流的导体中,可取一闭合曲面 S,由电流的计算,通过此曲面向外的电流为

$$I=\oint_S \boldsymbol{j}\cdot\mathrm{d}\boldsymbol{S}$$

则在 $\mathrm{d}t$ 时间内通过此曲面向外的电量为 $\mathrm{d}q=I\mathrm{d}t$。在 $\mathrm{d}t$ 时间内曲面所包围的体积中电量减少了 $\mathrm{d}q$,或增加了 $-\mathrm{d}q$。由此可得,闭合曲面内部电量的时间变化率等于通过闭合曲面向外的电流的负值,即有

$$\frac{\mathrm{d}q}{\mathrm{d}t}=-\oint_S \boldsymbol{j}\cdot\mathrm{d}\boldsymbol{S}\ \text{或}\oint_S \boldsymbol{j}\cdot\mathrm{d}\boldsymbol{S}=-\frac{\mathrm{d}q}{\mathrm{d}t}$$

这称为电流的连续性方程(Equation of continuity of electric current)。

由此方程可知:如果流入闭合曲面 S 的电量多于流出 S 的电量,或有净的正电量流入到 S 内,即 $\oint_S \boldsymbol{j}\cdot\mathrm{d}\boldsymbol{S}<0$,则 S 内有正电量积累,$\dfrac{\mathrm{d}q}{\mathrm{d}t}>0$;反之,如果流入闭合曲面 S 的电量少于流出 S 的电量,或有净的正电量流出 S 外,即 $\oint_S \boldsymbol{j}\cdot\mathrm{d}\boldsymbol{S}>0$,则 S 内有负电量积累,$\dfrac{\mathrm{d}q}{\mathrm{d}t}<0$。

在稳恒电流情况下,电流及电流密度都不随时间发生变化,对导体内的任意闭合曲面 S 来说,$\oint_S \boldsymbol{j}\cdot\mathrm{d}\boldsymbol{S}$ 也不随时间发生变化,为一个常量。由电流连续性方程可知,此时闭合曲面内 $\dfrac{\mathrm{d}q}{\mathrm{d}t}$ 也为一个常量。若 $\dfrac{\mathrm{d}q}{\mathrm{d}t}\neq0$,则闭合曲面 S 内的电量会一直增大或一直减小,而这会造成 S 曲面附近的电场和电势发生变化,从而使电流发生改变而不再稳恒。因此,对于稳恒电路的情况,唯一的可能性就是 $\dfrac{\mathrm{d}q}{\mathrm{d}t}=0$。此时空间任意位置处的电量也不随时间发生变化,对任意闭合曲面,有 $\oint_S \boldsymbol{j}\cdot\mathrm{d}\boldsymbol{S}=0$,即流入曲面内和流出曲面外的电量始终保持一致,通过闭合曲面 S 的净电流量保持为零。

注意,对稳恒电流情况下,任意位置处的 $\dfrac{\mathrm{d}q}{\mathrm{d}t}=0$,说明该位置处的电荷密度不随时间变化,但这并不意味着没有电荷运动。实际上电荷一直在运动着,要不然就没有电流了。但运动的电荷一直要保持着动态平衡,任何位置处有多少电荷运动离开,就同时有同样电量的电荷运动进来。

对稳恒电路的情况,既然各处都有 $\dfrac{\mathrm{d}q}{\mathrm{d}t}=0$,也就是说任意位置处的电荷密度不随时间发生变化,那么空间的电荷分布始终保持不变(动态平衡),可将之看做静电场的情况处理。我们在第一章中用到的静电场的一些方程和公式在稳恒电路的情况下仍然成立。

对稳恒电路的电场,高斯定理和环路定理仍然成立,即

$$\oint_S \boldsymbol{E}\cdot\mathrm{d}\boldsymbol{S}=\frac{1}{\varepsilon_0}\sum_{\text{closed}}q$$

$$\oint_L \boldsymbol{E}\cdot \mathrm{d}\boldsymbol{l}=0$$

既然环路定理仍然成立，那么电势的概念同样可以继续使用，同样有

$$\Delta V=-\int_A^B \boldsymbol{E}\cdot \mathrm{d}\boldsymbol{l}$$

$$\boldsymbol{E}=-\frac{\partial V}{\partial x}\boldsymbol{i}-\frac{\partial V}{\partial y}\boldsymbol{j}-\frac{\partial V}{\partial z}\boldsymbol{k}=-\nabla V$$

但要注意，在稳恒电路的电场里唯一和静电场情况不同的就是导体的静电平衡条件。因为稳恒电路的情况对应于电量分布的动态平衡，此时电荷仍然可以不停地运动，导体中的自由电荷处的电场也就不需要为零了，因此导体不像在静电场情况下必须满足静电平衡条件。实际上，在稳恒电路的电场中，导体中的电场一般不为零，同时导体也不再是一个等势体，在同一个导体上也会有电势差。

3.　电阻(Resistance)　欧姆定律(Ohm's law)

在中学我们就学习了关于电阻的概念，即对大部分的导体情况，导体两端的电势差(电压)和导体上通过的电流之间总是呈正比例的关系：$V\propto I$，其比例系数反映了该段导体的导电性质，我们称之为电阻 R，即

$$R=\frac{V}{I}\text{或}V=IR$$

具有这类性质的电阻材料我们称之为线性材料。在实际的材料中，还有一些材料如半导体，其两端电势差(电压)和导体通过的电流 I 之间不是线性的关系，甚至在二极管这样的器件中，正向和反向的 V、I 之间的关系会有不对称的现象。这类材料(或器件)就称为非线性材料(或器件)。

在线性材料中，导体两端电压 V 和导体通过电流 I 的这种正比例关系：$V=IR$，又称为欧姆定律。

研究发现，用同种材料做成的均匀导线，在横截面积相同的情况下，导线越长，其总电阻越大；在导线长度一定的情况下，导线横截面积越大，其总电阻则越小。综合可表示为

$$R=\rho\frac{l}{S}$$

其中的比例系数 ρ 只和材料本身有关，和导线的形状无关，是一个反应材料本身性质的物理量，称为材料的电阻率(Resistivity)。

由上式可知，两电阻串联连接时，相当于长度增加，因此等效电阻等于各电阻之和：

$$R=R_1+R_2$$

两电阻并联连接时，相当于面积增加，因此等效电阻的倒数等于各电阻倒数之和：

$$\frac{1}{R}=\frac{1}{R_1}+\frac{1}{R_2}$$

电阻和电阻率描述器件或材料对导电的阻碍能力，有时我们用电阻的倒数来描述器件对电流的导通能力，称为电导，用符号 G 表示，即 $G=\frac{1}{R}$。同样，用电阻率的倒数来描述材料对电流的导通能力，称为电导率(Conductivity)，用符号 σ 表示，即 $\sigma=\frac{1}{\rho}$。

在国际单位制中，电阻的单位为欧姆(Ω)，电阻率的单位为 Ω·m，电导的单位为西门子(S)，电导率的单位为 S/m。

电阻率反映了材料对电流的阻碍能力，或者对电荷定向运动的阻碍能力，因此和驱动电荷运动的电场强度及电流密度之间有一定关系。我们接下来简单分析一个各物理量之间的相互关系。

如图 3-4 所示，对一根均匀导线，设长为 L，截面积为 S，则此导线的电阻为 $R=\rho\frac{L}{S}$。当在导线

两端加上电压 V 时，导线内有均匀电场强度 E，则有 $V=EL$。此时导线上电流为 I，则电流密度大小为 $j=\frac{I}{S}$。由欧姆定律，再考虑以上公式，有

$$EL=jS\cdot\rho\frac{L}{S}=\rho jL$$

所以 $E=\rho j$。

再考虑相应矢量的方向，有 $\boldsymbol{E}=\rho\boldsymbol{j}$，或 $\boldsymbol{j}=\sigma\boldsymbol{E}$。这称为欧姆定律的微分形式。

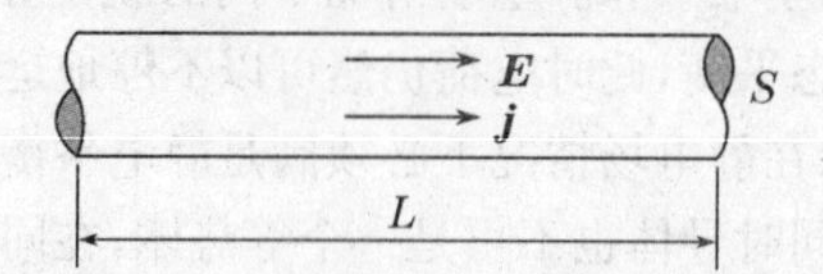

图 3－4　欧姆定律的微分形式推导

例题 3－3　如图 3－5 所示，一半径为 a 的球形电极深埋在大地里，大地可视为均匀的导电体，其电阻率为 ρ。求此电极的接地电阻。

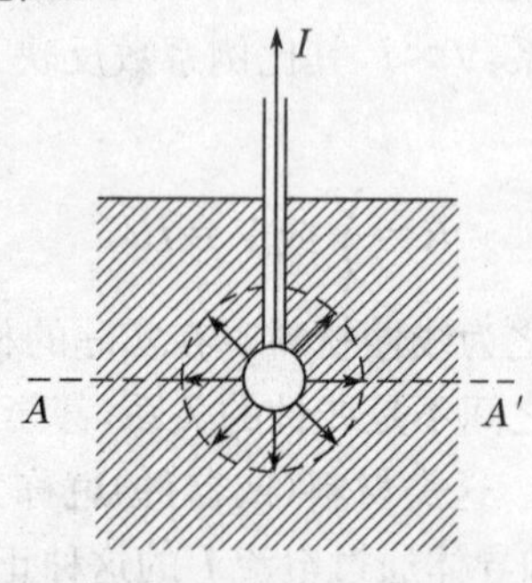

图 3－5　例题 3－3 图

解：因为球形电极深埋在大地里，大地可近似看做无限大导体，其电阻可看做一系列同心球壳电阻的串联。每个球壳半径为 r，厚度为 $\mathrm{d}r$，则该球壳的电阻为

$$\mathrm{d}R=\rho\frac{l}{S}=\frac{\rho\mathrm{d}r}{4\pi r^2}$$

则整个大地的电阻为

$$R=\int\mathrm{d}R=\int_a^{\infty}\frac{\rho\mathrm{d}r}{4\pi r^2}=\frac{\rho}{4\pi a}$$

即此电极的接地电阻为 $\frac{\rho}{4\pi a}$。

本题也可利用欧姆定律的微分形式求解。

由于球形电极深埋在大地里，大地可近似看做无限大导体，大地中的电流密度沿径向且呈球对称分布。因此，距离球心 r 处其电流密度大小为 $j=\frac{I}{S}=\frac{I}{4\pi r^2}$。

由微分形式的欧姆定律，此处电场强度：$E=\rho j=\frac{\rho I}{4\pi r^2}$，方向沿径向向外。

可由电场强度路径积分计算出电极表面电势。以无限远为电势零点，电极表面电势为

$$V=\int\boldsymbol{E}\cdot\mathrm{d}\boldsymbol{r}=\int_a^{\infty}\frac{\rho I}{4\pi r^2}\mathrm{d}r=\frac{\rho I}{4\pi a}$$

因此，大地的等效电阻为 $R=\frac{V}{I}=\frac{\rho}{4\pi a}$。

4. 电功(Work)　电功率(Power)

在电路中，自由电荷在电场驱动下做定向运动。对一段电路，两端的电势差(电压)为V，电路中通过的电流为I，在一段时间t内通过电路的电荷量为$Q=It$。我们将电场力对这些电荷做的功称为电功。显然，对该电路，电功大小为

$$W=QV=ItV$$

单位时间内电场力做的功称为电场力做功的功率，简称电功率：

$$P=\frac{W}{t}=IV$$

即一段电路的电功率等于电路两端的电压与电路中电流的乘积。

对电阻器件，由欧姆定律，有$V=IR$。因此，对纯电阻器件，电功也可以写为

$$W=ItV=I^2Rt=\frac{V^2}{R}t$$

电功率为

$$P=IV=I^2R=\frac{V^2}{R}$$

对电阻器件来讲，电场力驱动自由电荷做定向运动，而这些电荷在运动过程中又不断地和材料中基本不运动的离子间发生碰撞，从而将其能量转化为整个器件的热运动能，即电阻器件在通电时会发热，发热的功率即器件的电功率。电流的这种效应称为电流的热效应，发出的热量称为焦耳热。一纯电阻器件的发热功率即其电功率，这一关系又被称为焦耳-楞次定律。

对一根长为L、截面积为S的均匀导线，设两端电压为V，通过电流为I，则该电阻的发热功率为$P=IV$。该电阻的体积为SL，则该电阻中单位体积的发热功率为

$$p=\frac{P}{SL}=\frac{IV}{SL}=\frac{jS\cdot EL}{SL}=jE=\sigma E^2=\rho j^2$$

即电阻中单位体积的发热功率，或热功率密度等于该处电流密度与电场强度的乘积。

考虑到在任意电阻情况下的矢量方向问题，上式应写为

$$p=\boldsymbol{j}\cdot\boldsymbol{E}$$

这称为焦耳-楞次定律的微分形式。

5. 电源(Battery)

要在导体内形成稳恒电流的条件是要在导体内形成一个稳恒的电场，自由电荷在此稳恒电场作用下形成稳定的定向运动，以形成稳恒电流。那么要如何在导体中形成稳恒电场呢?

在前面的内容中我们讲过，一个电容器两极板上可分别带一定量的正、负电荷，两极板间有一定的电势差。如图 3-6 所示，若用一导线(电阻器件)将此电容器的两极板连接起来，则极板上的电荷会在导线上建立电场驱动自由电荷做定向运动从而形成电流。但在这种情况下，随着电流的流动，电容器两极板上的电荷量逐渐减少，两极板间电势差也随之减小，导线中建立的场强也在逐渐减小，导线上流过的电流也逐渐减小，即这种情况并不能产生稳恒电流。

显然，若要在该种情况下形成稳恒电流，则该电容器正、负极板上的带电量要用一定方法使之保持不变。而要满足这一条件，需要有额外的力将正电荷从负极板移动到正极板(或将负电荷从正极板移动到负极板)。由于正极板的电势高于负极板，这个力显然不可能是静电力。也就是说，要形成稳恒电流，需要有一定的非静电力来维持电路中的电场。能满足这一要求的非静电力有很多种，如电磁力、化学力等。而形成这种非静电力的装置称为电源(或电池)。非静电力不断驱动正电荷从低电势

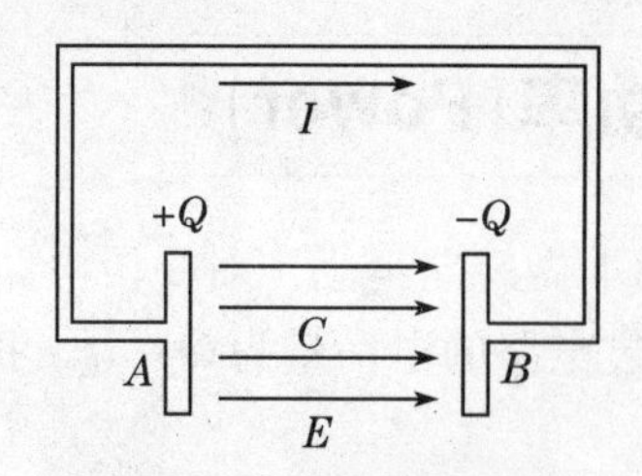

图 3-6 放电的电容器

处移动到高电势处(或驱动负电荷从高电势处移动到低电势处),即非静电力要克服静电力做功,而这一过程显然要消耗其他形式的能量,即电源的作用就是将各种形式的能量转化为电能,以维持电路中的电流或驱动电器工作。

因为能量有很多种形式,而这些能量基本上都可以转化为电能,因此电源的形式也多种多样。例如,太阳能电池将太阳能转化为电能、风力发电机将风能转化为电能、水力发电机将水的势能和动能转化为电能、核力发电机将核能转化为电能。现代科技发展的一个很重要的方向就是如何把各种各样的能量安全转化为我们可以利用的电能,这就是现代科技发展中很重要的能源工程。

在电源中,非静电力驱使正电荷从负极运动到正极(或驱使负电荷从正极运动到负极)。显然,电荷的这一运动需要通过一定电路。这一电源内部正、负极间的电路称为内电路,和电源外部连接正、负极之间的外电路是相对的。在实际电路中,当内、外电路连接形成闭合电路时,正电荷从正极流出,沿外电路流动到电源负极,然后再从负极经内电路流回到电源正极(负电荷做相反方向的运动)。这样,在电源的作用下,电荷在闭合电路中周而复始地运动,从而形成稳恒电流。

各种不同的电源中,非静电力可能不一样,因此电源驱使电荷运动的能力也不一样。为了描述这一性质,我们引入了电动势(Electromotive force, EMF)这一物理量,电动势一般可用符号 E 或 ε 表示(在一般文章中多使用花体的 $\mathscr{E}$ 来表示)。

设在 dt 的时间内,电源迫使 dq 的电荷从负极经内电路移动到正极,非静电力对电荷做的功为 dW。则将电源的电动势定义为

$$E=\frac{dW}{dq}$$

即电源电动势等于把单位正电荷从电源负极经内电路移动到正极过程中非静电力所做的功。

电动势是标量,单位和电势的单位相同。

电动势的来源是非静电力。可以将非静电力的作用类似于静电力一样,也定义一个非静电力的场强 $\boldsymbol{E}_k$,电荷 q 在其中受到的非静电力为

$$\boldsymbol{F}=q\boldsymbol{E}_{\mathrm{k}}$$

则将单位正电荷从电源的负极板 B 沿内电路移动到正极板 A 时,非静电力所做的功,即电源的电动势为

$$E=\int_B^A \boldsymbol{E}_{\mathrm{k}}\cdot \mathrm{d}\boldsymbol{l}$$

即电源的电动势为非静电场沿电源内部(有些时候为整个回路)的路径积分。

电源的路端电压(Terminal voltage)

对于实际的电源而言,除了具有电动势之外,电流经内电路流动时,也会受到一定的阻碍作用,即电源存在内电阻(Internal resistance)。一般可将实际的电源看做一无内阻只有电动势的理想电源和一个纯电阻(大小等于内阻)的串联电路。

如图 3-7 所示,对一电动势为 E、内阻为 R_i 的电源,将之看做纯电源和电阻的串联。当外部接入其他电路形成回路时,电源支路中有电流通过。通常,若电路中没有其他电源存在时,此电源上通过的电流在电源内部是从负极流向正极。如图 3-7(a)所示,若电流大小为 I,对电源两端,电势差应

等于电源电动势，即 $V_{AB}=V_A-V_B=E$。对电阻 R_i，电流从 C 流向 B，显然 C 处电势高。由欧姆定律，有 $V_{CB}=V_C-V_B=IR_i$。则支路两端的电势差为

$$V_{AC}=V_A-V_C=(V_A-V_B)-(V_C-V_B)=E-IR_i$$

即放电电路电源的路端电压。

当电源开路时，即无外接电路，则通过电源的电流 $I=0$。此时，$V_{AC}=E$。

如图 3-7(b)所示，若外部有其他电源存在时，有可能其他电源对此电源充电，此时电流方向从 A 经 B 流向 C，即在电源内部从正极流向负极。此时有 $V_{AB}=E, V_{BC}=IR_i$。则有

$$V_{AC}=V_{AB}+V_{BC}=E+IR_i$$

即充电电路电源的路端电压。

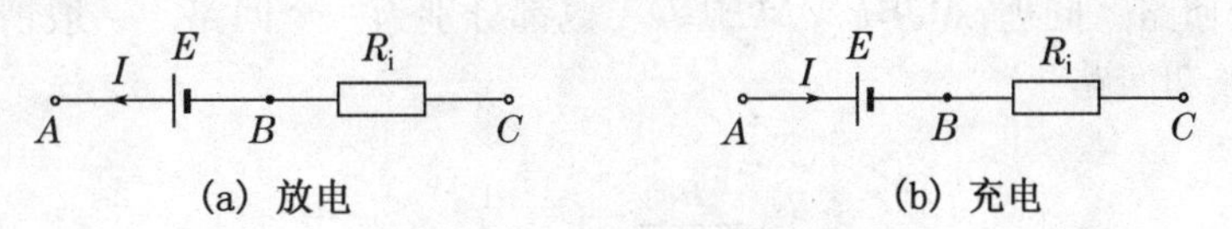

图 3-7 电源的路端电压

例题 3-4 用 20 A 的电流给一蓄电池充电时，测得它的端电压为 2.30 V。当该蓄电池以 12 A 的电流放电时，测得其端电压为 1.98 V。求此蓄电池的电动势和内阻。

解：由电源路端电压的公式，充电时，$V_1=E+I_1r_i$。

电源放电时，$V_2=E-I_2r_i$。

联立上两式，可解得

电源电动势：$E=\dfrac{I_1V_2+I_2V_1}{I_1+I_2}=\dfrac{20\times1.98+12\times2.30}{20+12}=2.10(\text{V})$；

电源内阻：$r_i=\dfrac{V_1-V_2}{I_1+I_2}=\dfrac{2.30-1.98}{20+12}=0.010(\Omega)$。

例题 3-5 设有一电动势为 E 的电源，内电阻为 r。求其输出功率及其效率 η(输出功率与总功率之比)与外电阻 R 的关系。

解：当电源和外电阻连接成回路时，回路中总电阻为 $R+r$。

回路电流为 $I=\dfrac{E}{R+r}$；

输出功率为 $P_o=I^2R=\dfrac{E^2R}{(R+r)^2}$。

由 $\dfrac{\mathrm{d}P_o}{\mathrm{d}R}=\dfrac{E^2(r-R)}{(R+r)^3}=0$ 可知，当 $R=r$ 时，输出功率为极大，此时输出功率为 $P_{omax}=\dfrac{E^2}{4r}$；电路效率为 $\eta=\dfrac{P_o}{P}=\dfrac{I^2R}{EI}=\dfrac{R}{R+r}$。

当 $R\gg r$ 时，$\eta\to1$；$R\to0$ 时，$\eta\to0$；而 $R=r$ 时，$\eta=\dfrac{1}{2}$。

6. 复杂电路(Complicated circuit)求解 基尔霍夫方程(Kirchhoff's equation)

在中学我们学习了一些关于电路的问题。但中学涉及的电路中一般只有一个电源及一些电阻器件通过串、并联关系组合在一起的电路，这样的电路我们称之为简单电路。对简单电路的问题我们在这里就不再进行分析了。但是当电路中存在多个电源或电阻器件间连接复杂，不能简化为简单的串、并联关系时，电路应如何求解？

对这些含有多个电源或电器连接较为复杂的电路，我们统称为复杂电路。对复杂电路的求解，一般会利用基尔霍夫的两个定律。

我们先来看几个电路中的基本概念。

支路(Branch)：若干个电器通过简单串联方式连接在一起，具有两个端点的一段电路，称为支路。

节点(Node)：支路和支路之间通过端点可连接在一起，这些连接的端点就称为节点。在一般情况下，通常将三个以上支路连接在一起的端点才被称为节点。

回路(Loop)：在电路中，若干个支路通过首尾相连所构成的一个封闭电路，称为回路。

如图 3-8 所示，在此电路中，A、B 两端点是节点，ACB、ADB、AEB 三段电路为三个支路，其中每个支路均为一个电源和一个电阻串联构成的。电路中，支路 ACB 和 BDA 连在一起形成的闭合电路 $ACBDA$ 为一个回路。同理，$ACBEA$、$AEBDA$ 也都分别为一个回路。一般情况下，复杂电路中会有若干个节点、支路和回路。

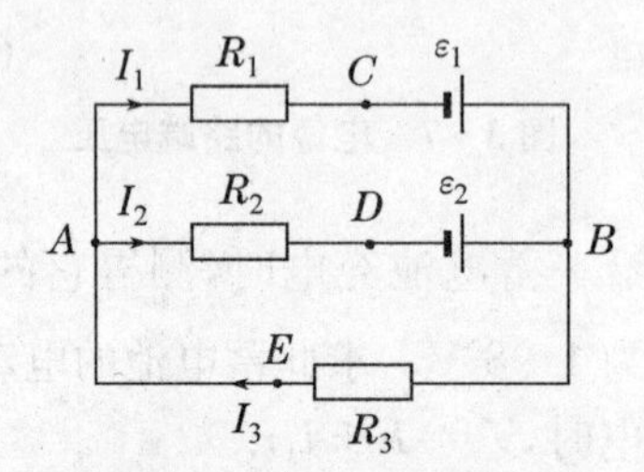

图 3-8 复杂电路

(1) 基尔霍夫第一定律

对电路上的任一节点，有些支路中有电流流入到该节点，有些支路中有电流从该节点流出。可作一闭合曲面包围此节点，对稳恒电路，由我们前面的分析知道，对此闭合曲面，有$\oint_S \boldsymbol{j}\cdot \mathrm{d}\boldsymbol{S}=0$，或可写为$\sum I=0$。其中将流入节点的电流取为负值，流出节点的电流取为正值。这一公式表明，在稳恒电路中任一节点处，流向节点的电流和流出节点的电流的代数和等于零，这称为基尔霍夫第一定律，或称为节点定律。

对图 3-8 来说，电路中有三个支路 ACB、ADB 和 AEB，若 ACB 支路中有向右的电流 I_1，ADB 支路中有向右的电流 I_2，AEB 支路中有向左的电流 I_3，则对节点 A，必有 $I_1+I_2-I_3=0$。

对稳恒电路中的每个节点，应用基尔霍夫第一定律，都可以写出一个关于各支路电流的节点方程。对所有节点，我们可以得到一组方程。

注意，若一个电路中共有 n 个节点，我们一共可写出 n 个节点方程，但这 n 个节点方程并不是全部相互独立的，其中任一方程，可由其他所有方程联立求出。因此，对 n 个节点的情况，我们只能写出 $n-1$ 个独立的节点方程。

(2) 基尔霍夫第二定律

在复杂电路中的任一个回路中，由稳恒电路的环路定理，有

$$\oint \boldsymbol{E}_s\cdot \mathrm{d}\boldsymbol{l}=0$$

在整个回路的积分中，对纯电阻的部分，有

$$\int \boldsymbol{E}_s\cdot \mathrm{d}\boldsymbol{l}=V=IR$$

对电源的部分，若忽略内阻，有

$$\int \boldsymbol{E}_s\cdot \mathrm{d}\boldsymbol{l}=-\int \boldsymbol{E}_k\cdot \mathrm{d}\boldsymbol{l}=-E$$

将所有电阻和电源的部分加在一起，有

$$-\sum E+\sum IR=0$$

或写为

$$\sum E=\sum IR$$

即沿稳恒电路中任一回路的总电压降等于零,或回路中所有电源的总电动势之和等于回路中其他部分的电压降之和。注意,对电阻,其中顺着电流通过电阻时,其电压降为 IR,逆着电流通过电阻时,其电压降为 $-IR$;对电源,从正极经电源内部到负极的电压降为 $+E$,从负极经电源内部到正极的电压降为 $-E$。这一定律称为基尔霍夫第二定律或回路定律。

在复杂电路中,一般存在很多回路,对每个回路应用基尔霍夫第二定律均可以列出一个回路方程,但一般所列出的所有回路方程也不都是相互独立的。数学上可以证明,对有 n 个节点、m 个支路构成的复杂电路,其独立的回路方程最多为 $m-(n-1)$个。

(3) 复杂电路求解

对实际的复杂电路,求解电路中电流分布情况一般采用两种方法。

第一种,支路电流法。

此方法对电路中每个支路设定一个电流(包括大小和预设方向)。若电路中有 n 个节点,m 个支路,则共设定 m 个支路电流,即有 m 个未知数待求解。

然后对电路中 $n-1$ 个节点应用基尔霍夫第一定律列出节点方程,这 $n-1$ 个节点方程是相互独立的。

再来找出电路中 $m-(n-1)$个独立回路,对每个回路应用基尔霍夫第二定律写出回路方程,共 $m-(n-1)$个回路方程。

将这 $n-1$ 个节点方程、$m-(n-1)$个回路方程,共 m 个方程联立起来,即为关于 m 个未知数的 m 个方程的方程组,由数学方法可以求解出所有未知数,即每个支路的支路电流。这也就得到此复杂电路中的电流分布情况。

例题 3-6　求解如图 3-9 所示电路中各支路电流。

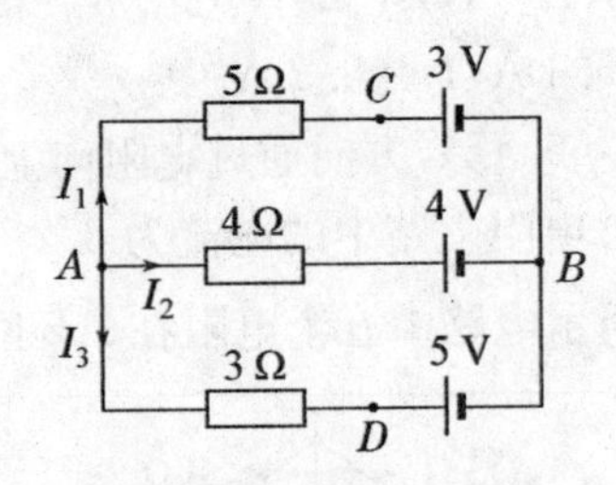

图 3-9　例题 3-6 图

解:方法一:用支路电流法。

如图所示设定三个支路的电流分别为 I_1、I_2、I_3(方向如图所示)。

本题为 2 个节点、3 个支路的情况,因此可列出 1 个节点方程和 2 个回路方程。

对节点 A,由基尔霍夫第一定律,有 $I_1+I_2+I_3=0$;

对 $ACBA$ 回路,应用基尔霍夫第二定律,有 $5I_1+3-4-4I_2=0$;

对 $ABDA$ 回路,应用基尔霍夫第二定律,有 $4I_2+4-5-3I_3=0$。

注意:应用基尔霍夫第二定律时习惯以电压降为正。

联立以上三个方程,可求得

$$I_1=\frac{11}{47}\approx 0.234(\text{A}),I_2=\frac{2}{47}\approx 0.043(\text{A}),I_3=-\frac{13}{47}\approx -0.277(\text{A})$$

其中 I_3 为负值,表示支路 3 中实际电流方向和预设方向相反,即从右流向左。

方法二:回路电流法。

对 n 个节点、m 个支路的复杂电路，有 $m-(n-1)$ 个独立回路，则对每个独立回路设定一个回路电流（大小和方向）。然后对每个独立回路，应用基尔霍夫第二定律列出回路方程，接着将这 $m-(n-1)$ 个回路方程联立求解，就可得到每个回路的回路电流，最后可对应求出每个支路的电流。

注意，在写回路方程时，回路中每个支路的支路电流并不是假设的回路电流，而是包含该支路的若干个回路的共同贡献，即该支路的电流要由包含该支路的所有回路电流求和而得（注意求和时各电流的正负及预设方向）。

和支路电流法相比，由于设定回路电流意味着自动满足基尔霍夫第一定律，因此回路电流法的未知数的数目比支路电流法少，解方程会容易一些。但回路电流法中求各支路电流比较麻烦，容易出现错误，刚开始使用时要多加注意。

例题 3-7 求解如图 3-10 所示电路中各支路电流。

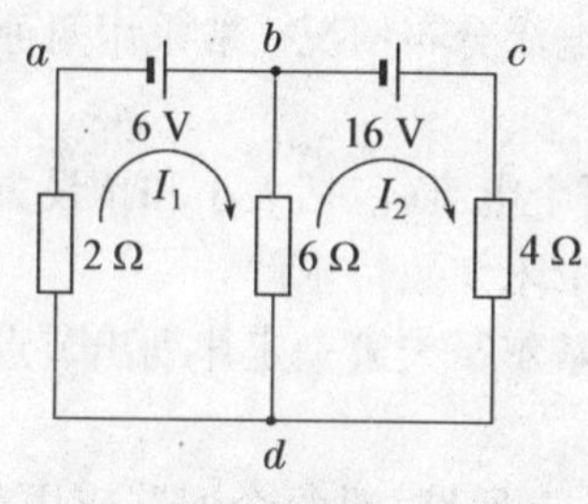

图 3-10 例题 3-7 图

解：采用回路电流法。本题有 2 个节点、3 个支路的情况，共有 2 个独立回路。如图所示，设两个回路的电流分别为 I_1 和 I_2。

利用基尔霍夫第二定律对每个回路列出回路方程，注意每个支路的实际电流值。

对回路 1（$abda$ 回路），有 $6+6(I_1-I_2)+2I_1=0$；

对回路 2（$bcdb$ 回路），有 $-16+6(I_1-I_2)+4I_2=0$。

联立上面两个方程，可解得 $I_1=5.4\ \text{A}$，$I_2=8.2\ \text{A}$。

因此，对 2 Ω 电阻支路中的电流为 5.4 A，方向通过电阻向上；对 6 Ω 电阻支路中的电流为 $I_2-I_1=2.8(\text{A})$，方向通过电阻向上；对 4 Ω 电阻支路中的电流为 8.2 A，方向通过电阻向下。

例题 3-8 求解如图 3-11 所示电路中五个电阻在 AB 间的有效电阻 R。

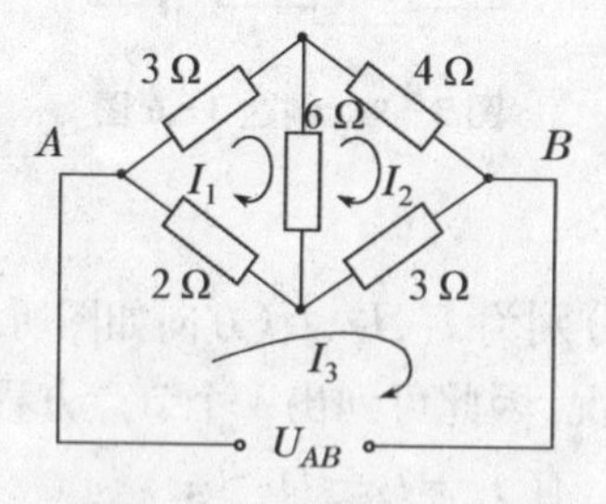

图 3-11 例题 3-8 图

解：本题目中五个电阻之间无法看做简单的串、并联关系，因此不能直接计算等效电阻。可将两端再接上一个假设的电源（如图所示，电动势为 U_{AB}），求解此复杂电路，并求出通过电源主干路的电流，然后可计算出 AB 间的等效电阻值。

本题可看做 4 个节点、6 段支路（包括电源支路）的问题。因此，有 3 个独立回路。如图 3-11 所示，选取 3 个独立回路，并设定其电流分别为 I_1、I_2 和 I_3。

对三个回路利用基尔霍夫第二定律写出回路方程，有

对回路 1：$3I_1+6(I_1-I_2)+2(I_1-I_3)=0$；

对回路 2：$4I_2+3(I_2-I_3)+6(I_2-I_1)=0$；

对回路 3：$2(I_3-I_1)+3(I_3-I_2)-U_{AB}=0$。

联立以上三个方程，可解得通过电源支路的电流为 $I_3=\frac{107}{312}U_{AB}$。

因此，AB 间的等效电阻值为 $R=\frac{U_{AB}}{I_3}=\frac{312}{107}\approx 2.92(\Omega)$

即此五个电阻在 AB 间的等效电阻值约为 2.92 Ω。

7. RC 电路

除了稳恒电路之外，实际上还经常会遇到一些电流会随时间发生变化的问题。在这些情况下，我们在稳恒电路中所得到的一些定律和方程就不再严格成立了，需要进行一定的改变和修正。但对一些电流变化相对比较缓慢的情况，稳恒电路中的一些定律和公式仍近似成立，我们仍然可以采用类似稳恒电路中的方法，如欧姆定律，电阻的串、并联公式以及基尔霍夫两个方程等来研究问题。我们可将这种电路称为似稳电路。

在似稳电路中，虽然基尔霍夫方程等仍然可以应用，但由于电流随时间会发生变化，一些器件的作用会和稳恒电路的情况有很大的不同。其中经常用到的一个器件就是电容器。在稳恒电路中，电容器唯一的作用就是储存电荷，包含电容器的支路上一定没有电流通过，相当于断路的作用。在电路中电容器极板上会有电荷储存，电容器两极板间有电势差存在，可由电容器电容的公式计算电容器上所带电荷和电容器上电压的关系。

但如果我们将电容器突然连入到含电源的回路中充电，或将充电好的电容器突然连接到别的回路中放电。如图 3－12 所示，将开关 K 打到 a 位置时电容器连接到电源充电，开关 K 打到 b 位置时电容器放电。这时电容器上的电荷量会随时间发生变化，电容器所在的支路也会有电流存在并随时间逐渐变化。

这种将电容器和电阻串联后连接到电源充电或连接到外电路放电的电路，上面除电源外主要的电器为电容器和电阻，因此又称为 RC 电路。下面我们来求解一下 RC 电路充、放电时各物理量随时间变化的具体函数。

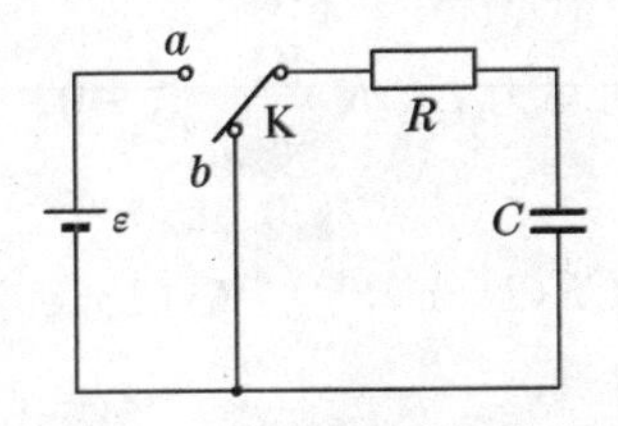

图 3－12　电容器的充放电

如图 3－12 所示，将开关 K 打到 b 位置，电容器开始放电。此时电路中仅有一个电容器(电容为 C)和一个电阻(电阻为 R)。设电容器上极板带正电，电量为 Q，两板间电压为 V_C，电流沿逆时针方向，大小为 I。则由基尔霍夫第二定律，有

$$IR-V_C=0$$

对电容器，有 $V_C=\frac{Q}{C}$。

电容器极板上的电荷变化和电路中电流有关。由电流连续性方程，有

$$I=-\frac{\mathrm{d}Q}{\mathrm{d}t}$$

综合上式，可得

$$\frac{Q}{C}=-R\frac{\mathrm{d}Q}{\mathrm{d}t}$$

分离变量，可得

$$\frac{\mathrm{d}Q}{Q}=-\frac{\mathrm{d}t}{RC}$$

由于 $t=0$ 时刻，电容器极板带电量为 Q_0。将上式两边积分，可求得

$$Q=Q_0\mathrm{e}^{-t/RC}$$

这就得到了电容器极板带电量随时间的变化关系。再由电流公式，有

$$I=-\frac{\mathrm{d}Q}{\mathrm{d}t}=I_0\mathrm{e}^{-t/RC}$$

其中 $I_0=\frac{Q_0}{RC}$，即开关刚扳到 b 处时回路中的电流。I_0 亦可由初始时：$V_C=\frac{Q_0}{C}=I_0R$ 求得。

可以看出，电容器放电时带电量和电流均随时间从初始值逐渐按照指数规律减小，减小的快慢程度与 RC 有关，称之为该电路的时间常数：$\tau=RC$。如图 3-13(a)所示，每经过一个时间常数，电容器上电荷量及电路电流的大小就减小到原来的 $1/e$。时间常数越大，就需要越多的时间才能减小相同的比例，即减小得越缓慢；时间常数越小，减小得越快速。

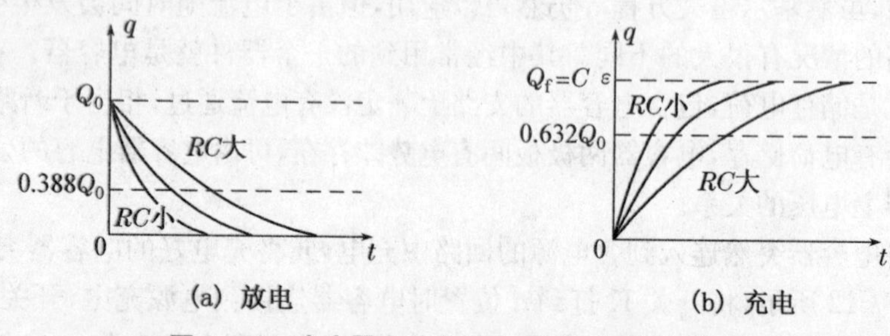

图 3-13 电容器充放电时电量随时间变化情况

如图 3-12 电路，若将开关 K 打到 a 处，电容器和电阻连接到电源上对电容器充电。设电源的电动势为 E。由基尔霍夫第二定律，有

$$E-IR-V_C=0$$

其中电流的预设方向为顺时针方向，E 为电源电动势。

考虑到：$V_C=\frac{Q}{C}$，$I=\frac{\mathrm{d}Q}{\mathrm{d}t}$，则方程可写为 $E-R\frac{\mathrm{d}Q}{\mathrm{d}t}-\frac{Q}{C}=0$。

解此关于 Q 的微分方程，可得

$$Q=CE(1-\mathrm{e}^{-t/RC})=Q_f(1-\mathrm{e}^{-t/RC})$$

其中 Q_f 为充电完成后电容器上的带电量。

由电流公式，可求得 $I=\frac{\mathrm{d}Q}{\mathrm{d}t}=I_0\mathrm{e}^{-t/RC}$，其中 $I_0=\frac{Q_f}{RC}=\frac{E}{R}$。

可以看出，充电过程中，电路电流仍随时间成指数型减小的变化，如图 3-13(b)所示。但电荷量随时间逐渐增加，和最终值的差距也随时间指数型变化。变化的快慢仍然和时间常数 $\tau=RC$ 有关。

综上所述，RC 电路中各个随时间变化的物理量都呈现指数型的变化关系，即都随时间从初始值(暂态值)随时间指数型地趋近于最终值(稳态值)，趋近的快慢取决于其时间常数 τ。基本形式可写为

$$A(t)=A(\infty)+[A(0)-A(\infty)]\mathrm{e}^{-t/\tau}$$

其中：$A(t)$ 为时间 t 时刻该物理量值；$A(0)$ 为 $t=0$，即初始时刻的数值；$A(\infty)$ 为 $t\to\infty$，即稳定状态时的数值。

注意，对稳定状态时，可看做稳恒电路，各物理量可用稳恒电路下的原则计算。对初始时刻，注意

电容器两端的电压 $V_C=\frac{Q}{C}$，充电前为零，放电前为$\frac{Q_0}{C}$。然后由电路中电压关系求出电阻两端的电压，进而求得电阻上的电流情况。

例题 3-9 一个 $3.00\times10^6\ \Omega$ 的电阻与一个 $1.00\ \mu F$ 的电容跟一个电动势为 4.00 V 的电源连接成单回路。试求在电路接通后 1.00 s 时刻下列各量：(a) 电容上电量增加的速率；(b) 电容器内储存能量的速率；(c) 电阻上的热功率；(d) 电源提供的功率。

解：(a) 本题为 RC 电路的充电过程。由本节内容可知，从开关闭合开始，电容器极板上的带电量随时间变化的函数为 $Q=CE(1-e^{-t/RC})$。

本题中的时间常数为 $\tau=RC=3.00\times10^6\times1.00\times10^{-6}=3.00(s)$，则电容器上电量增加的速率为$\frac{dQ}{dt}=\frac{E}{R}e^{-t/RC}$。

在 $t=1.00$ s 时，$\frac{dQ}{dt}=\frac{4.00}{3.00\times10^6}e^{-1/3}\approx9.55\times10^{-7}(C/s)$。

(b) 电容器上储存的能量为 $U=\frac{1}{2}\frac{Q^2}{C}=\frac{1}{2}CE^2(1-e^{-t/RC})^2$。

因此，电容器储能变化的速率为$\frac{dU}{dt}=\frac{E^2}{R}e^{-t/RC}(1-e^{-t/RC})$。

在 $t=1.00$ s 时，$\frac{dU}{dt}=\frac{4.00^2}{3.00\times10^6}e^{-1/3}(1-e^{-1/3})\approx1.08\times10^{-6}(W)$。

(c) 电路中的电流为 $I=\frac{dQ}{dt}=\frac{E}{R}e^{-t/RC}$，则电阻上的热功率为 $P_1=I^2R=\frac{E^2}{R}e^{-2t/RC}$。

在 $t=1.00$ s 时，$P_1=\frac{4.00^2}{3.00\times10^6}e^{-2/3}\approx2.74\times10^{-6}(W)$。

(d) 电源提供的功率为 $P_2=EI=\frac{E^2}{R}e^{-t/RC}$。

在 $t=1.00$ s 时，$P_2=\frac{4.00^2}{3.00\times10^6}e^{-1/3}\approx3.82\times10^{-6}(W)$。

例题 3-10 电路如图 3-14 所示，开关在 a 端很长时间后，在 $t=0$ 时刻开关扳到 b 端。求 4 Ω 电阻中的电流随时间的变化函数。

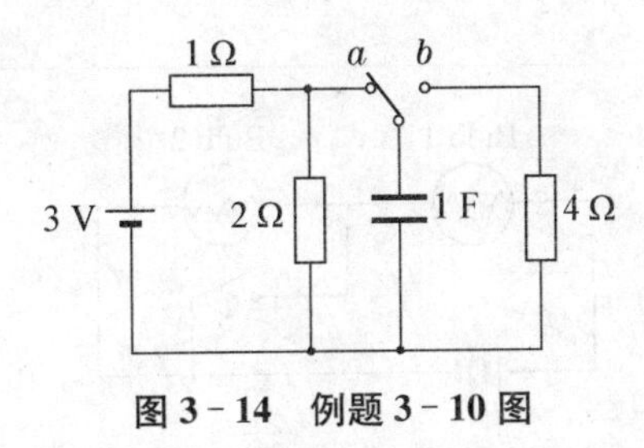

图 3-14 例题 3-10 图

解：开关在 a 端很长时间后，电路为含电容器的稳恒电路，此时电容器两端电压等于 2 Ω 电阻两端的电压，即 $V_0=\frac{ER_2}{R_1+R_2}=\frac{3\times2}{1+2}=2(V)$，也即电容器的初始电压为 2 V，其极板此时带电量为 $Q_0=CV_0=1\times2=2(C)$。

将开关扳到 b 处，电容器通过 4 Ω 的电阻放电，则通过 4 Ω 电阻的电流随时间的变化函数为 $I=-\frac{dQ}{dt}=\frac{Q_0}{RC}e^{-t/RC}$。

将各物理量数值代入，有 $I=\frac{2}{4\times1}e^{-t/(4\times1)}=\frac{1}{2}e^{-t/4}$。式中：$t$ 以 s 为单位；I 以 A 为单位。

Multiple-Choice Questions

1, A narrow beam of protons produces a current of 1.6×10^{-3} A. There are 10^9 protons in each meter along the beam. Of the following, which is the best estimate of the average speed of the protons in the beam?

(a) 10^{-15} m/s (b) 10^{-12} m/s (c) 10^{-7} m/s (d) 10^{7} m/s (e) 10^{12} m/s

2. Two conducting cylindrical wires are made out of the same material. Wire X has twice the length and twice the diameter of wire Y. What is the ratio $\frac{R_X}{R_Y}$ of their resistances?

(a) 1/4 (b) 1/2 (c) 1 (d) 2 (e) 4

3. When the switch S is open in the circuit shown below, the reading on the ammeter A is 2.0 A. When the switch is closed, the reading on the ammeter is

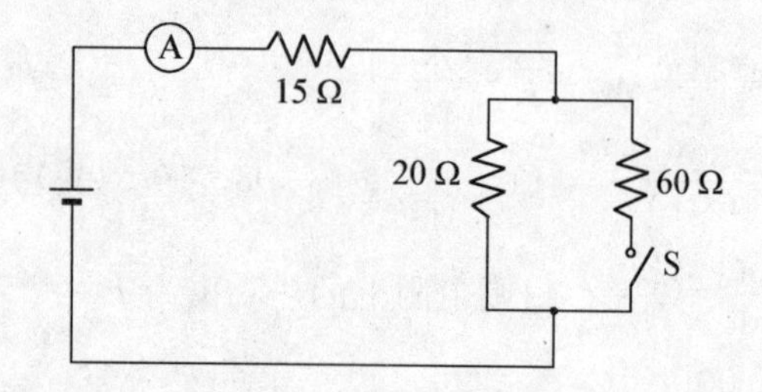

(a) doubled
(b) increased slightly but not doubled
(c) the same
(d) decreased slightly but not halved
(e) halved

4. The circuit in the figure below contains two identical lightbulbs in series with a battery. At first both bulbs glow with equal brightness. When switch S is closed, which of the following occurs to the bulbs?

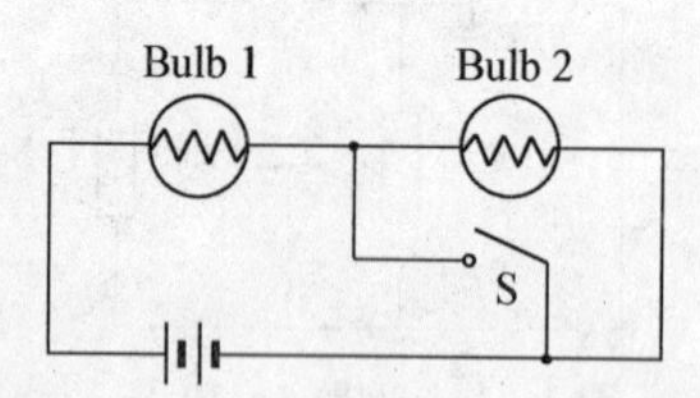

	Bulb 1	Bulb 2
(a)	Goes out	Gets brighter
(b)	Gets brighter	Goes out
(c)	Gets brighter	Gets slightly dimmer
(d)	Gets slightly dimmer	Gets brighter
(e)	Nothing	Goes out

5. Which of the following combinations of 4 Ω resistors would dissipate 24 W when connected to a 12 V battery?

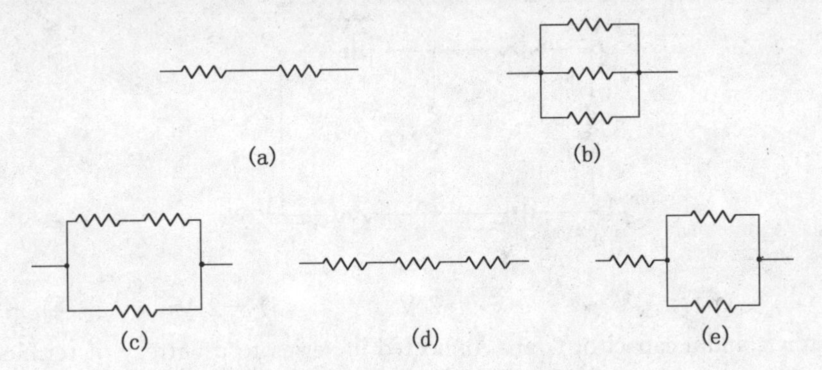

6. A wire of resistance R dissipates power P when a current I passes through it. The wire is replaced by another wire with resistance $3R$. The power dissipated by the new wire when the same current passes through it is

(a) $P/9$　　(b) $P/3$　　(c) P　　(d) $3P$　　(e) $6P$

7. A hair dryer is rated as 1 200 W, 120 V. Its effective internal resistance is

(a) 0.1 Ω　　(b) 10 Ω　　(c) 12 Ω　　(d) 120 Ω　　(e) 1 440 Ω

8. The figure below show parts of two circuits, each containing a battery of emf ε and internal resistance r. The current in each battery is 1 A, but the direction of the current in one battery is opposite to that in the other. If the potential differences across the batteries' terminals are 10 V and 20 V as shown, what are the values of ε and r?

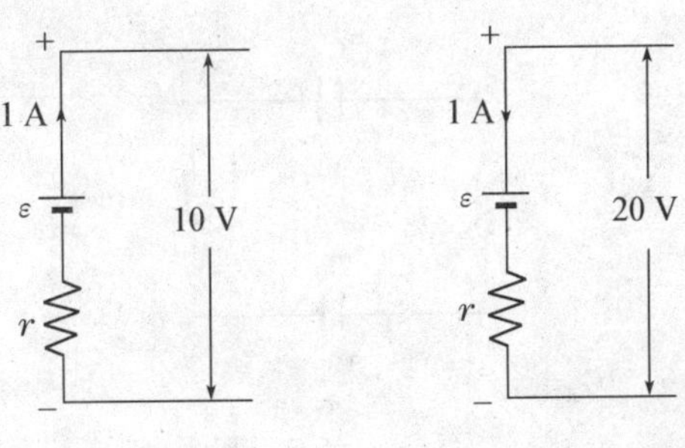

(a) $\varepsilon=5$ V, $r=15$ Ω　　(b) $\varepsilon=10$ V, $r=10$ Ω

(c) $\varepsilon=15$ V, $r=5$ Ω　　(d) $\varepsilon=20$ V, $r=10$ Ω

(e) The values cannot be computed unless the complete circuits are shown.

9. For the circuit in the figure below, which of the following is true?

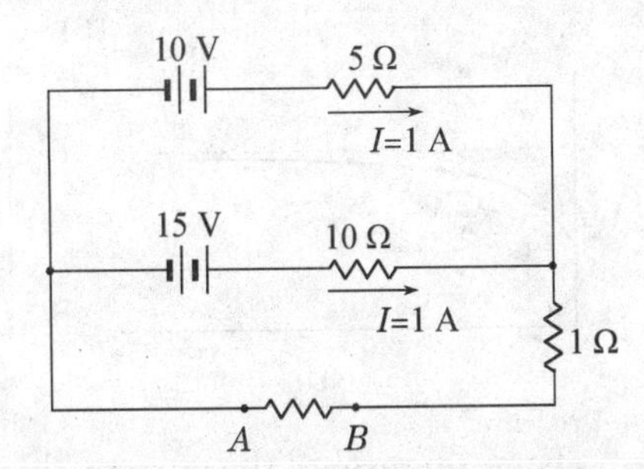

(a) $V_B-V_A=-2$ V　　(b) $V_B-V_A=+3$ V

(c) $V_B-V_A=-3$ V　　(d) $V_B-V_A=+5$ V

(e) $V_B-V_A=-5$ V

10. In the circuit shown below, if the potential at point A is chosen to be zero, what is the potential at point B?

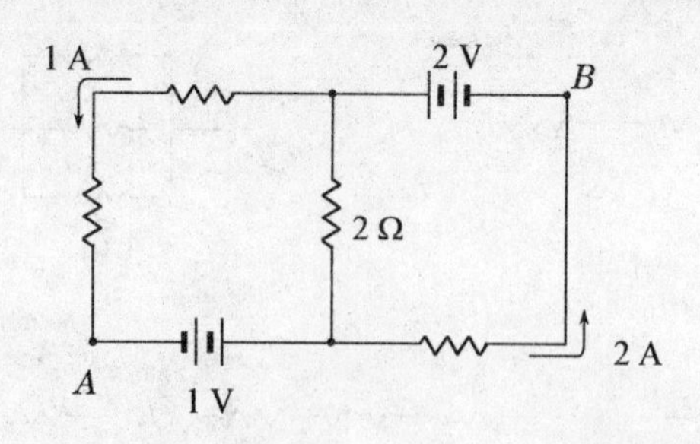

(a) +1 V　　(b) −1 V　　(c) +2 V　　(d) −2 V　　(e) +3 V

11. A resistor R and a capacitor C are connected in series to a battery of terminal voltage V_0. Which of the following equations relating the current I in the circuit and the charge Q on the capacitor describes this circuit?

(a) $V_0+QC-I^2R=0$　　(b) $V_0-\frac{Q}{C}-IR=0$

(c) $V_0^2-\frac{1}{2}\frac{Q^2}{C}-I^2R=0$　　(d) $V_0+C\frac{dQ}{dt}-I^2R=0$

(e) $\frac{Q}{C}-IR=0$

Questions 12—14: In the circuit shown below, capacitor C_1 is initially charged and capacitor C_2 is initially uncharged when the switch is closed at $t=0$.

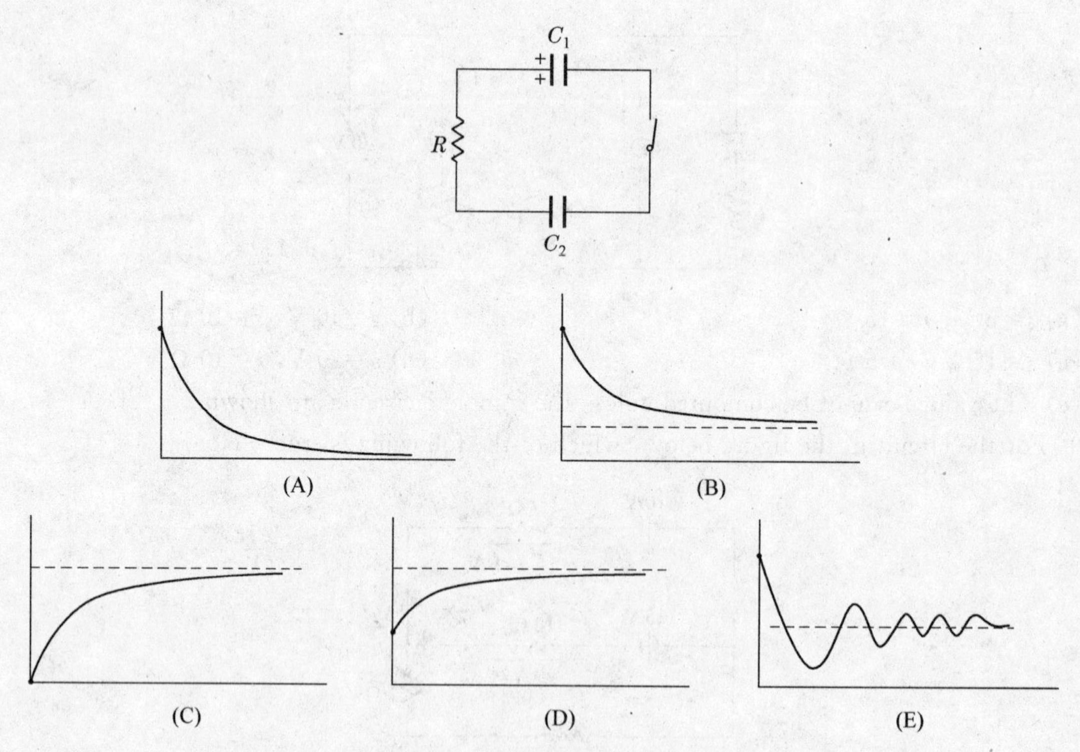

12. Which of the graphs shown above represents the current through the circuit as a function of time?

(a) A　　(b) B　　(c) C　　(d) D　　(e) E

13. Which of the graphs shown above represent the charge on C_2 as a function of time?

(a) A　　(b) B　　(c) C　　(d) D　　(e) E

14. Which of the graphs shown above represent the charge on C_1 as a function of time?

(a) A　(b) B　(c) C　(d) D　(e) E

15. The capacitor in the circuit shown below is uncharged when the switch is closed at $t=0$. What is the potential at point A at time $t=RC$? (Choose the potential of the negative terminal of the battery to be zero)

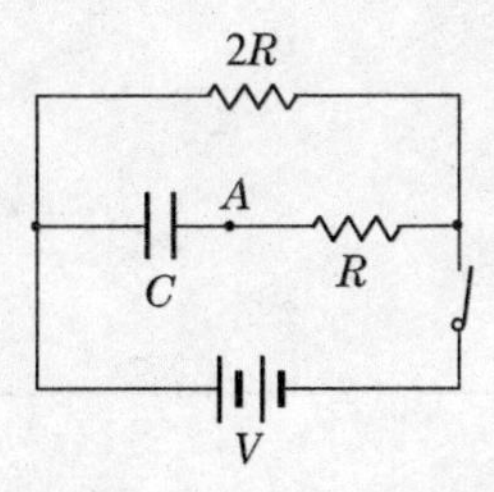

(a) $V(1-e^{-1})$　(b) $V(1-e^{-2})$　(c) Ve^{-1}　(d) Ve^{-2}　(e) none of the above

16. Referring to the circuit introduced in question 15, how much energy is dissipated in the circuit from $t=0$ to $t=\infty$?

(a) The energy stored in the capacitor, $\frac{1}{2}CV^2$

(b) The energy stored in the capacitor and the energy dissipated in the resistor, equal to CV^2

(c) The energy stored in the capacitor and the energy dissipated in the resistor, equal to $\frac{3}{2}CV^2$

(d) The energy stored in the capacitor and the energy dissipated in the resistor, equal to $2CV^2$

(e) None of the above

Free-Response Questions

1. Solve for the currents in each branch of the circuit shown below.

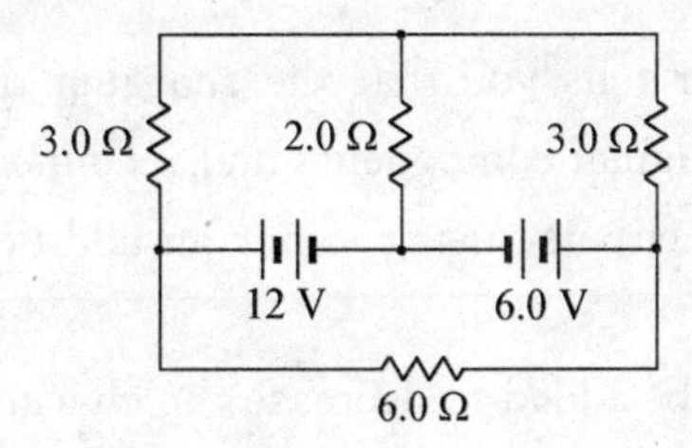

2. In the circuit shown below, A and B are terminals to which different circuit components can be connected.

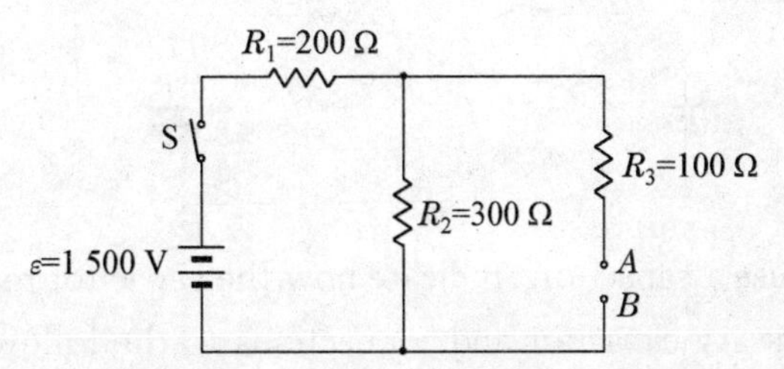

(a) Calculate the potential difference across R_2 immediately after the switch S is closed in each of the following cases.

i. A 50 Ω resistor connects A and B.

ii. An initially uncharged 0.80 μF capacitor connects A and B.

(b) The switch gets closed at time $t=0$. On the axes below, sketch the graphs of the current in the 100 Ω resistor R_3 versus time t for the two cases. Label the graphs R for the resistor, and C for the capacitor.

3. Your engineering firm has built the RC circuit shown below. The current is measured for the time t after the switch is closed at $t=0$ and the best-fit curve is represented by the equation $I(t)=5.20e^{-t/10}$, where I is in milliamperes and t is in seconds.

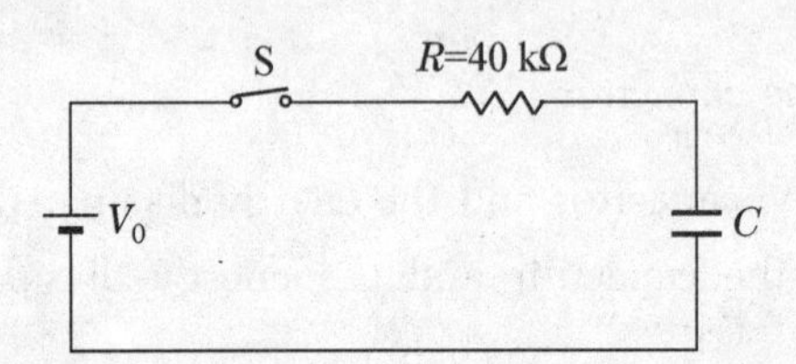

(a) Determine the value of the charging voltage V_0 predicted by the equation.

(b) Determine the value of the capacitance C predicted by the equation.

(c) The charging voltage is measured in the laboratory and found to be greater than predicted in part (a).

i. Give one possible explanation for this finding.

ii. Explain the implications that your answer to part i has for the predicted value of the capacitance.

(d) Your laboratory supervisor tells you that the charging time must be decreased. You may add resistors or capacitors to the original components and reconnect the RC circuit. In parts i and ii below, show how to reconnect the circuit, using either an additional resistor or a capacitor to decrease the charging time.

i. Indicate how a resistor may be added to decrease the charging time. Add the necessary resistor and connections to the following diagram.

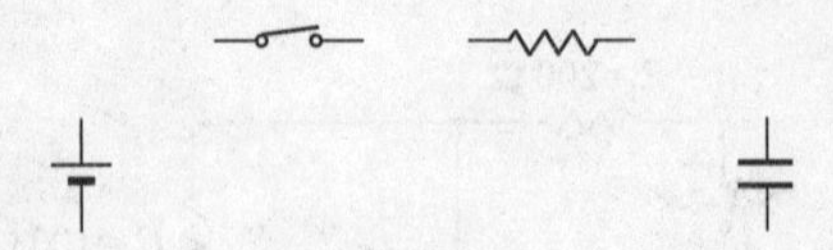

ii. Instead of resistor, use a capacitor. Indicate how the capacitor may be added to decrease the charging time. Add the necessary capacitor and connections to the following diagram.

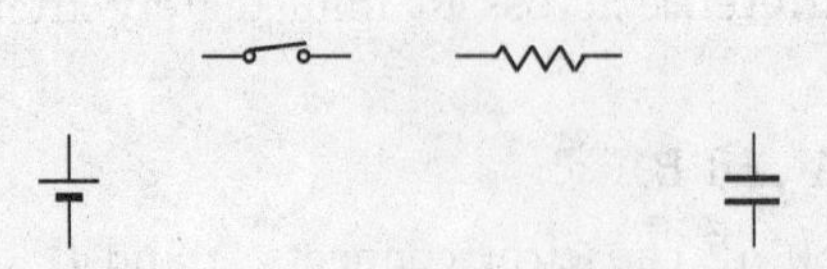

4. A student sets up the circuit below in the lab. The values of the resistance and capacitance are as shown, but the constant voltage ε delivered by the ideal battery is unknown.

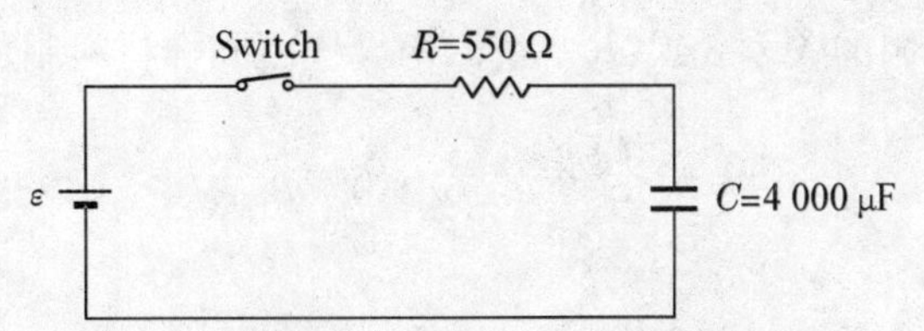

At time $t=0$, the capacitor is uncharged and the student closes the switch. The current as a function of time is measured using a computer system, and the following graph is obtained.

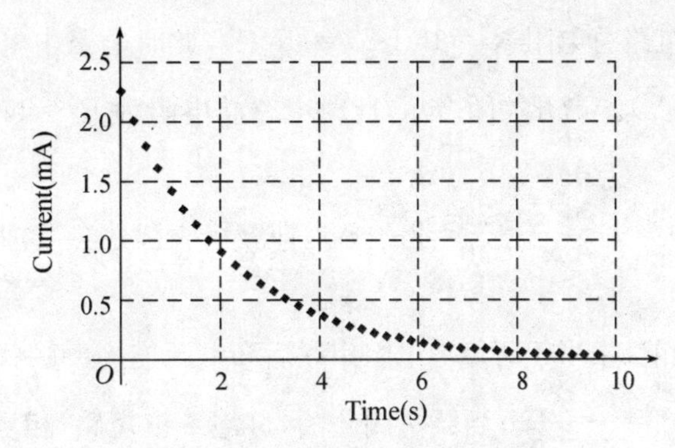

(a) Using the data above, calculate the battery voltage ε.

(b) Calculate the voltage across the capacitor at time $t=4.0$ s.

(c) Calculate the charge on the capacitor at $t=4.0$ s.

(d) On the axes below, sketch a graph of the charge on the capacitor as a function of time.

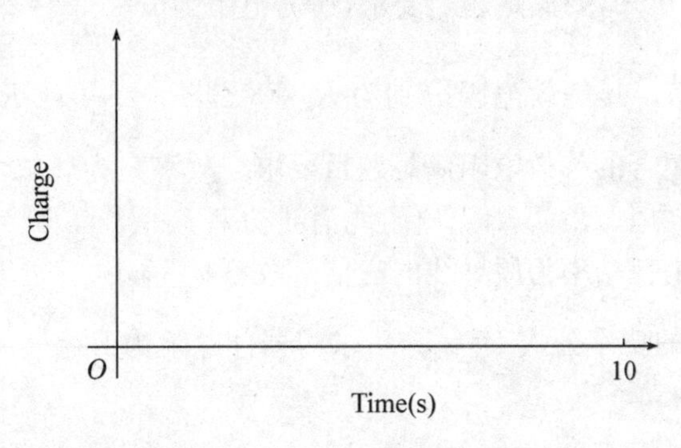

(e) Calculate the power being dissipated as heat in the resistor at $t=4.0$ s.

(f) The capacitor is now discharged, its dielectric of constant $\kappa=1$ is replaced by a dielectric of constant $\kappa=3$, and the procedure is repeated. Is the amount of charge on one plate of the capacitor at $t=4.0$ s now greater than, less than, or the same as before? Justify your answer.

____Greater than　　____Less than　　____The same

习题答案

Multiple-Choice

1. (d)　可将质子束看做电流处理。每 Δt 时间每个质子的平均移动位移为 $v_d\Delta t$，即在 Δt 时间有 $v_d\Delta t$ 长度范围内的质子通过横截面，则 Δt 时间内通过横截面的总电荷量为 $q=nev_d\Delta t$（每单位长度质子数量为 $n=10^9$，每个质子电量 $e=1.6\times10^{-19}$ C），即质子束对应电流 $I=\frac{q}{\Delta t}=nev_d$。因此，质子束的平均运动速率为 $v_d=\frac{I}{ne}=\frac{1.6\times10^{-3}}{10^9\times1.6\times10^{-19}}=10^7$(m/s)。故答案为(d)。

2.（b） 由电阻率和电阻的关系公式：$R=\rho\frac{l}{S}$，两导线由同样材料制成，电阻率相同。因此

$$R_X=\rho\frac{l_X}{S_X}=\rho\frac{l_X}{\pi R_X^2},R_Y=\rho\frac{l_Y}{\pi R_Y^2}$$

可求得

$$\frac{R_X}{R_Y}=\frac{l_X/R_X^2}{l_Y/R_Y^2}=\frac{l_X}{l_Y}\left(\frac{R_Y}{R_X}\right)^2=2\times\left(\frac{1}{2}\right)^2=\frac{1}{2}$$

故答案为(b)。

3.（b） 开关闭合前，电路总电阻 $R_1=15+20=35(\Omega)$，此时电路中电流为 2.0 A，则电源电压为 $V=I_1R_1=2.0\times35=70$(V)。当开关闭合后，此时电路总电阻为 $R_2=15+\frac{1}{\frac{1}{20}+\frac{1}{60}}=30(\Omega)$，此时电路中总电流（安培表读数）为 $I_2=\frac{V}{R_2}=\frac{70}{30}\approx2.3$(A)，即安培表读数会增加但不到两倍。因此，答案为(b)。

4.（b） 当开关闭合之前，相当于两灯泡电阻串联后和电源连接，每一灯泡通过电流等于电源电压除以两灯泡电阻之和：$I_{\text{before}}=\frac{V}{R_1+R_2}$；当开关闭合后，灯泡 2 被短路，相当于灯泡 1 直接接到电源上，此时灯泡 2 上无电流通过，灯泡 1 上通过的电流为 $I_{\text{after}}=\frac{V}{R_1}$。因此，开关闭合后，灯泡 1 通过的电流增大，灯泡变亮；灯泡 2 上无电流，灯泡熄灭。故答案为(b)。

5.（e） 由功率 $P=\frac{V^2}{R}$ 可知，要满足题目要求，所需电阻为 $R=\frac{V^2}{P}=\frac{12^2}{24}=6(\Omega)$。对各选项的电阻连接（其中每个电阻为 4 Ω），其等效电阻分别为 $R_a=8\ \Omega,R_b=\frac{4}{3}\ \Omega,R_c=\frac{8}{3}\ \Omega,R_d=12\ \Omega,R_e=6\ \Omega$，即只有选项(e)中电阻组合的等效电阻满足题目要求。故答案为(e)。

6.（d） 原电阻线消耗功率 $P=I^2R$，新电阻线消耗功率 $P'=I^2(3R)=3I^2R=3P$。因此，在通过相同电流的情况下，新导线消耗功率为原导线的三倍。故答案为(d)。

7.（c） 由纯电阻器件的功率公式 $P=\frac{V^2}{R}$，可求得器件电阻为 $R=\frac{V^2}{P}=\frac{120^2}{1\,200}=12(\Omega)$。因此，答案为(c)。

8.（c） 由电源路端电压的公式，当电源放电时，$V=E-IR$；当电源充电时，$V=E+IR$。本题中，左图为电源放电情况，有 $10=\varepsilon-1\times r$；右图为电源充电情况，有 $20=\varepsilon+1\times r$。联立两式，可求得 $\varepsilon=15$ V，$r=5\ \Omega$。因此，答案为(c)。

9.（b） 本题需要求电路中 A、B 两点的电势差值。由于 A、B 间的电阻大小未知，不能直接进行计算，可选取电路中任意通路从 B 点绕到 A 点。例如，可选取 B 点沿逆时针方向经 1 Ω 电阻，再经 10 Ω 电阻、15 V 电源到达 A 点。在该通路中，由基尔霍夫第一定律可求得 1 Ω 电阻支路上通过的电流为 2 A，方向向下方。则沿上述通路，有

$$V_B-V_A=(-2\times1)+(-1\times10)+15=+3(\text{V})$$

因此，答案为(b)。

若选取 B 点沿逆时针方向经 1 Ω 电阻，再经 5 Ω 电阻、10 V 电源到达 A 点。则沿此通路，有

$$V_B-V_A=(-2\times1)+(-1\times5)+10=+3(\text{V})$$

得到同样结果。

10.（a） 同题 9，求电路中两点间电势差，可选取适合通路计算电压降。本题中由于部分电阻阻

值大小未知，因此可选取通路为从 B 点向左经 2 V 电源，然后向下经 2 Ω 电阻，再向左经 1 V 电源到达 A 点。注意，2 Ω 电阻支路中的电流可由基尔霍夫第一定律求得，为向下的 1 A 大小电流，沿此通路电压降为

$$V_B - V_A = -2 + (1\times 2) + 1 = +1(\text{V})$$

因此，答案为(a)。

11. (b)　这是一个关于 RC 电路的问题，可参见本章中关于 RC 电路的内容。当电阻和电容器串联后连接到电源两端时，则电源两端电压等于电阻电压加电容器电压，即

$$V_0 = V_R + V_C = IR + \frac{Q}{C}$$

因此，有 $V_0 - \frac{Q}{C} - IR = 0$。

故答案为(b)。

也可直接由环路方程(基尔霍夫第二定律)写出本公式。

注意，各选项中 QC、I^2R、$\frac{1}{2}\frac{Q^2}{C}$、$C\frac{\mathrm{d}Q}{\mathrm{d}t}$ 等项都不是对应于电压(电势)的物理量。因此，选项(a)、(c)、(d)可直接排除。而选项(e)是电容器放电时的方程，也可排除。

12. (a)　12～14 题为 RC 电路的问题，在这类问题中，若不需定量求解函数关系，则可进行定性分析各物理量的变化情况。对 RC 电路中的任意物理量，在变化过程中均为从初始值向最终值的指数型趋近的关系。因此，一般情况下仅需求解其初始值和最终值的大小。

本题中(e)选项为振荡型的变化关系，不满足 RC 电路的变化情况，可去除。本题为求解回路中电流的变化情况。初始时，C_1 上带电荷，有电压；而 C_2 上电荷为零，电压也为零。因此，初始时回路中电阻两端电压不等于零，有初始电流存在，即初始电流不为零。达到稳定状态后，电路中没有电源，因此电流为零，即电流经历从非零的初始值到零的指数型减小的过程。故答案为(a)。

13. (c)　本题为求 C_2 上电荷量的变化情况。初始时，C_2 上电荷为零；稳定后，两电容器两端电压相等，有 $\frac{Q_{1f}}{C_1} = \frac{Q_{2f}}{C_2}$。另由电荷守恒，有 $Q_{1f} + Q_{2f} = Q_{10}$。由此可求得稳定后 C_2 两端电压为 $Q_{2f} = \frac{C_2}{C_1 + C_2}Q_{10}$，即 C_2 上电荷量经历从零到非零值的指数型变化过程。故答案为(c)。

14. (b)　本题为求 C_1 上电荷量的变化情况。初始时，C_1 上电荷为 Q_{10}；稳定时，由 13 题可求得 $Q_{1f} = \frac{C_1}{C_1 + C_2}Q_{10}$，即电荷量变成一较小的非零值。因此，$C_1$ 上电荷量经历从较大的非零值到较小的非零值的指数型变化过程。故答案为(b)。

15. (c)　这是一个电容电路充电的过程。当开关闭合后，对有电容器的支路，电容器 C 和电阻 R 串联后直接接于电源两端。因此，$V - IR - V_C = 0$。解此方程，可得到支路中电流随时间变化关系为 $I = I_0 \mathrm{e}^{-t/RC}$。其中 I_0 为支路中初始时刻电流大小，此时电容器两端尚未带电，电压为零，电阻 R 两端电压为 V，有 $I_0 = \frac{V}{R}$。因此，A 点处的电势为 $V_A = IR = I_0 R\mathrm{e}^{-t/RC} = V\mathrm{e}^{-t/RC}$。当 $t = RC$ 时，$V_A = V\mathrm{e}^{-1}$。故答案为(c)。

16. (e)　注意，若本题仅要求求解电容支路中损耗的能量，可由以下积分求得

$$W = \int I^2 R\mathrm{d}t = \int_0^\infty I_0^2 R\mathrm{e}^{-2t/RC}\mathrm{d}t = \frac{1}{2}I_0^2 R^2 C = \frac{1}{2}CV^2$$

但本题目电路中除电容支路外，还有一个阻值为 $2R$ 的纯电阻支路，该支路中电流为常量：$I = \frac{V}{2R}$，能量损耗功率为常量，因此该支路中能量损耗在 $t=0$ 到 $t=\infty$ 时间内为无限大。因此，本题目中前四个选项的结果都不对。故答案为(e)。

Free-Response

1. 解：本题为复杂电路问题。如下图所示，可看做 4 个节点（A、B、C、D）、6 段支路的问题。采用回路电流法求解问题，本题中有 $6-(4-1)=3$ 个独立回路。设三个回路的回路电流分别为 I_1、I_2、I_3。

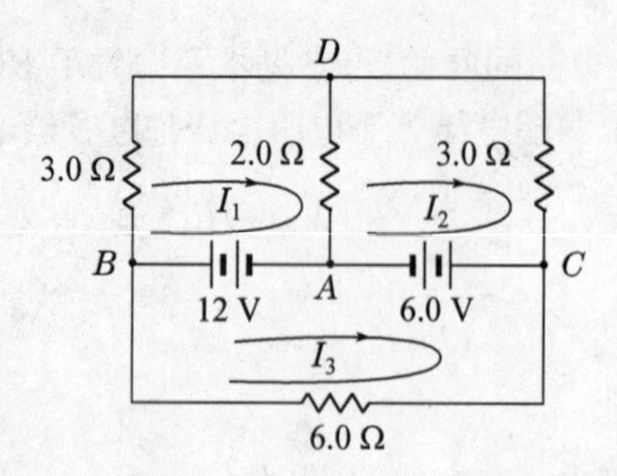

对每个回路应用基尔霍夫第二定律，有

对 $BDAB$ 回路：$3I_1+2(I_1-I_2)-12=0$；

对 $DCAD$ 回路：$3I_2+6+2(I_2-I_1)=0$；

对 $BACB$ 回路：$12-6+6I_3=0$。

联立上述方程，可解得 $I_1=\frac{16}{7}(\text{A})$，$I_2=-\frac{2}{7}(\text{A})$，$I_3=-1(\text{A})$。

因此，各支路电流为

AB 支路（12 V 电源）电流为 $I=I_1-I_3=\frac{23}{7}\approx3.3(\text{A})$，方向向左；

AC 支路（6.0 V 电源）电流为 $I=I_2-I_3=\frac{5}{7}\approx0.7(\text{A})$，方向向左；

BD 支路（3.0 Ω 电阻）电流为 $I=I_1=\frac{16}{7}\approx2.3(\text{A})$，方向向上；

AD 支路（2.0 Ω 电阻）电流为 $I=I_1-I_2=\frac{18}{7}\approx2.6(\text{A})$，方向向下；

CD 支路（3.0 Ω 电阻）电流为 $I=|I_2|=\frac{2}{7}\approx0.3(\text{A})$，方向向上；

BC 支路（6.0 Ω 电阻）电流为 $I=|I_3|=1.0(\text{A})$，方向向右。

2. 解：(a) i. 当 A、B 间接入 50 Ω 的电阻时，本电路为纯电阻电路。此时电路中总电阻为

$$R=R_1+\frac{1}{\frac{1}{R_2}+\frac{1}{R_3+R_{AB}}}=200+\frac{1}{\frac{1}{300}+\frac{1}{100+50}}=300(\Omega)$$

电路中总电流为 $I=\frac{\varepsilon}{R}=\frac{1\,500}{300}=5(\text{A})$。

因此，R_2 两端电势差（电压）为 $V_2=\varepsilon-IR_1=1\,500-5\times200=500(\text{V})$。

ii. 当 A、B 间接入电容值为 0.80 μF 的电容器时，此电路为 RC 电路。当开关刚闭合瞬间，电容器两端电荷仍为零，即电容器两端电压为零，等效于 A、B 间短路。此时可求得电路中总等效电阻为

$$R=R_1+\frac{1}{\frac{1}{R_2}+\frac{1}{R_3}}=200+\frac{1}{\frac{1}{300}+\frac{1}{100}}=275(\Omega)。$$

电路中总电流为 $I=\frac{\varepsilon}{R}=\frac{1\,500}{275}\approx5.45(\text{A})$。

因此，R_2 两端电势差为 $V_2=\varepsilon-IR_1=1\,500-5.45\times200=410(\text{V})$。

(b) 当 A、B 间接入电阻时，通过 R_3 的电流为常量，不随时间变化。

当A、B间接入电容器时，通过R_3的电流随时间做指数型变化。$t=0$时，电容器两端电压为零，相当于短路处理，可求得R_3上通过的初始电流值I_{C0}。经过足够长时间后，为稳恒电路情况，电容器相当于断路，所在支路电流为零。

两种情况R_3电流随时间变化函数如下图所示。

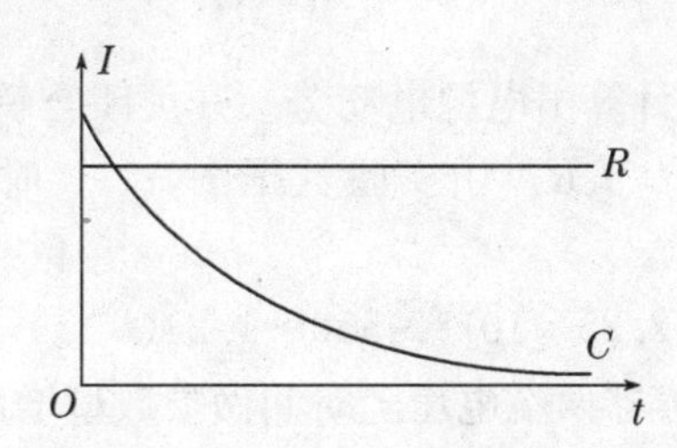

注意，连接电容器时R_3上通过电流的初始值比连接电阻时要大一些。可由(a)问中数据计算。连电阻时，R_3上电流$I=\dfrac{V_2}{R_3+R_{AB}}=\dfrac{500}{150}\approx 3.33(\mathrm{A})$；连电容器时，$R_3$上初始电流为$I=\dfrac{V_2}{R_3}=\dfrac{410}{100}=4.10(\mathrm{A})$。显然，接电容器时初始电流略大一些。

3. 解：(a) 当$t=0$时，电路中初始电流由题目公式可知：$I_0=5.20\mathrm{e}^{-0}=5.20(\mathrm{mA})$，化成国际单位为$I_0=5.20\times10^{-3}(\mathrm{A})$。

对RC电路，开关刚闭合瞬间，电容器两端电压为零，电源电压全加在电阻上。因此，$I_0=\dfrac{V_0}{R}$。可求得$V_0=I_0R=5.20\times10^{-3}\times50\times10^3=260(\mathrm{V})$，即电源的电压为260 V。

(b) 由电流随时间变化函数，可求得从$t=0$到$t=\infty$时间过程中对电容器的总充电量为

$$Q=\int I\mathrm{d}t=\int_0^{\infty}(5.20\times10^{-3})\mathrm{e}^{-t/10}\mathrm{d}t=5.20\times10^{-2}(\mathrm{C})$$

即达到稳定状态后电容器上电量为$Q=5.20\times10^{-2}(\mathrm{C})$，而此时电路中电流为零。因此，电容器两端电压等于电源电压V_0。故可求得电容器电容值为

$$C=\frac{Q}{V}=\frac{5.20\times10^{-2}}{260}=2.0\times10^{-4}(\mathrm{F})\text{或}C=200(\mu\mathrm{F})$$

本问也可直接由电流函数计算。注意到RC电路中电流随时间变化函数为$I(t)=I_0\mathrm{e}^{-t/RC}$，即本题中时间常数$\tau=RC=10$ s。因此，可求得

$$C=\frac{\tau}{R}=\frac{10}{50\times10^3}=2.0\times10^{-4}(\mathrm{F})$$

(c) i. 原因主要为：在(a)问中用于计算的电阻小于实际电阻，例如：推算中未考虑实际电路中导线电阻；电源本身内阻未考虑等原因。

ii. 由(b)问中关于电容器电容值的推导公式可知，由于计算所用电压小于实际电压，或计算所用电阻小于实际电阻，因此推导得到的电容值大于实际电容值。

(d) 对RC电路，要改变充电时间，实际上就是要改变电路中的时间常数τ。时间常数越大，充电越慢；时间常数越小，充电越快。题目要求减少充电时间，则要减小电路时间常数。而RC电路时间常数$\tau=RC$，因此减少时间常数可通过减小电路总电阻或减小总电容值来实现。

i. 若加入一个电阻，可和原电阻并联来减小总电阻，以减小时间常数。电路连接可如下图所示。

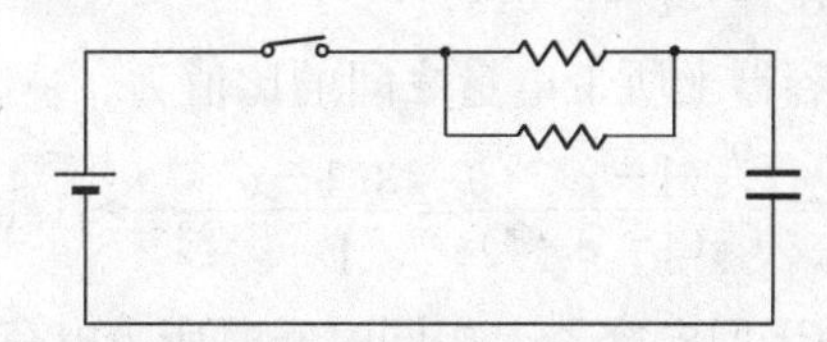

ii. 若加入一个电容，可和原电容串联以减小总电容，从而减小时间常数。电路连接可如下图所示。

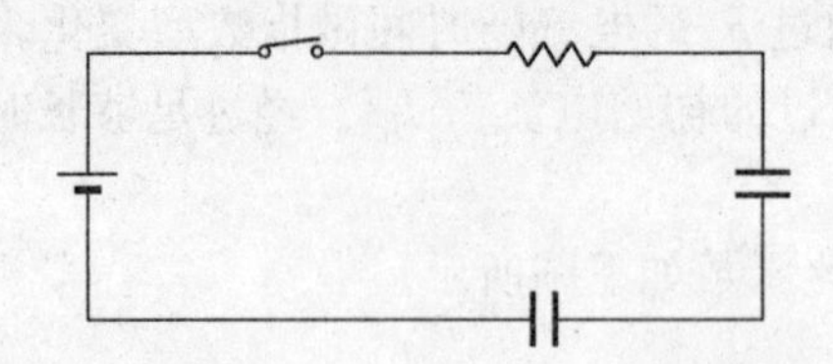

4. 解:(a) 可由电路初始电流计算出电源电动势。开关闭合瞬间,电容器两端电压为零,此时电阻两端电压等于电源电动势,即 $\varepsilon=I_0R$。由实验数据图,$t=0$ 时,电流大小约为 $I_0=2.25\text{ mA}=2.25\times10^{-3}\text{ A}$。

因此,电源电动势为 $\varepsilon=I_0R=2.25\times10^{-3}\times550\approx1.24(\text{V})$。

(b) 对 RC 电路充电过程,电容器两端电压随时间做指数型增加:$V_C=\varepsilon(1-e^{-t/RC})$。

由 R、C 数据,求得该电路时间常数 $\tau=RC=550\times4\,000\times10^{-6}=2.2(\text{s})$。

再将(a)问中求得的电源电动势数据代入,可得 $t=4.0$ s 时,电容器电压为

$$V_C=\varepsilon(1-e^{-t/\tau})=1.24(1-e^{-\frac{4.0}{2.2}})\approx1.04(\text{V})$$

本问也可直接由数据图中查出 $t=4$ s 时电流值,用 $V_C=\varepsilon-IR$ 公式计算。

(c) 由上问求出电容器电压,可由 $Q=CV_C$ 求出电容器上所带电荷量,即

$$Q=CV_C=4\,000\times10^{-6}\times1.04=4.16\times10^{-3}(\text{C})$$

也可由电流函数对时间积分得到电量。

(d) 显然,电容器上电荷量从零开始呈指数型变化趋近于最终值:$Q=Q_f(1-e^{-t/\tau})$,图像如下所示。

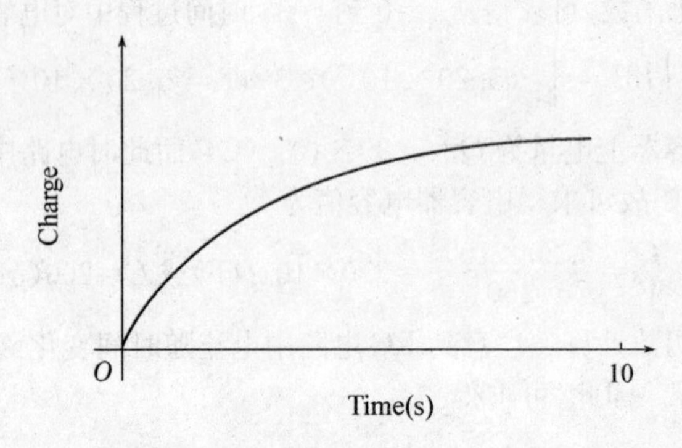

(e) 由(a)、(b)中内容可知,$t=4.0$ s 时电阻两端电压 $V_R=\varepsilon-V_C=1.24-1.04=0.20(\text{V})$。

也可由电路中电流随时间变化公式求得 $t=4.0$ s 时电阻上通过的电流为

$$I=I_0e^{-t/\tau}=2.25\times10^{-3}\times e^{-\frac{4.0}{2.2}}\approx3.65\times10^{-4}(\text{A})$$

电流也可由数据图中直接读出。

可求得电阻上消耗功率为 $P=IV_R=3.65\times10^{-4}\times0.20=7.3\times10^{-5}(\text{W})$。

或有
$$P=\frac{V_R^2}{R}=\frac{0.20^2}{550}\approx7.3\times10^{-5}(\text{W})$$

或有
$$P=I^2R=(3.65\times10^{-4})^2\times550\approx7.3\times10^{-5}(\text{W})$$

(f) 电容器中间充满电介质时,其电容值变为原来的 κ 倍,本问中有新电容 $C'=3C$。

此时 RC 电路时间常数 $\tau'=RC'=3\tau=6.6(\text{s})$。

因此,在 $t=4.0$ s 时,新旧电容器上所带电量之间的比值为

$$\frac{Q'}{Q}=\frac{C'\varepsilon(1-e^{-t/\tau'})}{C\varepsilon(1-e^{-t/\tau})}=\frac{3(1-e^{-\frac{4.0}{6.6}})}{1-e^{-\frac{4.0}{2.2}}}\approx1.63$$

因此,新电容器上所带电荷高于旧电容器上相同时间时所带电荷。

第四章　静磁场(Magnetic fields)

1. 磁场

在前面几章中我们研究了电荷在空间产生电场的情况。研究发现,电荷除了会在空间产生电场之外,当电荷在运动时,或有电流存在时,空间还会有磁场存在。和电场类似,磁场也是物质的一种形态。磁场对处于其中的运动电荷(或电流)会施加作用。在本章中,我们主要讨论有关磁场的问题。

据记载,早在公元前600年前时,人们就发现了天然磁石吸引铁的现象,即物体之间存在着磁性相互作用。中国古代四大发明之一的指南针也是利用磁性小物体在地磁场中受力的特点而制造的。但在早期,关于磁的研究主要集中在关于天然磁体之间或和铁之间的相互作用研究,当时认为磁现象和电现象是互相独立的。

直到19世纪初期,奥斯特(1819年)发现载流导线的磁效应,即载流导线周围的磁针会受到磁力作用而发生偏转;在之后不久,安培(1820年)发现放在磁铁旁边的载流导线也会受到磁力的作用,随后又发现载流导线之间也存在相互作用。这些现象都说明了磁现象与电荷的运动是密切相关的。现代物理学中关于电磁学的基本观点也认为一切磁性现象都来源于电荷运动(或电流)。磁铁的磁性也来源于组成磁铁材料的分子内部的电流,主要由分子内电子绕原子核的轨道运动及电子自身的自旋运动所造成的。

空间中的电荷(无论静止还是运动的)会产生电场,电荷在电场中会受到电场力的作用;运动电荷在空间会产生磁场,运动电荷(或电流)在磁场中会受到磁场力的作用。

在电场中,我们通过试探电荷在电场中的受力情况来表征电场的性质,即电场强度 $\boldsymbol{E}$。在磁场中,我们也可以通过运动电荷(或电流)的受力情况来描述磁场的性质。

在电场情况中,我们将试探电荷放入电场中观察其受力情况来描述电场。磁场中我们也可以做类似的工作。在磁场中,受到磁场作用的是电流或运动电荷,因此我们可以利用电流元在磁场中的受力来描述磁场的性质。所谓电流元,可以看做一小段导线,电流元的大小为导线中电流 I 乘以导线长度 dl 的乘积,电流元的方向即导线的方向(导线中电流流动的方向为正方向),实际上是该处电流密度的方向或正电荷运动的方向。

将电流元放入磁场中,实验发现,电流元 $I\mathrm{d}\boldsymbol{l}$ 在磁场中某一点受到的作用力除了与该点的位置(即该点处磁场)有关之外,还和电流元在该处的方向有关。对于磁场中的任意点,总可以找到这样的方向,当电流元 $I\mathrm{d}\boldsymbol{l}$ 沿着这个方向时,其所受到的磁场力为零;而当电流元 $I\mathrm{d}\boldsymbol{l}$ 与这一方向垂直时,其所受到的磁场力最大。以 $\mathrm{d}F_{\max}$ 表示该电流元与此位置受到的最大磁场力。实验表明,最大磁场力的大小和电流元的大小的比值是与电流元大小无关的量,只和处于磁场中的位置有关,即可以表征该点处磁场的性质。我们用这一比值 $\frac{\mathrm{d}F_{\max}}{I\mathrm{d}l}$ 来表征该点处磁场的强弱。另外,由于该处电流元受力与电流元的方向有关,说明磁场也是有方向的。我们将该处电流元受力为零时所在的方向定义为该处磁场的方向。注意,电流元受力为零的方向有两个方向(一条直线上相反方向),我们习惯选取使电流元、磁场及受力三者之间满足右手螺旋关系的对应方向,如图4-1所示。

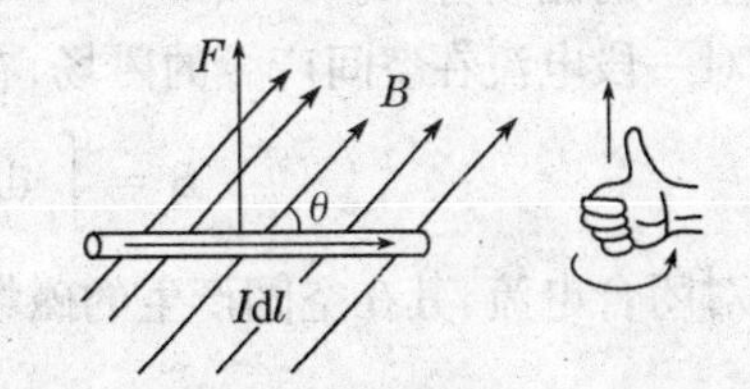

图4-1　磁场中电流元受力的右手螺旋关系

这样,我们就定义了描述磁场的物理量:磁感应强度 $\boldsymbol{B}$。磁感应强度 $\boldsymbol{B}$ 的大小定义为电流元在该处受到的最大磁场力与电流元的大小的比值,即 $B=\frac{\mathrm{d}F_{\max}}{I\mathrm{d}l}$,方向沿前述所规定的磁场方向,即沿电流元受力为零的方向,或为与电流元受力最大时的电流元和受力方向所在的平面垂直,其指向由右手螺旋法则确定。如图 4-1 所示,将右手四指握住,拇指伸直,若四指由电流元 $I\mathrm{d}\boldsymbol{l}$ 的方向转向磁感应强度 $\boldsymbol{B}$ 的方向,则拇指指向受力的方向。

根据这一规定,可以得到磁场对电流元的作用力为

$$\mathrm{d}\boldsymbol{F}=I\mathrm{d}\boldsymbol{l}\times\boldsymbol{B}$$

当 $I\mathrm{d}\boldsymbol{l}$ 与 $\boldsymbol{B}$ 之间的夹角为 θ 时,电流元所受到的磁场力大小为 $\mathrm{d}F=I\mathrm{d}lB\sin\theta$。

在国际单位制中,磁感应强度 $\boldsymbol{B}$ 的单位为 N/(A·m),或特斯拉(T)。

2. 稳恒电流的磁场　Biot-Savart 定律

有了描述磁场的物理量磁感应强度 $\boldsymbol{B}$,而磁场来源于空间中的电流(或运动电荷),那么下面的问题就是如何由空间中已知的电流分布求出空间任意位置处磁场的磁感应强度 $\boldsymbol{B}$。

实验研究表明,类似于电场的叠加原理,磁场也满足叠加原理,即一段电流在某点产生的磁场的磁感应强度等于组成该段电流的所有电流元在该点处产生的磁场的磁感应强度的矢量和。因此,我们只要知道电流元在空间产生的磁场的情况,就可以求出任意电流分布情况下空间的磁场情况。

实验研究表明,电流元在空间某处产生的磁场与电流元 $I\mathrm{d}\boldsymbol{l}$ 有关,还和电流元到该点处的位矢 $\boldsymbol{r}$ 有关,如图 4-2 所示。具体关系式可写为

$$\mathrm{d}\boldsymbol{B}=\frac{\mu_0}{4\pi}\frac{I\mathrm{d}\boldsymbol{l}\times\boldsymbol{r}}{r^3}$$

这一公式又被称为毕奥-萨伐尔(Biot-Savart)定律,或毕-萨-拉定律。

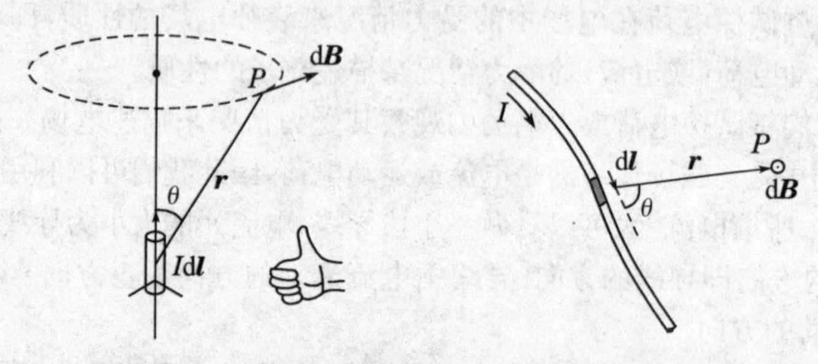

图 4-2　电流元产生的磁场

公式中 $\mu_0=4\pi\times10^{-7}\,\mathrm{T\cdot m/A}$,称为真空磁导率,是磁学中一个很重要的物理量,和我们在电学中常用的真空介电常数 ε_0 相当。

有了电流元在空间产生磁场的基本公式,我们就可以利用磁场的叠加原理计算任意电流分布情况下空间的磁场分布。

对一段电流在空间产生的磁场,有

$$\boldsymbol{B}=\int_L\mathrm{d}\boldsymbol{B}=\int_L\frac{\mu_0}{4\pi}\frac{I\mathrm{d}\boldsymbol{l}\times\boldsymbol{r}}{r^3}=\frac{\mu_0}{4\pi}\int_L\frac{I\mathrm{d}\boldsymbol{l}\times\boldsymbol{r}}{r^3}$$

对闭合电流,其在空间产生的磁场,有

$$\boldsymbol{B}=\frac{\mu_0}{4\pi}\oint\frac{I\mathrm{d}\boldsymbol{l}\times\boldsymbol{r}}{r^3}$$

例题 4-1　求长直导线产生的磁场。设直导线长为 L,通有电流 I,导线旁任意一点 P 与导线距离为 d (图 4-3)。现计算 P 点的磁感应强度。

解:如图所示,以 P 点到直导线的垂足作为原点,以导线方向作为 z 轴方向建立坐标系。在导线上任取一段电流微元 $I\mathrm{d}z$,由 Biot-Savart 定律,该段电流元在 P 点处产生的磁场强度大小为 $\mathrm{d}B=\frac{\mu_0}{4\pi}\frac{I\mathrm{d}z\sin\theta}{r^2}$,方向垂直纸面向里。

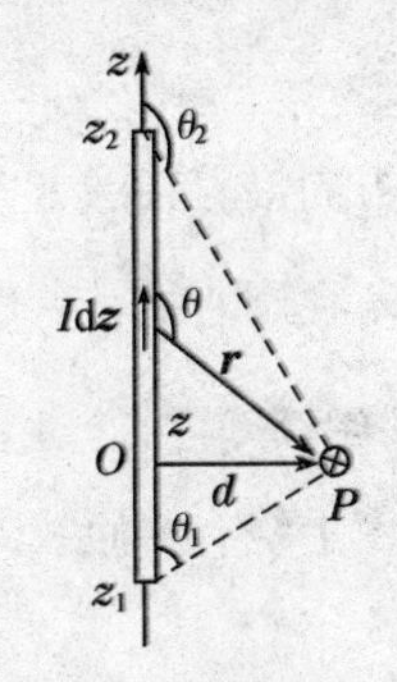

图 4-3 例题 4-1 图

由图中所示关系,有 $d=r\sin\theta, z=r(-\cos\theta)$。

可将 r、z 表示为 d、θ 的函数:$r=\frac{d}{\sin\theta}, z=-\frac{d}{\tan\theta}$。

则有 $\mathrm{d}z=\frac{d}{\sin^2\theta}\mathrm{d}\theta$。

因此,磁场可写为 $\mathrm{d}B=\frac{\mu_0}{4\pi}\frac{I\mathrm{d}z\sin\theta}{r^2}=\frac{\mu_0 I}{4\pi d}\sin\theta\mathrm{d}\theta$。

注意,各电流元在 P 点处产生的磁场方向相同,因此整个磁场等于各微元磁场大小的直接叠加(积分),整根导线在 P 点处产生的磁场的磁感应强度为

$$B=\int\mathrm{d}B=\int_{\theta_1}^{\theta_2}\frac{\mu_0 I}{4\pi d}\sin\theta\mathrm{d}\theta=\frac{\mu_0 I}{4\pi d}(\cos\theta_1-\cos\theta_2)$$

由 $\cos\theta=-\frac{z}{(z^2+d^2)^{1/2}}$,磁场也可写为 $B=\frac{\mu_0 I}{4\pi d}\left[\frac{z_2}{(z_2^2+d^2)^{1/2}}-\frac{z_1}{(z_1^2+d^2)^{1/2}}\right]$。

注意一个特殊的例子:无限长直导线,此时 $\theta_1\to 0, \theta_2\to\pi$,代入公式中,可得

$$B=\frac{\mu_0 I}{4\pi d}(\cos 0-\cos\pi)=\frac{\mu_0 I}{2\pi d}$$

即无限长载流直导线在距离导线 d 处产生的磁场的磁感应强度为 $B=\frac{\mu_0 I}{2\pi d}$。

例题 4-2 求载流圆环在轴线上产生的磁场。设一载流圆线圈(或称圆电流)半径为 a,通有电流 I,P 点为其轴线上任意一点,它与圆心的距离为 x,如图 4-4 所示。求载流圆环在 P 点处产生的磁场。

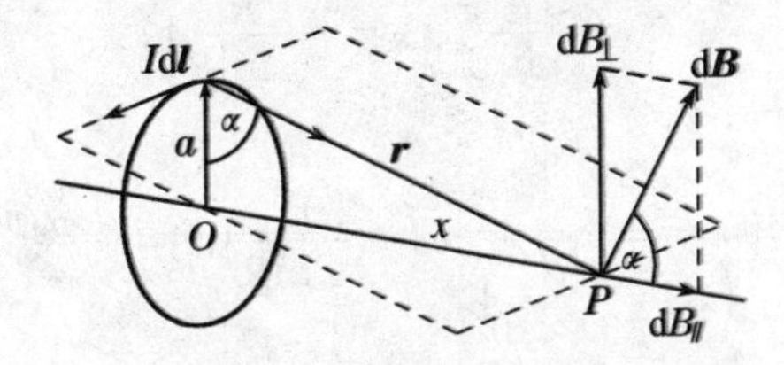

图 4-4 例题 4-2 图

解:如图所示,载流圆环上任一电流微元 $I\mathrm{d}\boldsymbol{l}$,在轴线上距离圆心 x 处产生的磁场大小为 $\mathrm{d}B=\frac{\mu_0}{4\pi}\frac{I\mathrm{d}l\sin(\pi/2)}{r^2}=\frac{\mu_0}{4\pi}\frac{I\mathrm{d}l}{(a^2+x^2)}$,方向垂直于 $I\mathrm{d}\boldsymbol{l}$ 和 $\boldsymbol{r}$ 矢量所在的平面。由于电流分布关于 x 轴对称,圆环上每条直径两端的电流元在轴线上产生的磁场在垂直于 x 轴方向的分量都成对抵消。对于整个线圈来说,在轴线上产生的总磁场 $\boldsymbol{B}$ 将沿 x 轴方向。因此,我们计算时可只考虑磁场在 x 方向(轴向)的分量。

图 4-4 中电流元 $I\mathrm{d}\boldsymbol{l}$ 在轴线处产生磁场的 x 方向分量为

$$\mathrm{d}B_x=\mathrm{d}B\cos\alpha=\frac{\mu_0}{4\pi}\frac{I\mathrm{d}l}{(a^2+x^2)}\frac{a}{r}=\frac{\mu_0}{4\pi}\frac{Ia\mathrm{d}l}{(a^2+x^2)^{3/2}}$$

因此,整个电流环在轴线上产生的磁场为

$$B=\int\mathrm{d}B_x=\int\frac{\mu_0}{4\pi}\frac{Ia\mathrm{d}l}{(a^2+x^2)^{3/2}}=\frac{\mu_0}{4\pi}\frac{Ia}{(a^2+x^2)^{3/2}}\int\mathrm{d}l=\frac{\mu_0}{4\pi}\frac{Ia}{(a^2+x^2)^{3/2}}\cdot 2\pi a$$

$$=\frac{\mu_0}{2}\frac{Ia^2}{(a^2+x^2)^{3/2}},$$

方向沿着轴线方向（和电流环电流方向间呈右手螺旋关系）。

若在圆心处，$x=0$，有 $B=\frac{\mu_0 I}{2a}$。

例题 4－3 求载流直螺线管（Solenoid）在轴线上各点的磁场。设螺线管长为 L，半径为 R，单位长度上绕有 n 匝线圈，通有电流 I，如图 4－5 所示。

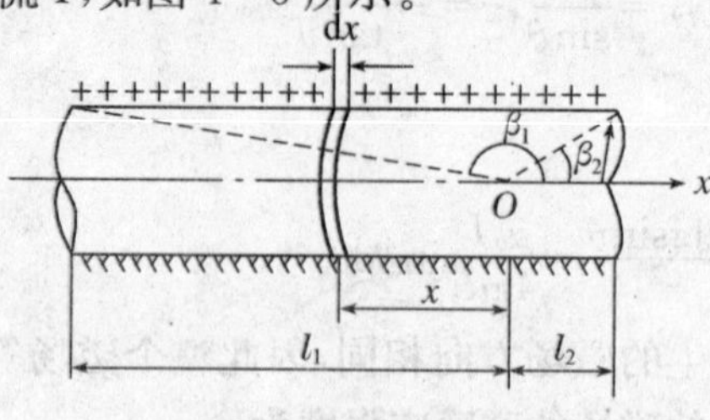

图 4－5 例题 4－3 图

解：如图所示，可将螺线管看做很多微小电流环的组合。以轴线上欲求磁场位置处为原点，以轴向为 x 方向，每个微小电流环到 O 点的距离为 x。此微小电流环的宽度为 $\mathrm{d}x$，则此微小电流环相当于 $n\mathrm{d}x$ 圈的导线，即相当于总电流为 $\mathrm{d}I=nI\mathrm{d}x$ 的电流环。其在 O 点产生的磁场的磁感应强度大小为

$$\mathrm{d}B=\frac{\mu_0}{2}\frac{R^2\mathrm{d}I}{(R^2+x^2)^{3/2}}=\frac{\mu_0}{2}\frac{nIR^2}{(R^2+x^2)^{3/2}}\mathrm{d}x$$

注意到螺线管中各微小电流环在 O 点处产生的磁场方向相同，总磁场可直接用各微小电流环在 O 点处产生的磁场大小叠加（积分）求得

$$B=\int\mathrm{d}B=\int_{-l_1}^{l_2}\frac{\mu_0}{2}\frac{nIR^2}{(R^2+x^2)^{3/2}}\mathrm{d}x$$

为了积分方便，可设此微小电流环边缘和 O 点连线与 $+x$ 方向的夹角为 β，则有

$$x=\frac{R}{\tan\beta},\mathrm{d}x=-\frac{R}{\sin^2\beta}\mathrm{d}\beta$$

因此

$$\mathrm{d}B=\frac{\mu_0 nI}{2}\frac{R^2}{\left(R^2+\frac{R^2}{\tan^2\beta}\right)^{3/2}}\left(-\frac{R}{\sin^2\beta}\right)\mathrm{d}\beta=-\frac{\mu_0 nI}{2}\sin\beta\mathrm{d}\beta$$

可得 O 点处磁场

$$B=\int\mathrm{d}B=\int_{\beta_1}^{\beta_2}\left(-\frac{\mu_0 nI}{2}\sin\beta\right)\mathrm{d}\beta=\frac{\mu_0 nI}{2}(\cos\beta_2-\cos\beta_1)$$

考虑两种特殊情况：

第一种，无限长螺线管，此时 $\beta_1\to\pi$，$\beta_2\to 0$。因此

$$B=\frac{\mu_0 nI}{2}(\cos 0-\cos\pi)=\mu_0 nI$$

可以看到，无限长螺线管内轴线上各处的磁场是均匀的。可以证明，无限长螺线管内部的整个空间内磁场都是均匀的，其磁感应强度大小为 $B=\mu_0 nI$，方向沿着轴向（和电流绕行方向满足右手螺旋关系）。

第二种，半无限长螺线管的一端。在左端时，有 $\beta_1\to\pi/2$，$\beta_2\to 0$；在右端时，有 $\beta_1\to\pi$，$\beta_2\to\pi/2$。无论哪种情况，都可求得端点轴线处 $B=\frac{1}{2}\mu_0 nI$，即半无限长螺线管端点轴线处的磁感应强度约为内部的一半。

例题 4-4 如图 4-6 所示，一内外半径分别为 R_1 和 R_2 的薄圆环均匀带正电，电荷面密度为 σ，以角速度 ω 绕通过环心且垂直于环面的轴转动。求环心处的磁场。

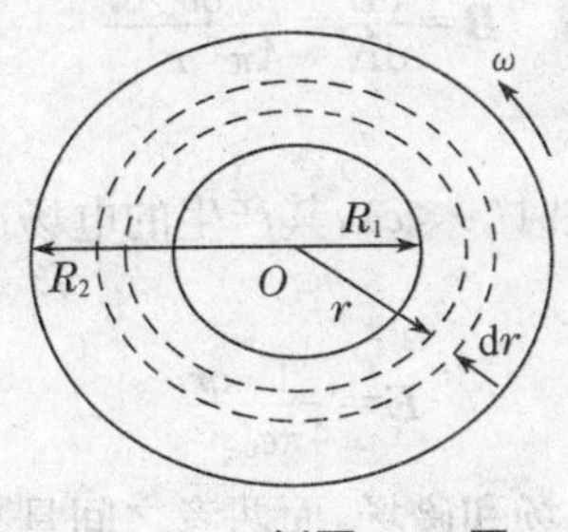

图 4-6 例题 4-4 图

解：可将圆环分成许多同心的细圆环。考虑其上任一半径为 r、宽为 $\mathrm{d}r$ 的细圆环(如图所示)，该细环所带电荷量为 $\mathrm{d}q=\sigma\cdot 2\pi r\mathrm{d}r$。

当该圆环以角速度 ω 绕通过环心且垂直于环面的轴转动时，产生电荷运动，该细环可相当于一载流圆形线圈，每经过一个周期，相当于细环上所有电荷通过截面一次，因此其等效电流为

$$\mathrm{d}I=\frac{\mathrm{d}q}{T}=\frac{\mathrm{d}q}{\left(\frac{2\pi}{\omega}\right)}=\frac{\omega\mathrm{d}q}{2\pi}=\sigma\omega r\mathrm{d}r。$$

此电流环在圆心处产生的磁场为(参见例题 4-2) $\mathrm{d}B=\frac{\mu_0\mathrm{d}I}{2r}=\frac{\mu_0\sigma\omega}{2}\mathrm{d}r$。

因此，整个圆环在圆心处产生的磁场为

$$B=\int\mathrm{d}B=\int_{R_1}^{R_2}\frac{\mu_0\sigma\omega}{2}\mathrm{d}r=\frac{\mu_0\sigma\omega}{2}(R_2-R_1)$$

方向垂直纸面向外。

3. 运动电荷的磁场

磁场来源于电流，而电流实质上就是导体中大量带电粒子的定向运动。因此，电流激发磁场，实质上就是运动电荷在空间激发磁场。那么运动电荷所激发的磁场与运动电荷有什么关系呢？

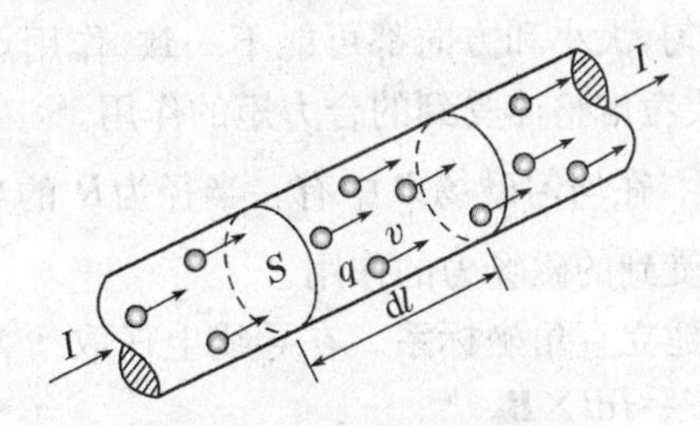

图 4-7 电流元和运动电荷

在上一章中我们讲述了电流的基本概念。如图 4-7 所示，一段横截面积为 S 的导线，若导线导体中单位体积内有 n 个可自由运动的带电粒子，每个粒子的带电量为 q，设每个带电粒子做定向运动的速度为 $\boldsymbol{v}$。则通过该导线的电流为

$$I=jS=nqvS$$

该导线上一小段长度为 $\mathrm{d}\boldsymbol{l}$ 的电流元 $I\mathrm{d}\boldsymbol{l}$ 在空间产生的磁场为

$$\mathrm{d}\boldsymbol{B}=\frac{\mu_0}{4\pi}\frac{I\mathrm{d}\boldsymbol{l}\times\boldsymbol{r}}{r^3}$$

而这一磁场由电流元内所有的运动电荷所贡献。在电流元 $I\mathrm{d}\boldsymbol{l}$ 内的运动电荷个数为

$$\mathrm{d}N=nS\mathrm{d}l$$

因此,归结到每个运动电荷对磁场的贡献,或单独一个运动电荷产生的磁场为

$$\boldsymbol{B}=\frac{\mathrm{d}\boldsymbol{B}}{\mathrm{d}N}=\frac{\mu_0}{4\pi}\frac{q\boldsymbol{v}\times\boldsymbol{r}}{r^3}$$

其中 $\boldsymbol{r}$ 为运动电荷到所求场点的位矢。

另外,当电荷运动的速度不是很快时($v\ll c$),其产生的电场近似等于静止电荷在相应位置处产生的电场,即

$$\boldsymbol{E}=\frac{1}{4\pi\varepsilon_0}\frac{q\boldsymbol{r}}{r^3}$$

因此,运动电荷在空间同时产生电场和磁场,而两者之间具有关系:

$$\boldsymbol{B}=\mu_0\varepsilon_0\boldsymbol{v}\times\boldsymbol{E}=\frac{1}{c^2}\boldsymbol{v}\times\boldsymbol{E}$$

可见,在一般情况下,运动电荷在空间产生的磁场远小于其产生的电场。因此,我们对一般运动电荷很难直接观察出其产生的磁场效应。只有对电流的情况,运动电荷产生的电场被静止电荷产生的电场所抵消,因此运动电荷所产生的磁场就表现出来了。因此,我们对于磁场的来源主要考虑电流的效应,而很少直接考虑运动电荷的效应。

4. 磁场力(Magnetic force)

在对磁感应强度的定义中我们就提到过,处在磁场中的电流会受到磁场力的作用。根据前面讲述的内容,一段处在磁场中的电流元受到的磁场的作用力为

$$\mathrm{d}\boldsymbol{F}=I\mathrm{d}\boldsymbol{l}\times\boldsymbol{B}$$

则一段电流在磁场中受到的合力为

$$\boldsymbol{F}=\int_L\mathrm{d}\boldsymbol{F}=\int_L I\mathrm{d}\boldsymbol{l}\times\boldsymbol{B}$$

闭合电流回路在磁场中所受到的合力为

$$\boldsymbol{F}=\oint I\mathrm{d}\boldsymbol{l}\times\boldsymbol{B}$$

注意,对一段电流或闭合电流回路,由于各电流元的方向及相应位置处的磁场都可能不一样,因此各电流元处受到的作用力不均匀,大小和方向都可能不一致,作用点也不同。因此,对于一段电流或闭合电流回路的情况,有时还要考虑整体受到的合力矩的作用。

例题 4-5 如图 4-8 所示,在均匀磁场 $\boldsymbol{B}$ 中有一半径为 R 的半圆形导线,通有电流 I,磁场的方向与导线平面垂直。求该导线受到的磁场力的作用。

解:如图所示,以圆心为原点建立直角坐标系。在导线上任取一电流元 $I\mathrm{d}\boldsymbol{l}$,其受到的磁场力 $\mathrm{d}\boldsymbol{F}=I\mathrm{d}\boldsymbol{l}\times\boldsymbol{B}$。

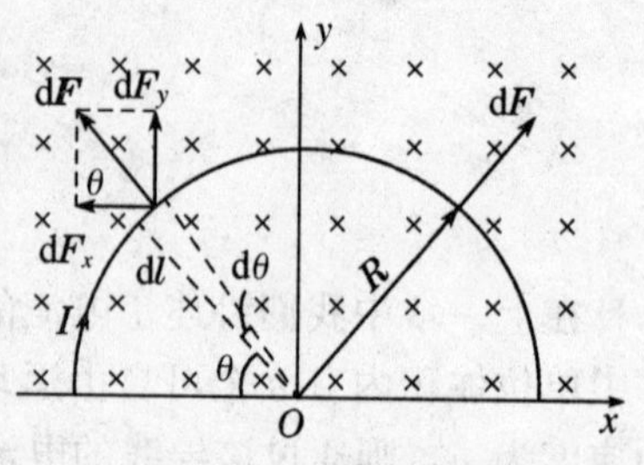

图 4-8 例题 4-5 图

由图中各物理量方向可知,$I\mathrm{d}\boldsymbol{l}$ 与磁场 $\boldsymbol{B}$ 方向垂直,因此此电流元受力大小为 $\mathrm{d}F=IB\mathrm{d}l$,方向沿着半径的方向背离圆心。

由于各电流元受力方向不一致,可以采取分量计算法,将每段电流元受力 $\mathrm{d}\boldsymbol{F}$ 分解为 x 方向分量 $\mathrm{d}F_x$ 和 y 方向分量 $\mathrm{d}F_y$。由对称性可以看出,对整个半圆形导线来说,各电流元受力的 x 方向分量相互抵消,合力的作用只考虑 y 方向分量的贡献,即

$$F=F_y=\int\mathrm{d}F_y=\int\mathrm{d}F\sin\theta=\int IB\mathrm{d}l\sin\theta$$

其中 $dl=Rd\theta$。代入，可得 $F=\int_0^{\pi} IBR\sin\theta d\theta=2IBR$，方向沿 y 轴正方向。

注意，该结果与连接半圆导线的起点和终点的直导线在相同磁场中所受磁力相同。可以证明，这个结论具有普遍意义，即在均匀磁场中，任意形状的平面载流导线所受磁力等于连接导线的起点和终点的载流直导线受到的磁力。

有了电流在磁场中受力的公式，我们就可以计算空间电流和电流之间的作用力。

对两电流元 $I_1 d\boldsymbol{l}_1$ 和 $I_2 d\boldsymbol{l}_2$，$\boldsymbol{r}_{12}$ 为自电流元 1 指向电流元 2 的位矢，如图 4-9 所示，则电流元 $I_1 d\boldsymbol{l}_1$ 在电流元 $I_2 d\boldsymbol{l}_2$ 的位置处激发的磁场为

$$d\boldsymbol{B}_{12}=\frac{\mu_0}{4\pi}\frac{I_1 d\boldsymbol{l}_1\times\boldsymbol{r}_{12}}{r_{12}^3}$$

电流元 $I_2 d\boldsymbol{l}_2$ 所受到的电流元 $I_1 d\boldsymbol{l}_1$ 的作用力为

$$d\boldsymbol{F}_{12}=I_2 d\boldsymbol{l}_2\times d\boldsymbol{B}_{12}=\frac{\mu_0}{4\pi}\frac{I_1 I_2 d\boldsymbol{l}_2\times[d\boldsymbol{l}_1\times\boldsymbol{r}_{12}]}{r_{12}^3}$$

同样，电流元 $I_1 d\boldsymbol{l}_1$ 受到电流元 $I_2 d\boldsymbol{l}_2$ 的作用力为

$$d\boldsymbol{F}_{21}=\frac{\mu_0}{4\pi}\frac{I_1 I_2 d\boldsymbol{l}_1\times[d\boldsymbol{l}_2\times\boldsymbol{r}_{21}]}{r_{21}^3}$$

这一定律称为安培定律。

对两个闭合电流回路之间的相互作用力可表示为

$$\boldsymbol{F}_{12}=\frac{\mu_0}{4\pi}\oint_1\oint_2\frac{I_1 I_2 d\boldsymbol{l}_2\times[d\boldsymbol{l}_1\times\boldsymbol{r}_{12}]}{r_{12}^3}$$

及

$$\boldsymbol{F}_{21}=\frac{\mu_0}{4\pi}\oint_1\oint_2\frac{I_1 I_2 d\boldsymbol{l}_1\times[d\boldsymbol{l}_2\times\boldsymbol{r}_{21}]}{r_{21}^3}$$

数学上可以证明，对两闭合回路之间的作用力，必有 $\boldsymbol{F}_{12}=-\boldsymbol{F}_{21}$。但对两段非闭合电流回路或电流元之间的相互作用力，不满足这一关系。

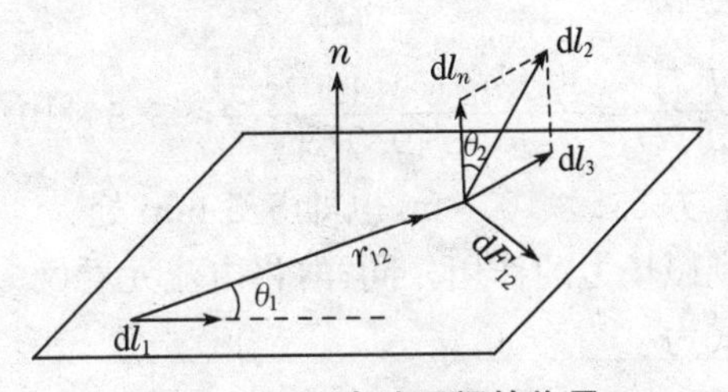

图 4-9 两电流元间的作用

例题 4-6 求两平行长直导线间的相互作用。设两导线间距为 d，两导线电流分别为 I_1 和 I_2，如图 4-10 所示。

解：两导线都很长，其产生的磁场可近似看做无限长导线产生的磁场，则导线 1 在导线 2 处产生的磁场大小为(参见例题 4-1)$B_1=\frac{\mu_0 I_1}{2\pi d}$，方向垂直于导线 2。

由电流元在磁场中的受力公式可知，导线 2 上电流元 $I_2 d\boldsymbol{l}_2$ 受到的磁场力为 $d\boldsymbol{F}_{21}=I_2 d\boldsymbol{l}_2\times\boldsymbol{B}_1$，其大小为 $dF_{21}=I_2 dl_2 B_1=\frac{\mu_0 I_1 I_2}{2\pi d}dl_2$，方向指向导线 1(若两导线电流同向)。

同理，导线 1 的电流元 $I_1 d\boldsymbol{l}_1$ 在导线 2 产生的磁场中受到的磁场力大小为 $dF_{12}=\frac{\mu_0 I_1 I_2}{2\pi d}dl_1$，方向指向导线 2(若两导线电流同向)，即与导线 2 受到的磁场力方向相反。

两导线中每单位长度导线所受的磁场力大小为 $f=\frac{dF_{21}}{dl_2}=\frac{dF_{12}}{dl_1}=\frac{\mu_0 I_1 I_2}{2\pi d}$，且若两导线电流相同，

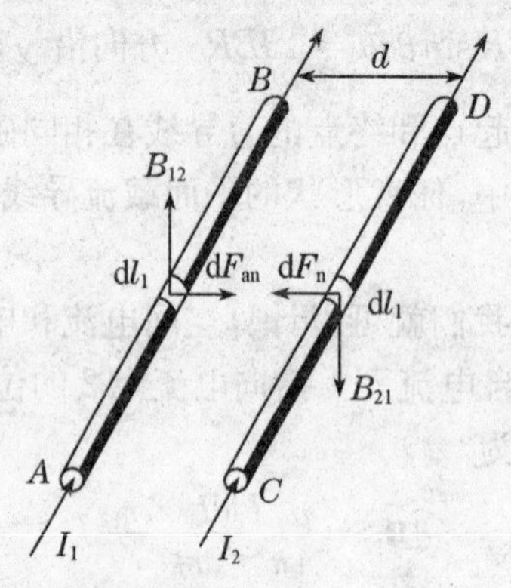

图 4-10　例题 4-6 图

相互之间为吸引力；两导线电流方向相反，相互之间为排斥力。

国际单位制中，电流单位安培(A)的定义就是通过两平行导线间相互作用力来定义的。

例题 4-7　沿水平方向有一根固定的长直导线，载有电流 I_1 为 100 A，在这导线的正上方，平行地放有一根细导线。这根细导线所载电流 I_2 为 20 A，单位长度的重量为 0.073 N/m。如果希望依靠磁场力把这根细导线支撑住，这根细导线应悬在固定导线上方多高处？

解：设细导线在固定导线上距离 a 处，则固定导线在细导线处产生的磁场大小为

$$B=\frac{\mu_0 I_1}{2\pi a}$$

则细导线受到的安培力大小为 $F=BI_2 l=\frac{\mu_0 I_1 I_2 l}{2\pi a}$，其中 l 为细导线的长度。

两导线电流方向应该相反，相互之间产生的为斥力作用。这一固定导线对细导线的斥力和细导线的重力相平衡，才能把细导线支撑住。

由此可得

$$a=\frac{\mu_0 I_1 I_2}{2\pi(F/l)}=\frac{4\pi\times10^{-7}\times100\times20}{2\pi\times0.073}\approx5.5\times10^{-3}(\mathrm{m})$$

即细导线应悬在固定导线上方 5.5×10^{-3} m，也即 5.5 mm 处。

运动电荷在磁场中也会受到磁场力的作用。同样，将电流元看做多个带电粒子的定向运动，可得到运动电荷在磁场中的受力公式为

$$\boldsymbol{F}=q\boldsymbol{v}\times\boldsymbol{B}$$

这种运动电荷在磁场中受到的作用力又称为洛仑兹力(Lorentz force)，正电荷在磁场中运动受到的洛仑兹力的方向如图 4-11 所示。注意，若是负电荷在磁场中运动，其受到的洛仑兹力的方向和相应正电荷受到的洛仑兹力方向相反。

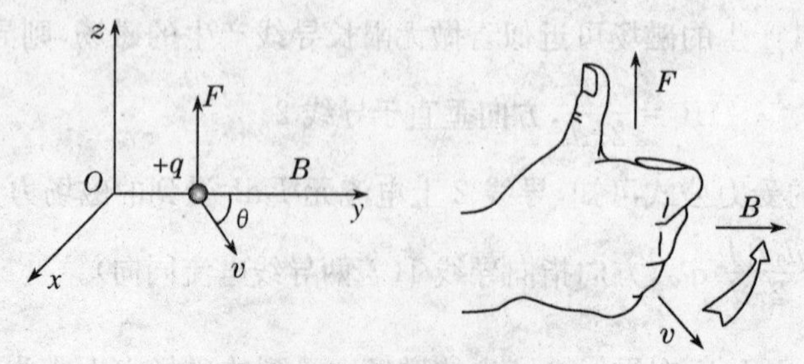

图 4-11　洛仑兹力的方向

由该公式可知，当电荷速度方向和该处磁场方向垂直时，受到的作用力最大；当电荷速度方向和该处磁场方向平行时，受力为零；当电荷速度方向和该处磁场方向成 θ 角度时，受力大小为 $F=$

$qvB\sin\theta$。

注意，由洛仑兹力的公式，磁场力总是和电荷的运动方向相垂直，即磁场力总是垂直于电荷的运动方向，总为法向力。因此，磁场力只能改变电荷运动的方向，而不会改变电荷运动速度的大小。磁场力对运动电荷所做的功恒为零。

例题 4-8　两质子在同一平面内的 a、b 两点沿相反方向运动，如图 4-12 所示。设 $v_a=1\times10^7$ m/s，$v_b=2\times10^7$ m/s，求它们距离为 $r=10^{-6}$ m 的瞬间，两质子间的电力和磁力。

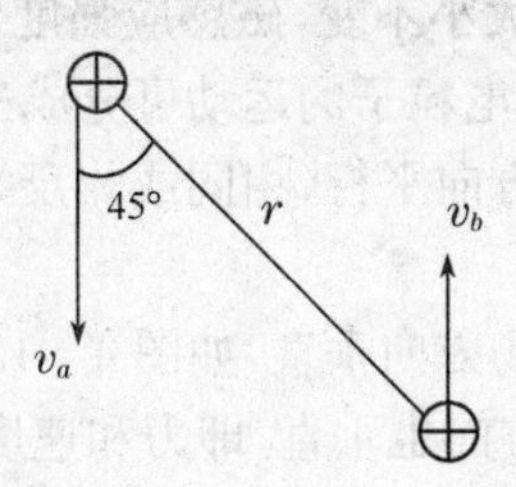

图 4-12　例题 4-8 图

解：两质子间的电力可由库仑定律求得

$$F_e=\frac{1}{4\pi\varepsilon_0}\frac{e^2}{r^2}=\frac{(1.6\times10^{-19})^2}{4\pi\times8.85\times10^{-12}\times(10^{-6})^2}\approx2.3\times10^{-16}(\mathrm{N})$$

方向沿着两质子连线方向，且为排斥力。

求两质子间的磁力需要先求出一个质子在另一质子处产生的磁场，对运动电荷产生的磁场，有 $\boldsymbol{B}=\frac{\mu_0}{4\pi}\frac{q\boldsymbol{v}\times\boldsymbol{r}}{r^3}$。则质子 a 在质子 b 处产生的磁场大小为 $B_a=\frac{\mu_0}{4\pi}\frac{ev_a\sin45^\circ}{r^2}$，方向垂直纸面向外。

由洛仑兹公式，可得质子 b 受到的磁力大小为

$$F_{mb}=ev_bB_a=\frac{\mu_0}{4\pi}\frac{e^2v_av_b\sin45^\circ}{r^2}=\frac{4\pi\times10^{-7}}{4\pi}\frac{(1.6\times10^{-19})^2\times1\times10^7\times2\times10^7\times\frac{\sqrt{2}}{2}}{(10^{-6})^2}$$

$$\approx3.6\times10^{-19}(\mathrm{N})$$

方向水平向右。

同理，质子 b 在质子 a 处产生磁场大小为 $B_b=\frac{\mu_0}{4\pi}\frac{ev_b\sin45^\circ}{r^2}$，方向垂直纸面向外。可得质子 a 受到的磁力大小为

$$F_{ma}=ev_bB_a=\frac{\mu_0}{4\pi}\frac{e^2v_av_b\sin45^\circ}{r^2}\approx3.6\times10^{-19}(\mathrm{N})$$

方向水平向左。

显然，两质子间的磁力作用大小远小于相互之间的电力作用。

5. 带电粒子在电磁场中的运动

当带电粒子在电磁场中运动时，会受到电磁场的作用，从而影响其运动情况。

若空间电场强度为 $\boldsymbol{E}$，磁感应强度为 $\boldsymbol{B}$，对一个带电量为 q、以速度 $\boldsymbol{v}$ 运动的带电粒子，其所受到的电磁场的作用力为

$$\boldsymbol{F}=q\boldsymbol{E}+q\boldsymbol{v}\times\boldsymbol{B}$$

然后根据其受力情况，可以由牛顿第二定律分析其相应的运动情况。

若只有电场存在的情况，带电粒子仅受到电场力的作用，即 $\boldsymbol{F}=q\boldsymbol{E}$。带电粒子在任何位置受到的作用力仅和该位置处的电场有关，和粒子的运动速度无关，一般可相对较容易从电场分布得到带电粒

子的运动情况。如果电场为均匀电场,则带电粒子受到恒力的作用,则粒子的加速度也为恒定值,此时粒子做匀变速直线运动或者类抛体运动,运动的求解比较简单。

若只有磁场存在的情况,带电粒子仅受到磁场力的作用,即 $\boldsymbol{F}=q\boldsymbol{v}\times\boldsymbol{B}$。带电粒子受到的磁场力作用不仅和该位置处的磁感应强度 $\boldsymbol{B}$ 有关,还和粒子的运动速度 $\boldsymbol{v}$ 有关,因此其运动的求解一般是比较麻烦的。但由于磁场力始终和粒子运动速度的方向垂直,不会改变粒子运动速度的大小,因此粒子在只有磁场的情况下其运动速度的大小不会发生变化,即粒子做匀速率运动。

对均匀磁场的情况,因为粒子速度大小不变,磁感应强度 $\boldsymbol{B}$ 也是不变的,因此仅需考虑速度和磁场间夹角的问题。一般对均匀磁场下带电粒子的运动可分成三种情况讨论:

第一种,粒子初始速度方向和磁场方向平行(相同或相反),此时粒子受到的磁场力为零,粒子速度不改变,即粒子维持匀速直线运动。

第二种,带电粒子初速度方向和磁场方向垂直,如图 4-13 所示。此时粒子受到的磁场力大小为 $F=qvB$,方向和速度方向垂直,和磁场方向也垂直,即力和速度都在垂直于磁场的平面内。此时带电粒子在此垂直于磁场的平面内做匀速率圆周运动。带电粒子受到的磁场力,即洛仑兹力起到了向心力的作用,因此

$$qvB=m\frac{v^2}{r}$$

其中 r 为带电粒子所做圆周运动轨道的半径。由上式可以求得此轨道半径为

$$r=\frac{mv}{qB}$$

即粒子做圆周运动的轨道半径与粒子的质量、带电量、速度大小及磁场的磁感应强度大小有关。

由粒子做圆周运动的半径和速度,可求得其绕圆周轨道一圈的时间(周期)为

$$T=\frac{2\pi r}{v}=\frac{2\pi m}{qB}$$

即带电粒子在均匀磁场中做圆周运动的周期与粒子的质量、带电量及磁场的磁感应强度大小有关,但和粒子运动的速度大小无关。注意,正、负电荷在磁场中做圆周运动的绕行方向相反,图 4-13(a)中正电荷做顺时针方向的圆周运动,而图 4-13(b)中的负电荷在同样磁场中做逆时针方向的圆周运动。

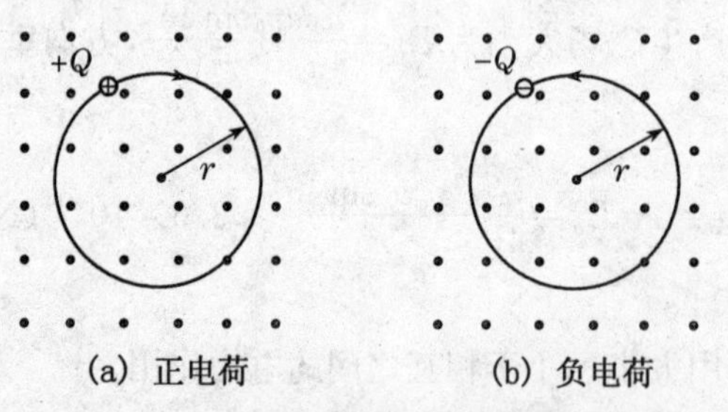

图 4-13 均匀磁场中电荷的圆周运动

第三种,带电粒子初速度 $\boldsymbol{v}$ 和磁场 $\boldsymbol{B}$ 成一定角度 θ(既不平行也不垂直)。带电粒子受到的磁场力仍然在垂直于磁场方向的平面内,因此可将粒子的运动分解为平行于磁场和垂直于磁场两个运动的合成。在平行于磁场方向,粒子速度的分量为 $v\cos\theta$,粒子做匀速直线运动;在垂直于磁场方向的平面内,粒子做速度大小为 $v\sin\theta$ 的匀速率圆周运动,该圆周运动的轨道半径为 $r=\frac{mv\sin\theta}{qB}$,周期为 $T=\frac{2\pi m}{qB}$。综合两者,带电粒子的合运动的轨迹为一螺旋线(Corkscrew motion),如图 4-14 所示。该螺旋线的螺距(即粒子绕行一圈后前进的距离)为

$$h=v_{//}T=v\cos\theta\frac{2\pi m}{qB}$$

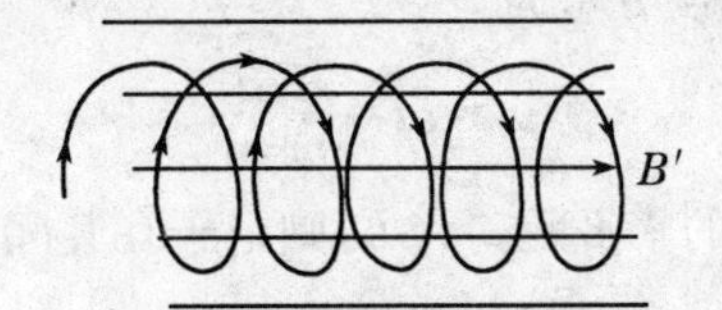

图 4-14 均匀磁场中带电粒子的螺旋运动

带电粒子在电磁场中的运动问题是实际研究和应用中非常常见的问题，利用带电粒子在电磁场中的运动情况的特点可以进行许多研究和应用。下面给出一些带电粒子在电磁场中运动的应用例子。

(1) 电子荷质比的测量

影响物质电磁性质的重要微观粒子——电子的发现是由汤姆孙在 1890 年对阴极射线的研究开始的。汤姆孙于 1897 年宣布测定了阴极射线的荷质比，并发现阴极射线实际上是一种比氢原子小得多的带电粒子所组成，这种带电粒子就是电子。

汤姆孙实验装置的原理图如图 4-15(a)所示。电子自阴极 K 射出后，受到阴极 K 与阳极 A 之间电场的加速作用进行加速，然后通过阳极 A 中心的小孔匀速前进。A'中心的小孔用来选出沿水平方向运动的电子束。CD 为电容器的两极板，可在极板间产生均匀电场。当 CD 极板不加电压时，极板间电场为零，另外也没有磁场时，通过 A'小孔的电子束将沿直线匀速前进。最终到达荧光屏 S 上的 O 点。可以通过观察 O 的光点的情况了解电子束的运动情况。如图 4-15(b)所示，在 CD 极板上加上一定的电压，C 为正极，D 为负极，在 CD 中就产生了一个竖直向下的电场 $\boldsymbol{E}$。此时电子束在此电场中就受到电场力的作用而向上偏转，到达荧光屏的位置就偏转到 O'点。在有外加电场下电子束的运动轨迹在电场范围内为抛物线，在离开电场范围为直线运动。若电子所带的电量大小为 e，则电子在电场中受力大小为 $F=eE$，因而在电场中做抛物线运动的加速度为

$$a=\frac{eE}{m}$$

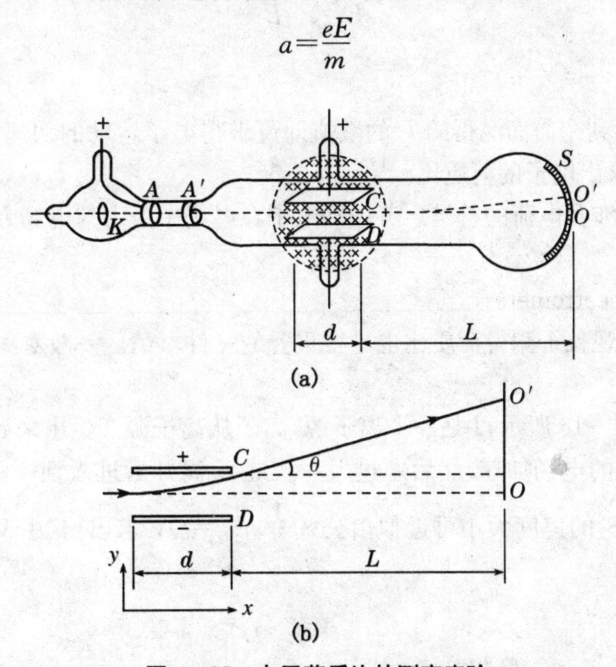

图 4-15 电子荷质比的测定实验

设电子沿水平方向以速度 v_0 射入电场区间，电容器长度为 d，电子在电容器中间运动的时间为 $t=\frac{d}{v_0}$，则电子在电场区间内运动过程中，y 方向位移为

$$y_1=\frac{1}{2}at^2=\frac{1}{2}\frac{eEd^2}{m\,v_0^2}$$

电子在离开电场时，y 方向的速度分量为

$$v_y = at = \frac{eE}{m}\frac{d}{v_0}$$

由于离开电场区域后到显示屏的水平距离为 L，则电子在其间运动的时间为

$$t' = \frac{L}{v_0}$$

这段时间内，电子在 y 方向的位移为

$$y_2 = v_y t' = \frac{eE}{m}\frac{d}{v_0}\frac{L}{v_0}$$

因此，电子在 y 方向的总位移为

$$y = y_1 + y_2 = \frac{1}{2}\frac{eEd^2}{m\,v_0^2} + \frac{eE}{m}\frac{d}{v_0}\frac{L}{v_0} = \frac{e}{m}\frac{E}{v_0^2}\left(dL + \frac{1}{2}d^2\right)$$

故可得到电子的荷质比为

$$\frac{e}{m} = \frac{v_0^2 y}{E}\frac{1}{dL + \frac{1}{2}d^2}$$

式中：d、L 为已知参数；E 是电容器极板中的电场强度，可由电容器参数及所加电压求得；y 可由实验测定，而唯一暂时不知道的就是电子的初速度 v_0。

要求得 v_0 的大小，可利用以下方法，即在电容器电场处施加一与电场垂直（沿 z 方向）的可调磁场，方向垂直于纸面向里。调节磁场使光点回到原来的位置。则此时电子在电容器极板中间范围内运动时，除受到大小为 $f_e = eE$ 的电场力作用外，还受到大小为 $f_m = ev_0B$ 的磁场力的作用，这两个力相互平衡。故有

$$eE = ev_0B$$

因此，可得 $v_0 = \frac{E}{B}$。

测量出 B 的数值，再利用前面测得的 E 的数值即可求得电子运动的初速度 v_0，最后将之代入电子荷质比的公式中即可求出电子的荷质比。

注意，这里运算中未涉及电荷的符号。考虑到电子在电场中受力与电场方向的关系，可知电子所带电量为负值。

(2) 质谱仪(Mass spectrometer)

除电子外，对其他微观粒子测得荷质比也是很重要的一件事情。一般对离子，通常采用质谱仪来测定其荷质比。

质谱仪的原理如图 4-16 所示，I 是一个离子源，离子从离子源产生出来后经狭缝 S_1 进入到一对平行板间，并被平行板间的电场加速，然后通过另一狭缝 S_2 离开后进入到一垂直纸面方向的均匀磁场区域。离子离开狭缝 S_2 的速度大小可近似由公式 $\frac{1}{2}mv^2 = QV$ 求出，其中 V 为两极板间所加的电压。可以求得

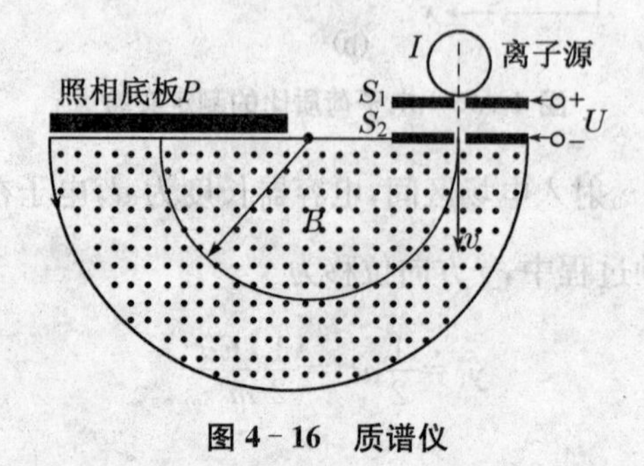

图 4-16 质谱仪

$$v=\sqrt{2\left(\frac{Q}{m}\right)V}$$

在均匀磁场中,离子做匀速率圆周运动,运动半周后落到照相底板 P 上,并留下痕迹。从痕迹所在位置,可知道该离子在均匀磁场中做圆周运动轨道的半径 r。由磁场中离子做圆周运动的公式,有

$$r=\frac{mv}{QB}=\frac{m}{QB}\sqrt{2\left(\frac{Q}{m}\right)V}=\sqrt{2\frac{m}{Q}\frac{V}{B^2}}$$

因此,可求得离子的荷质比为

$$\frac{Q}{m}=\frac{2V}{B^2r^2}$$

故只要测得 V、B 及 r 的数值,就可求得该离子的荷质比。若再通过其他方法测量得到离子的电荷量 Q,就可以求出该离子的质量。

(3) 回旋加速器(Cyclotron)

在电磁工程及高能物理中经常需要将带电粒子加速到很高的能量。最直接的方法是利用直线加速器,即在一长的直线管道两端产生一足够大的电压 V 来使粒子加速,带电粒子所能获得的最大能量取决于电势差 V。但若要将粒子加速到较高的能量时,该方法需要很长的加速管道,这在实际工程上较为困难。利用带电粒子在磁场中的运动轨迹是圆形这一特点可以设计一种循环操作的粒子加速器,即回旋加速器。回旋加速器利用磁场使粒子多次经过一个较小的电势差而获得较高的能量。

回旋加速器的原理图如图 4－17 所示,两个中空的半圆形的 D 形金属盒相互之间绝缘放置且中间有一较小的裂隙,垂直于 D 形盒的圆面加一均匀磁场,两半盒与一交流电源连接使得在裂隙处产生一交变电场(由于静电屏蔽效应,D 形盒内部电场为零)。在盒中心附近有一离子源可发射出离子,射出的离子被裂隙中的电场加速射向另一 D 形盒。在 D 形盒内部,因为只有磁场的作用,离子做匀速率圆周运动,此圆周运动的轨道半径为

$$r=\frac{mv}{QB}$$

运动周期为

$$T=\frac{2\pi m}{qB}$$

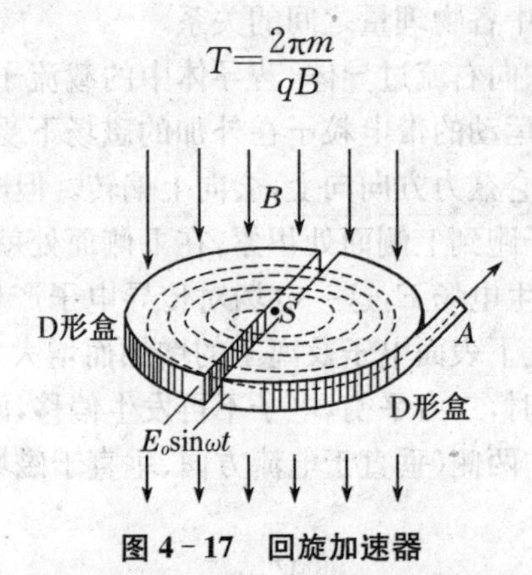

图 4－17　回旋加速器

经过 $T/2$ 的时间,离子运动了半圈,离开此 D 形盒进入裂隙。若两盒间交流电的周期也刚好为 T,则此时裂隙间的电压刚好反相,离子在裂隙中仍获得加速,经过很短时间进入另一 D 形盒。在此 D 形盒中,离子仍做匀速率圆周运动,由于速度大小增加了,圆周运动的轨道半径增大了,但运动周期不变。再经半个周期又绕回到裂隙处,此时裂隙处的电压再次反相,对离子仍为加速作用。

如此重复多次,若交流电的周期和离子在 D 形盒中做圆周运动的周期刚好匹配,离子每次经过裂隙时都会被电场加速,速度大小不断提高,在 D 形盒内做圆周运动的轨道半径也逐渐增大,其实际总的运动轨迹如图 4－17 中的虚线所示。

直到离子轨道半径达到 D 形盒的最大半径尺寸 R,即离子运动到 D 形盒的边缘时,可通过一缺

口沿切线离开此回旋加速器。此时，离子获得了最大速度。可计算出，此最大速度为

$$v_{\max}=\frac{QBR}{m}$$

从回旋加速器出来的离子的动能为

$$E_k=\frac{1}{2}mv_{\max}^2=\frac{Q^2B^2R^2}{2m}$$

(4) 霍尔效应(Hall effect)

在当代电子工业中，很多重要的设备和器件都是利用半导体材料制备的。在对半导体材料的性能表征中，一个很常用的方法就是对材料霍尔效应的测量和研究。

霍尔效应的原理示意图如图 4－18 所示，将一导电板放在垂直于其板面的磁场中，若沿着导体板有电流通过时，在导体板的上下两侧会产生电势差 $V_{AA'}$，这一效应称为霍尔效应。

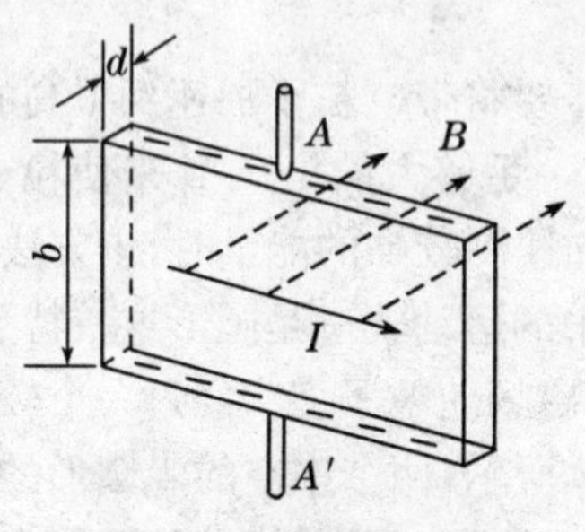

图 4－18　霍尔效应

实验发现，对一般材料，电势差 $V_{AA'}$ 与板上通过的电流 I 和所加磁场的磁感应强度 B 成正比，与板的厚度 d 成反比，即

$$V_{AA'}=K\frac{IB}{d}$$

式中的比例系数 K 称为霍尔系数，是一个仅和材料有关的物理量。

下面我们推导一下霍尔效应中各物理量之间的关系。

如图 4－18 所示，设电流自左向右流过导体，若导体中的载流子为带负电的电子，则电子实际的定向运动方向是从右向左。这一运动的带电粒子在外加的磁场下受到洛仑兹力的作用，可根据洛仑兹力的公式知道此电子受到的洛仑兹力方向向上，会向上偏转。但电子不能跑出导体板，因此会在上侧面处积累起来。同时，由于电子跑到上侧面处积累，在下侧面处就对应有正离子的积累，在上下侧面间积累的正离子和电子就会产生电场 $\boldsymbol{E}$，这一电场对传导电子产生一向下的电场力以平衡其受到的磁场力的作用，此电场大小随上下表面电子及离子的增加而增大。当作用于传导电子上向下的电场力等于作用于其向上的磁场力时，二力平衡，电子不再发生偏移，两侧电荷积累不再发生改变，两侧的电势差保持稳定，即导体相应的两侧(垂直于电流方向、垂直于磁场方向)存在横向的电势差。由于此时电场力等于磁场力，因此

$$QE=Q\frac{V_{AA'}}{b}=Qv_dB$$

其中 v_d 为运动电荷的定向运动速度(漂移速度)。由上章的内容我们知道，导体上电流和载流电荷的漂移速度间关系为

$$I=jS=nQv_dbd$$

即有

$$v_d=\frac{I}{nQbd}$$

因此，$V_{AA'}=bv_dB=\dfrac{1}{nQ}\dfrac{IB}{d}$。

这样，我们就得到了前述的霍尔效应的公式，而且可以知道材料的霍尔系数：

$$K=\frac{1}{nQ}$$

即霍尔系数与材料中载流子浓度 n 及每个载流子所带的电量 Q 有关。因此，通过霍尔效应的测量可以反映出材料本身的载流子浓度 n 以及是哪种载流子导电这些信息。注意，若导电的粒子不是电子，而是带正电荷的粒子，则霍尔效应所得到的电压方向及霍尔系数是相反的。

注意，霍尔系数与载流子浓度 n 成反比。对传统的导体，载流子浓度很高，因此霍尔效应很小，很难将之应用。而在半导体材料中，载流子浓度相对比较小，因此具有非常明显的霍尔效应，可进行很多应用。此外，在半导体材料中，存在 n 型(电子导电)半导体和 p 型(空穴导电)半导体，导电的载流子带电符号相反，霍尔效应的电压也相反，可以用霍尔效应来判别是哪种半导体类型。

6. 磁场的高斯定理　安培环路定理

(1) 高斯定理

对静电场的情况，我们给出了静电场的高斯定理和环路定理。和电场一样，磁场也有相应的高斯定理和环路定理。

类似于在电场中我们用电场线来形象地描述电场的分布情况，在磁场中，我们也可以用磁感应线来描绘磁场的分布。磁感应线应是这样的有向曲线，线上任意点处的切线方向都和该点处磁感应强度 $\boldsymbol{B}$ 的方向一致。同样，类似于电场线一样，可以用磁感应线的疏密程度来表示磁感应强度的大小。要求在磁场中任一点，在垂直于该点磁感应强度方向的单位面积上通过的磁场线的根数和该点的磁感应强度的大小成正比，这样就可以利用磁感应线来描述磁场中任意点处的磁感应强度的相对大小，即在磁场线比较密集的地方磁感应强度比较大，在磁场线比较稀疏的地方磁感应强度比较小。图 4-19 给出了几种电流产生磁场的磁感应线情况的例子。

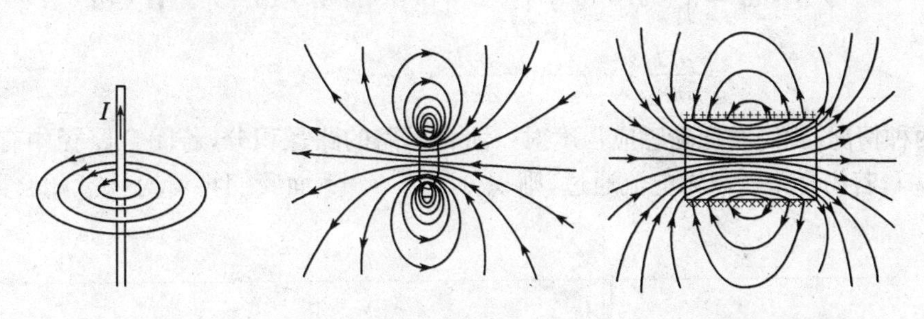

(a) 长直导线磁感应线　(b) 电流环磁感应线　(c) 螺线管磁感应线

图 4-19　几种电流的磁感应线

与电通量类似，也可以定义磁通量(Magnetic flux)的概念。在直观上可以用磁感应线的图像来描述，即通过一个平面的磁通量可看做通过这个平面的磁感应线的根数。

和电通量的问题类似，对于一微小面元 d$\boldsymbol{S}$，若该处的磁感应强度为 $\boldsymbol{B}$，则通过该面元的磁通量为

$$\Phi_{\mathrm{B}}=\boldsymbol{B}\cdot\mathrm{d}\boldsymbol{S}$$

因此，对于任意曲面 S 来说，通过曲面的磁通量为

$$\Phi_{\mathrm{B}}=\int_{S}\boldsymbol{B}\cdot\mathrm{d}\boldsymbol{S}$$

对于一个闭合曲面来说，通过曲面向外的磁通量为

$$\Phi_{\mathrm{B}}=\oint_{S}\boldsymbol{B}\cdot\mathrm{d}\boldsymbol{S}$$

在国际单位制中，磁通量的单位为韦伯(Wb)。

无论对电流元的磁场，还是任意电流产生的磁场，我们都发现任何磁场的磁感应线总是无头无尾

的闭合线。因此，对任意闭合曲面来说，任何一条磁感应线要么不经过该闭合曲面，要么穿进该闭合曲面的磁感应线必然会穿出来，不会中断在闭合曲面的内部。也就是说，对任意闭合曲面，有多少磁感应线穿进去，就有相同数量的磁感应线穿出来，该闭合曲面上的磁通量总和等于零，即

$$\oint_S \boldsymbol{B} \cdot \mathrm{d}\boldsymbol{S} = 0$$

这称为磁场的高斯定理。对于任意情况的磁场，这一定理都保持成立。

(2) 安培环路定理(Ampere's law)

在静电学中，我们有环路定理 $\oint_L \boldsymbol{E} \cdot \mathrm{d}\boldsymbol{l} = 0$，即电场强度沿任意闭合回路的路径积分等于零。那么对磁场，磁感应强度沿闭合路径的路径积分会得到什么结果呢？

我们以无限长载流直导线产生的磁场为例，看看这一路径积分的情况。

先看一种简单的情况：在垂直于载流直导线的一平面上，取以导线和平面交点为圆心的一个圆形回路，如图 4－20(a)所示。设此圆半径为 r，由前面对无限长载流直导线磁场的计算可知，在圆上任意点处的磁感应强度大小为

$$B=\frac{\mu_0 I}{2\pi r}$$

方向沿圆环的切线方向。因此，磁感应强度沿着此闭合回路的路径积分为

$$\oint_L \boldsymbol{B} \cdot \mathrm{d}\boldsymbol{l} = \frac{\mu_0 I}{2\pi r} \cdot 2\pi r = \mu_0 I$$

即磁感应强度沿这一闭合回路的路径积分等于真空磁导率 μ_0 乘以载流导线的电流 I。

再看图 4－20(b)中的情况，回路为图中的扇形 $abcda$，即由两段圆弧及两段沿径向的直线段构成。则沿此闭合路径的路径积分为

$$\oint_L \boldsymbol{B} \cdot \mathrm{d}\boldsymbol{l} = \int_{a\to b} \boldsymbol{B} \cdot \mathrm{d}\boldsymbol{l} + \int_{b\to c} \boldsymbol{B} \cdot \mathrm{d}\boldsymbol{l} + \int_{c\to d} \boldsymbol{B} \cdot \mathrm{d}\boldsymbol{l} + \int_{d\to a} \boldsymbol{B} \cdot \mathrm{d}\boldsymbol{l}$$

$$=\frac{\mu_0 I}{2\pi r_a} \cdot r_a\varphi + 0 - \frac{\mu_0 I}{2\pi r_c} \cdot r_c\varphi + 0 = 0$$

综合这两种情况，我们发现磁感应强度对一闭合回路的路径积分，若闭合路径中有电流 I 通过，则积分等于 $\mu_0 I$；若闭合路径内无电流通过，则积分等于 0。下面我们再看对任意闭合回路是否仍满足这一原则。

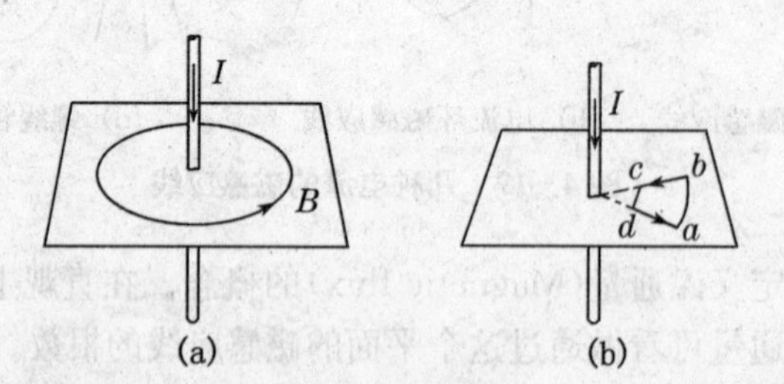

图 4－20 长直导线情况下的安培环路定理(特殊回路)

如图 4－21(a)所示，在垂直于无限长载流直导线平面内，取一任意包围导线的闭合回路 L。对回路上一段微元 $\mathrm{d}\boldsymbol{l}$，磁感应强度沿该微元路径的乘积为

$$\boldsymbol{B} \cdot \mathrm{d}\boldsymbol{l} = B\mathrm{d}l\cos\theta = Br\mathrm{d}\varphi = \frac{\mu_0 I}{2\pi r} r\,\mathrm{d}\varphi = \frac{\mu_0 I}{2\pi}\mathrm{d}\varphi$$

可求得磁感应强度沿闭合路径的路径积分为

$$\oint_L \boldsymbol{B} \cdot \mathrm{d}\boldsymbol{l} = \frac{\mu_0 I}{2\pi}\oint_L \mathrm{d}\varphi = \mu_0 I$$

对图 4－21(b)中不包围导线的闭合回路，可如图分成 L_1 和 L_2 两部分。其中从 A 沿 L_1 到 C 路径的路径积分为

$$\int_{AL_1C}\boldsymbol{B}\cdot\mathrm{d}\boldsymbol{l}=\frac{\mu_0 I}{2\pi}\int_{AL_1C}\mathrm{d}\varphi=\frac{\mu_0 I}{2\pi}\varphi$$

同样，从 A 沿 L_2 到 C 路径的路径积分也为 $\frac{\mu_0 I}{2\pi}\varphi$，则从 C 沿着 L_2 到 A 路径的路径积分也为 $-\frac{\mu_0 I}{2\pi}\varphi$。因此，对此闭合回路的路径积分为

$$\oint_L\boldsymbol{B}\cdot\mathrm{d}\boldsymbol{l}=\int_{AL_1C}\boldsymbol{B}\cdot\mathrm{d}\boldsymbol{l}+\int_{CL_2A}\boldsymbol{B}\cdot\mathrm{d}\boldsymbol{l}=\frac{\mu_0 I}{2\pi}\varphi-\frac{\mu_0 I}{2\pi}\varphi=0$$

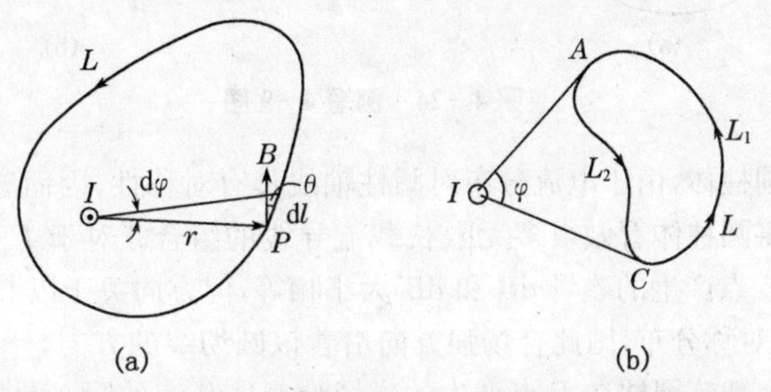

图 4-21　长直导线情况下的安培环路定理(任意回路)

由上可知，在无限长载流直导线产生的电场中，磁感应强度沿任意闭合路径的路径积分等于穿过该闭合路径的全部电流的代数和的 μ_0 倍，用公式表示为

$$\oint_L\boldsymbol{B}\cdot\mathrm{d}\boldsymbol{l}=\mu_0\sum_{\text{closed}}I$$

这称为稳恒电流磁场的环路定理，或称安培环路定理。

我们这里的推导仅考虑了无限长载流直导线产生的磁场这一种情况，数学上可以证明，对任意闭合的稳恒电流产生的磁场，都满足安培环路定理。

注意，安培环路定理仅对闭合的稳恒电流产生的磁场才成立，对一段不闭合的稳恒电流激发的分磁场，安培环路定理并不成立。如图 4-22 所示，对图中矩形线圈回路，若回路中通有稳恒电流 I，则产生的磁场对图中所示绕 bc 段的圆形回路的环路积分满足安培环路定理。但若仅考虑 bc 段电流产生的磁场，在该圆形回路的环路积分显然不满足安培环路定理。因此，利用安培环路定理处理问题时必须针对闭合回路总体产生的磁场情况(无限长载流直导线也可看做闭合回路)。

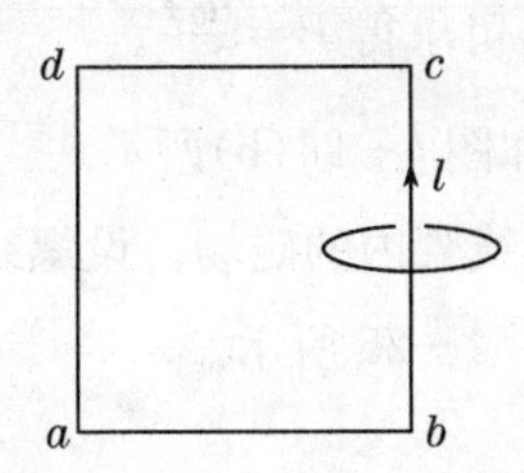

图 4-22　安培环路定理的条件

另外要注意的是，在安培环路定理中，我们习惯定义和闭合回路积分的绕行方向成右手螺旋关系的方向的电流数值为正值，与其方向相反的电流数值为负值。当有多段电流通过闭合回路所围的曲面时，总电流为各电流(包括正负)的总代数和。如图 4-23 所示，对图中所示圆形回路的安培环路定理应写为

$$\oint_L\boldsymbol{B}\cdot\mathrm{d}\boldsymbol{l}=\mu_0\sum_{\text{closed}}I=\mu_0(I_1-2I_2)$$

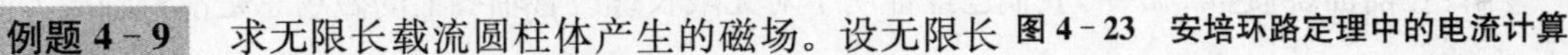

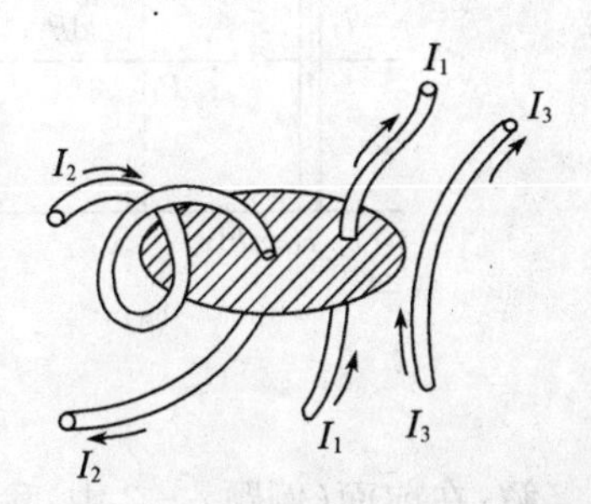

图 4-23　安培环路定理中的电流计算

例题 4-9　求无限长载流圆柱体产生的磁场。设无限长

圆柱体沿轴向有电流 I 通过，电流均匀分布在整个截面上，导体的半径为 a，如图 4-24(a)所示。

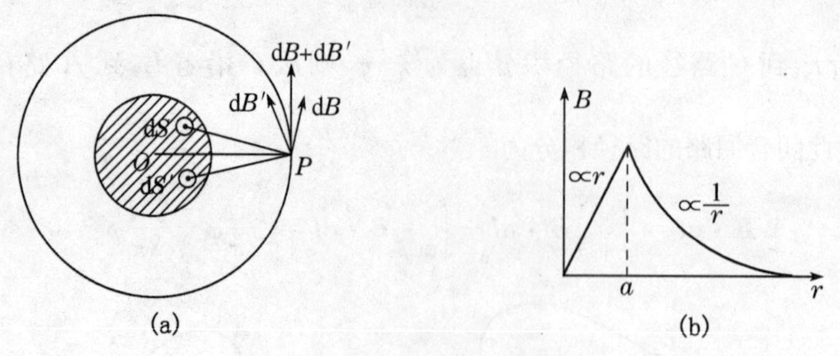

图 4-24　例题 4-9 图

解：对无限长载流圆柱体，由于电流分布对圆柱轴线具有对称性，因而磁场分布对轴线也具有对称性。如图所示，可以将圆柱体看做很多无限长载流导线的组合。对于 P 点来说，两段关于 OP 对称的导线 dS 和 dS' 在 P 点产生的磁场 $d\boldsymbol{B}$ 和 $d\boldsymbol{B}'$ 大小相等，但方向关于以 O 点(圆柱的轴)为圆心过 P 点的圆的切线方向呈对称分布，因此合场强方向沿着该圆切线的方向。整个载流圆柱都可以分为这些对称部分，因此整个载流圆柱在 P 点产生的磁场沿着过 P 点的同心圆的切线方向。故整个空间磁感应线的方向都应该是在垂直轴线平面内以轴线为中心的同心圆的切线方向，且其方向和圆柱电流方向间呈右手螺旋关系。在同一圆周上磁场大小相等。

由以上分析，可以利用安培环路定理来求解此类问题。

取垂直轴线平面内以轴线为中心的同心圆(半径为 r，绕行方向和磁场方向一致)作为回路应用安培环路定理，则沿此回路的磁感应强度的路径积分为

$$\oint_L \boldsymbol{B} \cdot d\boldsymbol{l} = B \cdot 2\pi r$$

当在圆柱体内部即 $r<a$ 时，则回路中所通过的电流为

$$I_{\text{closed}} = \frac{I}{\pi a^2}\pi r^2 = \frac{Ir^2}{a^2}$$

由安培环路定理，有 $B \cdot 2\pi r = \mu_0 \frac{Ir^2}{a^2}$，可求得 $B = \frac{\mu_0 Ir}{2\pi a^2}$。

当在圆柱体外部即 $r>a$ 时，则回路中所通过的电流为 $I_{\text{closed}} = I$。

由安培环路定理，有 $B \cdot 2\pi r = \mu_0 I$，可求得 $B = \frac{\mu_0 I}{2\pi r}$。

磁感应强度 B 的大小和 r 的关系如图 4-24(b)所示。

例题 4-10　求无限长载流直螺线管内的磁场。设螺线管是均匀密绕的，缠绕密度(即单位长度上的线圈匝数)为 n，通有电流 I，如图 4-25 所示。

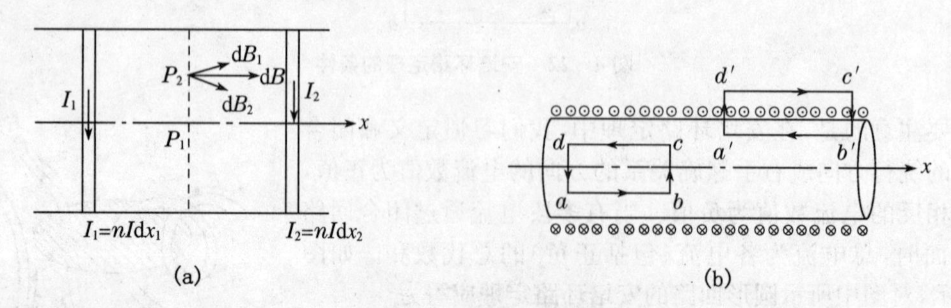

图 4-25　例题 4-10 图

解：在前面(例题 4-3 中)我们已经证明了对无限长螺线管轴线上的磁场总是沿着轴线方向且大

小均匀。而对于不在轴线的位置，我们也可证明其磁场方向也沿轴线方向。

如图 4-25(a)所示，对不在轴线的 P_2 点，取螺线管上到 P_2 点距离相同的左、右两个大小相同的电流环 I_1 和 I_2，显然两电流环在 P_2 点产生的磁场都不沿着轴向。但由对称性可知，两电流环产生的磁场方向关于轴线方向是对称的。因此，其合场强方向指向轴线方向。而无限长螺线管相对于 P_2 点总可以分为这些对称的电流环，因此整个无限长螺线管在 P_2 点产生的磁场沿着轴线的方向。

下面我们再证明螺线管内各处的磁场大小也是均匀的。

由对称性，无限长螺线管中到轴线距离相同处磁场大小应该相同，且方向都沿着轴线方向。如图 4-25(b)所示，取一矩形回路 $abcd$，其中 ab 部分和 cd 部分都平行于轴线。对该回路应用安培环路定理，则沿该回路的磁感应强度的积分为

$$\oint_L \boldsymbol{B} \cdot \mathrm{d}\boldsymbol{l} = B_1 \cdot l_{ab} - B_2 \cdot l_{cd}$$

其中：B_1 为 ab 处的磁场大小；B_2 为 cd 处的磁场大小。且 ab 段长度等于 cd 段长度。

而该回路中通过的电流为零，由安培环路定理，有

$$B_1 \cdot l_{ab} - B_2 \cdot l_{cd} = (B_1 - B_2) \cdot l_{ab} = 0$$

因此，必然有 $B_1 = B_2$，即在螺线管内部任意位置处磁场大小相等。

对螺线管外，磁场也应为均匀磁场，但其空间无限大，因此其磁场大小为零。

如图 4-25(b)所示，现在取矩形回路 $a'b'c'd'$，该回路跨过螺线管的导线，则沿该回路的磁感应强度的积分为 $\oint_L \boldsymbol{B} \cdot \mathrm{d}\boldsymbol{l} = B \cdot l_{a'b'}$。

而该回路中通过线圈的根数为 $N = nl_{a'b'}$，因此回路中通过的总电流为 $I_{\mathrm{closed}} = NI = nl_{a'b'}I$。

由安培环路定理，有 $B \cdot l_{a'b'} = \mu_0 nl_{a'b'}I$，可得 $B = \mu_0 nI$，即无限长螺线管为均匀磁场，大小为 $B = \mu_0 nI$，方向沿着轴线方向。和例题 4-3 结果一致。

例题 4-11　求载流螺绕环(Toroid)的磁场。绕在圆环上的螺线形线圈叫作螺绕环[图 4-26(a)]。设环管的平均半径为 R，环上均匀密绕 N 匝线圈，每匝线圈通有电流 I。

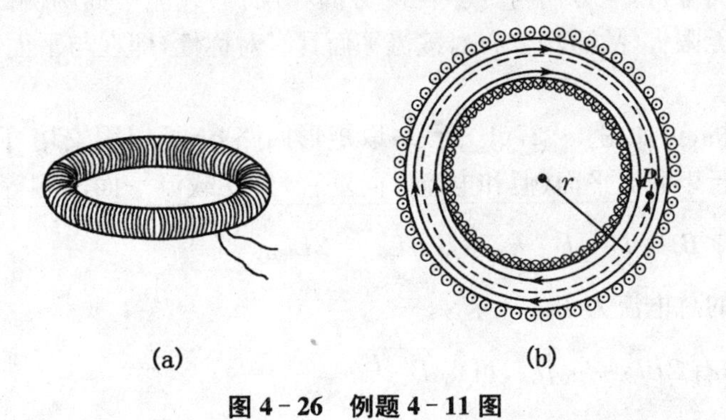

图 4-26　例题 4-11 图

解：根据电流分布的对称性可知，在管内的磁感应线为与环共轴的圆周，圆周上各点 B 大小相等，方向沿电流的右手螺旋方向。故取与环共轴、半径为 r 的圆周为安培环路 L[图 4-26(b)]。对该回路应用安培环路定理，则沿该回路的磁感应强度的积分为

$$\oint_L \boldsymbol{B} \cdot \mathrm{d}\boldsymbol{l} = B \cdot 2\pi r$$

而螺绕环上每匝线圈都通过该圆形回路一次，因此通过该回路的总电流为

$$I_{\mathrm{closed}} = NI$$

由安培环路定理，有 $B \cdot 2\pi r = \mu_0 NI$，可得 $B = \dfrac{\mu_0 NI}{2\pi r}$，即螺绕环中磁场大小和到螺绕环轴心的距离成反比。可见，螺绕环内的磁场并不是均匀磁场。但若螺绕环的横截面半径远小于螺绕环环管的

半径时，管内各处磁场大小的差别不大，可近似将环内看做均匀磁场。此时可取 $r\approx R$，管内磁场可写为

$$B=\frac{\mu_0 NI}{2\pi R}=\frac{\mu_0 NI}{L}=\mu_0 nI$$

式中 $n=\frac{N}{2\pi R}$ 为螺绕环的平均缠绕密度。

对环外任意一点，若过该点作一与环共轴的圆周为安培环路 L，则因穿过 L 的总电流为 0，因而有 $B=0$。

例题 4 - 12 求无限大载流平面所产生的磁场。设电流均匀地流过一无限大平面导体薄板，电流面密度为 j(即通过与电流方向垂直的单位长度的电流)，如图 4 - 27(a)所示。

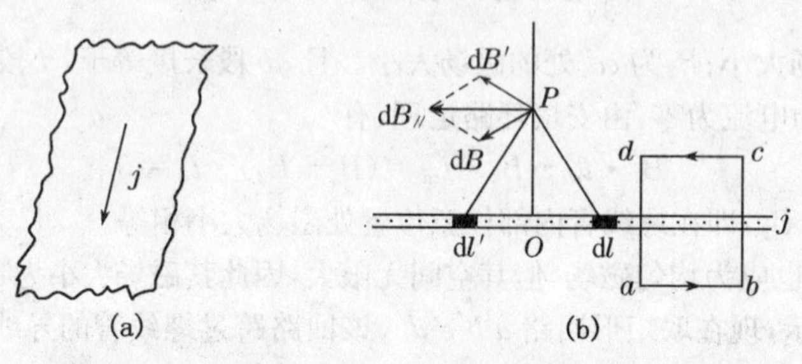

图 4 - 27 例题 4 - 12 图

解：无限大载流薄板可视为由无限多根平行排列的长直电流组成。如图 4 - 27(b)所示，对板外任意场点 P，相对 OP 对称地取一对宽度相等的长直电流 $j\,\mathrm{d}l$ 和 $j\,\mathrm{d}l'$，它们在 P 点产生的磁场分别为 $\mathrm{d}\boldsymbol{B}$ 和 $\mathrm{d}\boldsymbol{B}'$。由对称性，$\mathrm{d}\boldsymbol{B}$ 和 $\mathrm{d}\boldsymbol{B}'$ 相对于板面方向呈对称分布，合场强的方向平行于载流平面(但和电流方向垂直)。整个载流平面相对于 P 点总可以分成这些对称的电流对，因此载流平面在 P 点产生的总磁场的方向也平行于载流平面(但和电流方向垂直)。同样分析可以得到，对平面另一侧的位置，其总磁场也与载流平面平行，但方向与 P 点磁场方向相反，即载流平面两侧磁感应强度 $\boldsymbol{B}$ 的方向相反。又由于载流平面无限大，故磁场分布对载流平面具有对称性，即在与平面等距离的各点处磁感应强度 $\boldsymbol{B}$ 的大小相等。

由以上对称性分析，可如图 4 - 27(b)所示，取矩形回路 $abcd$ 应用安培环路定理。其中，矩形回路中 ab 段和 cd 段平行于载流平面(但和电流方向垂直)且在载流平面两侧等距离处，则沿该回路的磁感应强度的积分为 $\oint_L \boldsymbol{B}\cdot \mathrm{d}\boldsymbol{l}=B\cdot l_{ab}+B\cdot l_{cd}=2Bl_{ab}$。

而该回路中通过的总电流为 $I_{\text{closed}}=jl_{ab}$。

由安培环路定理，有 $2Bl_{ab}=\mu_0 jl_{ab}$，可得 $B=\frac{\mu_0 j}{2}$。

由以上分析可知，无限大均匀载流平面两侧的磁场大小相等、方向相反，并且是均匀磁场。

习　题

Multiple-Choice Questions

1. A narrow beam of protons produces a current of 1.6 ×10^{-3} A. There are 10^9 protons in each meter along the beam. Which of the following describes the lines of magnetic field in the vicinity of the beam due to the beam's current?

(a) Concentric circles around the beam

(b) Parallel to the beam

(c) Radial and toward the beam

(d) Radial and away from the beam

(e) There is no magnetic field

2. Two loops of wire centered at the origin with equal radii carry current of equal magnitude, as shown below. One loop lies on the xz plane, while the other lies on the xy plane. At the origin, which of the following vectors is parallel to the magnetic field?

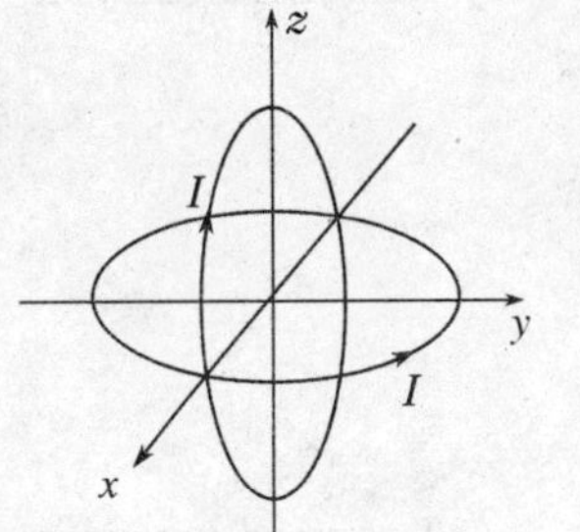

(a) $\boldsymbol{j}+\boldsymbol{k}$

(b) $\boldsymbol{j}-\boldsymbol{k}$

(c) $-\boldsymbol{j}+\boldsymbol{k}$

(d) $-\boldsymbol{j}-\boldsymbol{k}$

(e) none of the above

3. A current I flows through the circuit shown below. At the common center of the semicircular segments, what are the direction and magnitude of the magnetic field?

(a) pointing out of the page with a magnitude of $\frac{\mu_0 I}{4}\left(\frac{1}{r_1}-\frac{1}{r_2}\right)$

(b) pointing into the page with a magnitude of $\frac{\mu_0 I}{4}\left(\frac{1}{r_1}-\frac{1}{r_2}\right)$

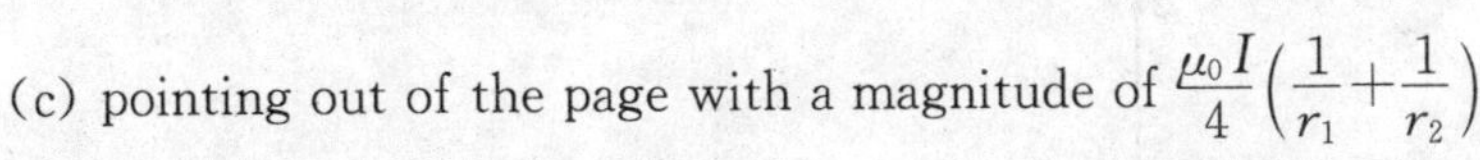

(c) pointing out of the page with a magnitude of $\frac{\mu_0 I}{4}\left(\frac{1}{r_1}+\frac{1}{r_2}\right)$

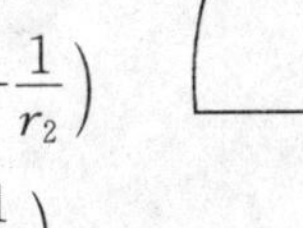

(d) pointing into the page with a magnitude of $\frac{\mu_0 I}{4}\left(\frac{1}{r_1}+\frac{1}{r_2}\right)$

(e) none of the above

4. A square loop of wire carrying a current I is initially in the plane of the page and is located in a uniform magnetic field $\boldsymbol{B}$ that points toward the bottom of the page, as shown below. Which of the following shows the correct initial rotation of the loop due to the force exerted on it by the magnetic field?

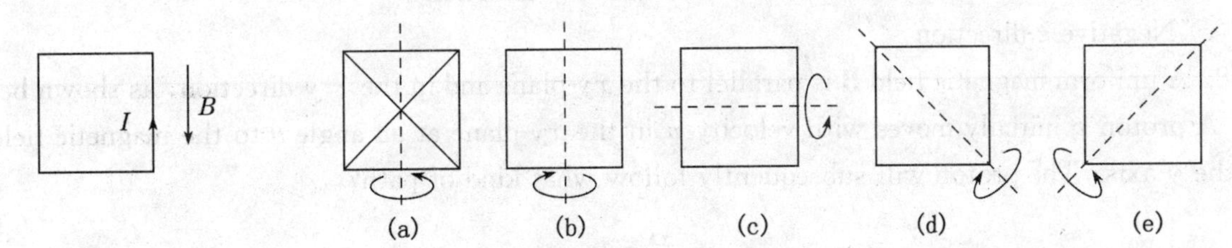

5. The currents in three parallel wires, X, Y, and Z, each have magnitude I and are in the directions shown below. Wire Y is closer to wire X than to wire Z. The magnetic force on wire Y is

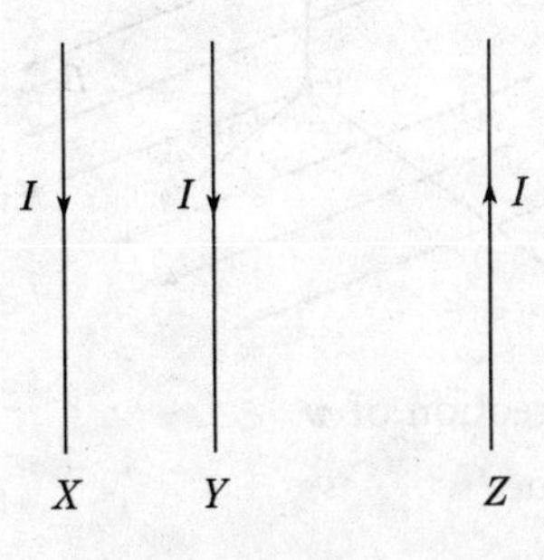

(a) zero

(b) into the page

(c) out of the page (d) toward the bottom of the page

(e) toward the left

6. A rigid, rectangular wire loop $ABCD$ carrying current I_1 lies in the plane of the page above a very long wire carrying current I_2, as shown below. The net force on the loop is

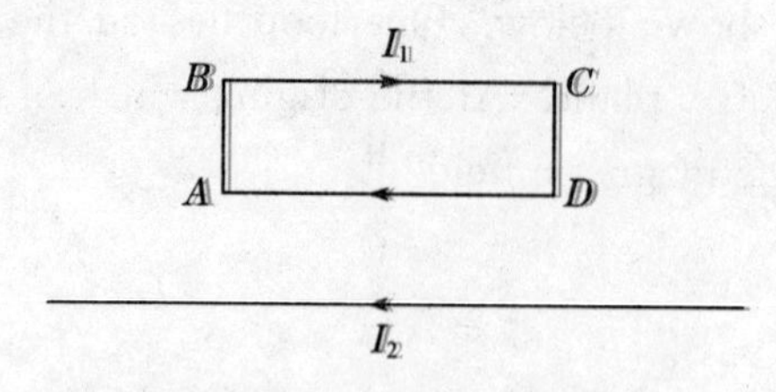

(a) toward the wire (b) away from the wire

(c) toward the left (d) toward the right

(e) zero

7. A beam of protons moves parallel to the x-axis in the positive x-direction, as shown below, through a region of crossed electric and magnetic fields balanced for zero deflection of the beam. If the magnetic field is pointed in the positive y-direction, in what direction must the electric field be pointed?

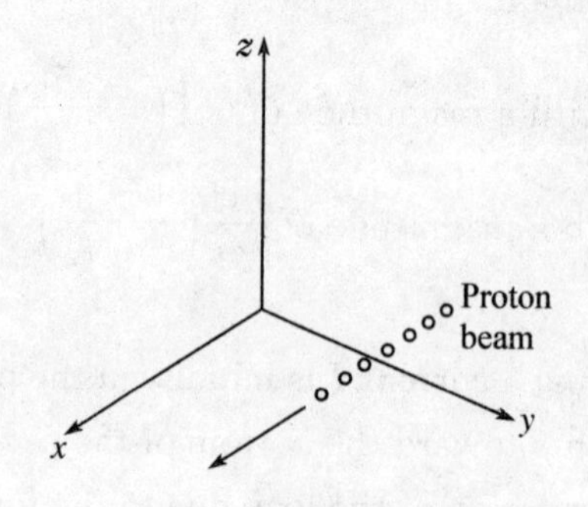

(a) Positive y-direction (b) Positive z-direction

(c) Negative x-direction (d) Negative y-direction

(e) Negative z-direction

8. A uniform magnetic field $\boldsymbol{B}$ is parallel to the xy-plane and in the $+y$-direction, as shown below. A proton p initially moves with velocity $\boldsymbol{v}$ in the xy-plane at an angle θ to the magnetic field and the y-axis. The proton will subsequently follow what kind of path?

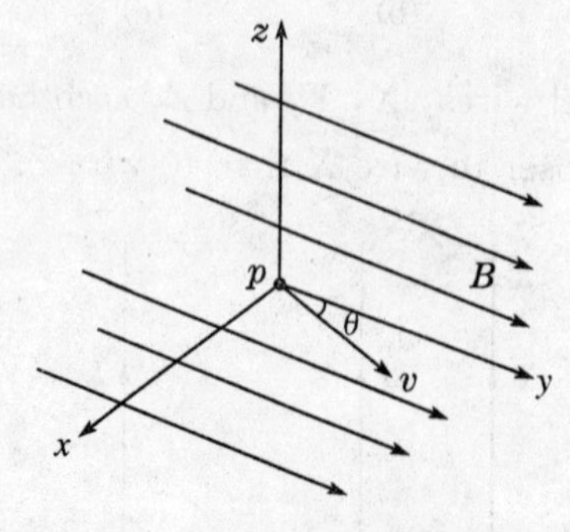

(a) A straight-line path in the direction of $\boldsymbol{v}$

(b) A circular path in the xy-plane

(c) A circular path in the yz-plane

(d) A helical path with its axis parallel to the y-axis

(e) A helical path with its axis parallel to the z-axis

Questions 9—10: A particle of charge $+e$ and mass m moves with speed v perpendicular to a uniform magnetic field $\boldsymbol{B}$ directed into the page. The path of the particle is a circle of radius r, as shown below.

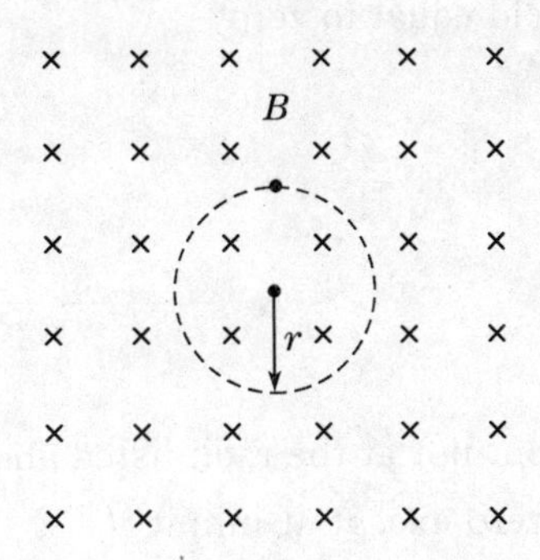

9. Which of the following correctly gives the direction of motion and the equation relating v and r?

	Direction	Equation
(a)	Clockwise	$eBr=mv$
(b)	Clockwise	$eBr=mv^2$
(c)	Counterclockwise	$eBr=mv$
(d)	Counterclockwise	$eBr=mv^2$
(e)	Counterclockwise	$eBr^2=mv^2$

10. Which of the following graphs best depicts how the frequency of revolution f of the particle depends on the radius r?

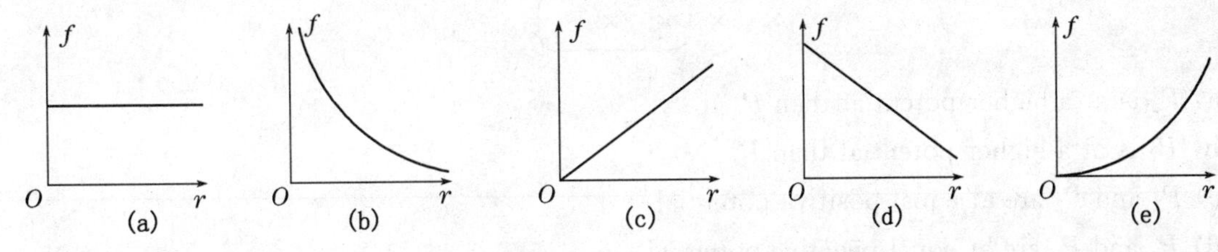

11. In which of the following cases does there exist a nonzero magnetic field that can be conveniently determined by using Ampere's law?

(a) Outside a point charge that is at rest

(b) Inside a stationary cylinder carrying a uniformly distributed charge

(c) Inside a very long current-carrying solenoid

(d) At the center of a current-carrying loop of wire

(e) Outside a square current-carrying loop of wire

12. A wire of radius R has a current I uniformly distributed across its cross-sectional area. Ampere's law is used with a concentric circular path of radius r, with $r<R$, to calculate the magnitude of the magnetic field B at a distance r from the center of the wire. Which of the following equations results from a correct application of Ampere's law to this situation?

(a) $B(2\pi r)=\mu_0 I$　　(b) $B(2\pi r)=\mu_0 I\left(\frac{r^2}{R^2}\right)$

(c) $B(2\pi r)=0$　　(d) $B(2\pi R)=\mu_0 I$

(e) $B(2\pi R)=\mu_0 I\left(\frac{r^2}{R^2}\right)$

13. The figure shown below shows a cross section of a coaxial cable. A current of 1.0 A passes through the center of the cable, while a uniform current density of 1.0 A/m^2 comes out of the page through the outer sheath of the cable. At what distance from the center of the cable is the magnetic field equal to zero?

(a) $r=\left(1+\frac{3}{4\pi}\right)^{1/3}$ m

(b) $r=\left(1+\frac{1}{2\pi}\right)$ m

(c) $r=\sqrt{1+\frac{1}{\pi}}$ m

(d) The magnetic field is zero, but not at the radii listed above

(e) The magnetic filed is never zero except at infinity

14. A sheet of copper in the plane of the page is connected to a battery as shown below, causing electrons to drift through the copper toward the bottom of the page. The copper sheet is in a magnetic field $\boldsymbol{B}$ directed into the page. P_1 and P_2 are points at the edges of the strip. Which of the following statements is true?

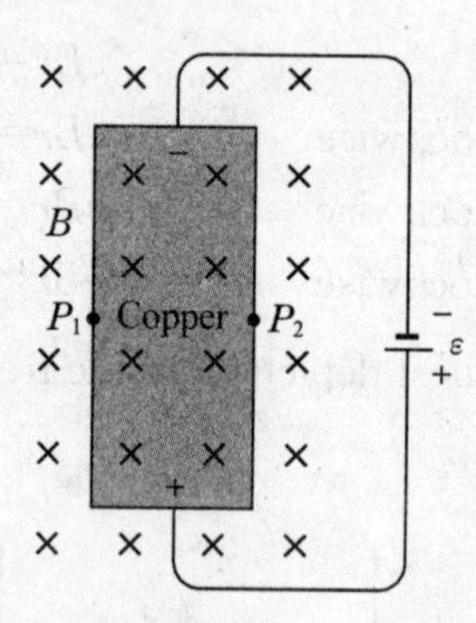

(a) P_1 is at a higher potential than P_2

(b) P_2 is at a higher potential than P_1

(c) P_1 and P_2 are at equal positive potential

(d) P_1 and P_2 are at equal negative potential

(e) Current will cease to flow in the copper sheet

Free-Response Questions

1. (a) Consider the figure shown below, which shows an infinitely long wire carrying current in the $+y$-direction. Discuss how the two halves of the current-carrying wire (above and below the x-axis) contribute to the magnetic field produced at point P. What filed would be produced at point P due to half of an infinite wire? (Express your answer in terms of the current I and the distance r)

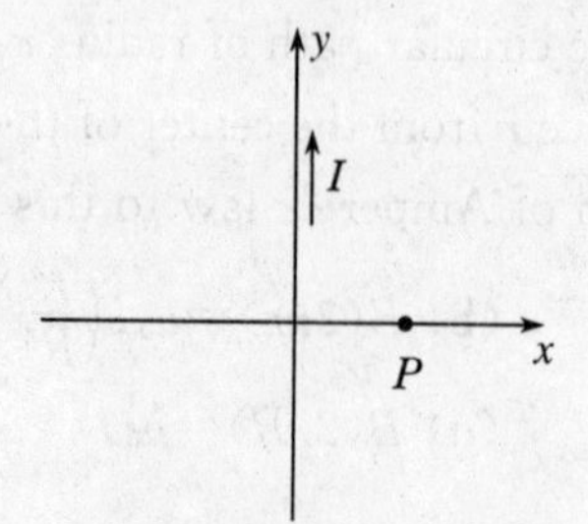

(b) Verify your answer using the Biot-Savart law.

(c) An infinitely long wire is bent in a right angle such that it carries current along the $-x$-axis and the $+y$-axis as shown below. Calculate the magnetic field along the $+z$-axis, using the results from parts (a) and (b).

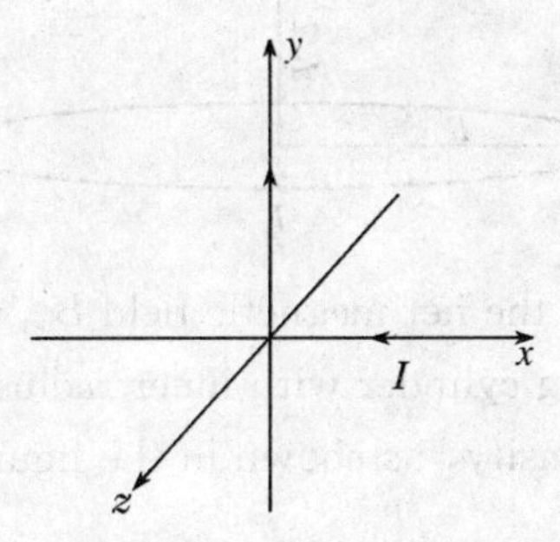

(d) Calculate the magnetic field at the center of the semicircle in the figure shown below (the wire is infinitely long).

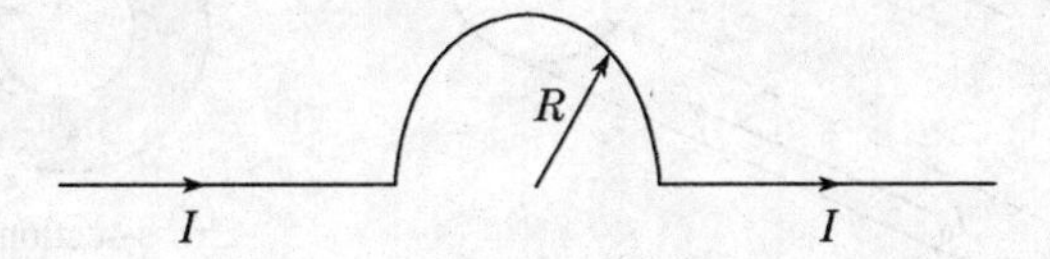

(e) Use various results from parts (a) through (d) to calculate the magnetic field at the center of the semicircle in the figure shown below (again, the wire is infinitely long).

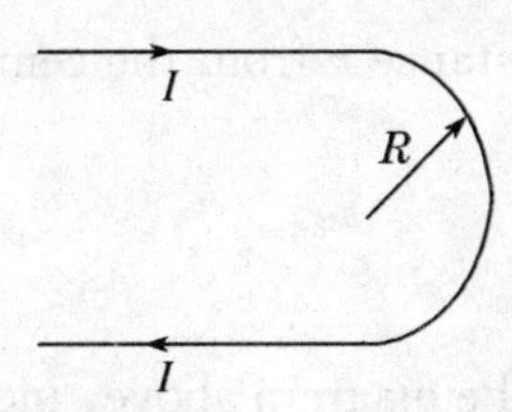

2. The circular loop of wire in the figure below has a radius of R and carries a current I. Point P is a distance of $R/2$ above the center of the loop. Express algebraic answers to parts (a) and (b) in terms of R, I, and fundamental constants.

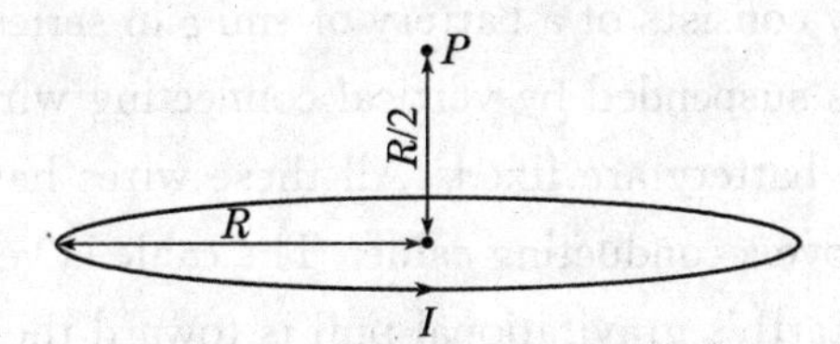

(a) i. State the direction of the magnetic field B_1 at point P due to the current in the loop.

ii. Calculate the magnitude of the magnetic field B_1 at point P.

A second identical loop also carrying a current I is added at a distance of R above the first loop, as shown in the figure below.

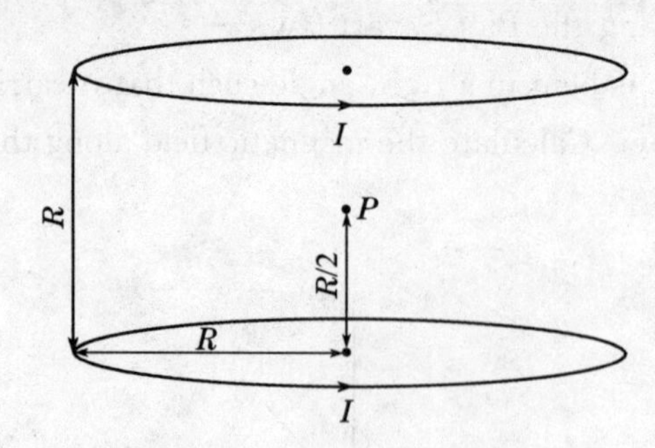

(b) Determine the magnitude of the net magnetic field B_{net} at point P.

3. A section of a long conducting cylinder with inner radius a and outer radius b carries a current I_0 that has a uniform current density, as shown in the figure below.

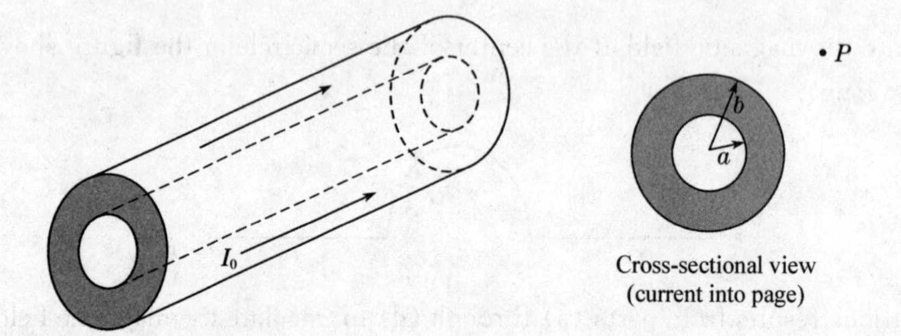

(a) Using Ampere's law, derive an expression for the magnitude of the magnetic field in the following regions as a function of the distance r from the central axis.

i. $r<a$

ii. $a<r<b$

iii. $r = 2b$

(b) On the cross-sectional view in the diagram above, indicate the direction of the field at point P, which is at a distance $r = 2b$ from the axis of the cylinder.

(c) An electron is at rest at point P. Describe any electromagnetic forces acting on the electron. Justify your answer.

4. The circuit shown below consists of a battery of emf ε in series with a rod of length l, mass m, and resistance R. The rod is suspended by vertical connecting wires of length d, and the horizontal wires that connect to the battery are fixed. All these wires have negligible mass and resistance. The rod is a distance r above a conducting cable. The cable is very long and is located directly below and parallel to the rod. Earth's gravitational pull is toward the bottom of the page. Express all algebraic answers in terms of the given quantities and fundamental constants.

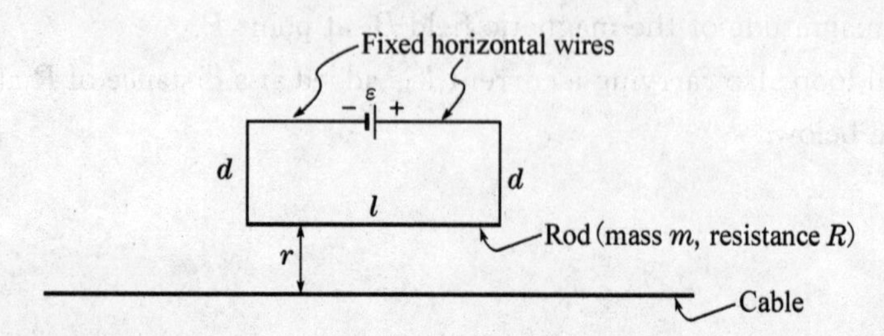

(a) What is the magnitude and direction of the current I in the rod?

(b) In which direction must there be a current in the cable to exert an upward force on the rod?

Justify your answer.

(c) With the proper current in the cable, the rod can be lifted up such that there is no tension in the connecting wires. Determine the minimum current I_c in the cable that satisfies this situation.

(d) Determine the magnitude of the magnetic flux through the circuit due to the minimum current I_c determined in part (c).

习题答案

Multiple-Choice

1. (a) 此质子束可看做直线电流。由例题 4 - 1 可知,直导线在空间产生的磁场线为垂直于导线平面且以电流直线为圆心的一系列同心圆。因此,答案为(a)。

2. (c) 本题为两个圆环电流磁场的叠加。由例题 4 - 2 可知,圆环电流在圆心处产生的磁场大小为$\frac{\mu_0 I}{2r}$,方向沿着轴向方向并和电流环绕方向成右手螺旋关系。本题中两圆环半径相同,环中电流大小相同,因此在圆心处产生的磁场大小相同。但 xz 平面上的圆环产生的磁场朝着 $-y$ 方向(由右手螺旋定则),xy 平面上的圆环产生的磁场朝着 $+z$ 方向。因此,总磁场为 $\boldsymbol{B}=\frac{\mu_0 I}{2r}(-\boldsymbol{j}+\boldsymbol{k})$,即和矢量$(-\boldsymbol{j}+\boldsymbol{k})$的方向相同。因此,答案为(c)。

3. (a) 由 Biot-Savart 定律:$\mathrm{d}\boldsymbol{B}=\frac{\mu_0}{4\pi}\frac{I\mathrm{d}\boldsymbol{l}\times\boldsymbol{r}}{r^3}$。对圆环电流求在圆心处产生的磁场时,圆环上各电流微元到圆心处的距离 r 相等,且激发磁场的方向相同,每个微元激发的磁场大小为 $\mathrm{d}B=\frac{\mu_0}{4\pi}\frac{I\mathrm{d}l}{r^2}$。

因此,整个圆环在圆心处激发的磁场大小为 $B=\int \mathrm{d}B=\frac{\mu_0 I}{4\pi r^2}\cdot 2\pi r=\frac{\mu_0 I}{2r}$。

半圆环在圆心处激发的磁场大小为 $B=\int \mathrm{d}B=\frac{\mu_0 I}{4\pi r^2}\cdot \pi r=\frac{\mu_0 I}{4r}$。

而直导线在其延长线处激发的磁场为零(因此此时 $I\mathrm{d}\boldsymbol{l}$ 和 $\boldsymbol{r}$ 的方向相同,叉乘结果为零)。

由以上分析,本题中电流回路可看做两个半圆环和两段直导线的组合。两段直导线在圆环圆心处产生的磁场为零。而两个半圆环在圆心处产生的磁场分别为

小半圆环产生的磁场 $B_1=\frac{\mu_0 I}{4r_1}$,方向垂直纸面向外;

大半圆环产生的磁场 $B_2=\frac{\mu_0 I}{4r_2}$,方向垂直纸面向里。

因此,圆心处的总磁场大小为 $B=B_1-B_2=\frac{\mu_0 I}{4}\left(\frac{1}{r_1}-\frac{1}{r_2}\right)$,方向垂直纸面向外。故答案为(a)。

4. (c) 对于如图所示的磁场和电流方向,可计算方形框四个边受到的磁场力的作用。由安培力的公式:$\mathrm{d}\boldsymbol{F}=I\mathrm{d}\boldsymbol{l}\times\boldsymbol{B}$,方形框左、右两边的电流和磁场方向平行(反平行),因此此两边受到的磁场力为零。对方形框上边,电流方向向左,由矢量叉乘计算原则可知,其受到的磁场力方向垂直纸面向外;而方形框下边,电流方向向右,受到的磁场力方向垂直纸面向里。因此,此方形框绕水平方向中线,上边向纸外、下边向纸内方向转动,如选项(c)图所示。故答案为(c)。

5. (e) 由例题 4 - 6,平行导线间受力大小和导线间距离成反比,同向电流相互吸引,反向电流相互排斥。在本题中,Y 导线和 X 导线电流方向相同,受到 X 导线的吸引力的作用,方向向左;Y 导线和 Z 导线电流方向相反,受到 Z 导线的排斥力的作用,方向也向左。因此,Y 导线受到的合力向左,本题答案为(e)。

本题也可由 X 导线和 Z 导线在 Y 导线处产生的磁场来计算 Y 导线受力。由例题 4－1,无限长导线产生的磁场方向和导线电流呈右手螺旋关系,因此 X 导线在 Y 导线处产生的磁场方向垂直纸面向外;同理,Z 导线在 Y 导线处产生的磁场也是垂直纸面向外。故 Y 导线处的合磁场方向垂直纸面向外。由安培力公式,Y 导线受力方向向左。

6. (a)　由例题 4－1 可知,无限长直导线(下方 I_2 电流导线)在矩形框处产生的磁场方向垂直纸面向里,大小和到导线的距离成反比,即 AD 处磁场较大,BC 处磁场较小。对矩形框,AB 段受力方向向左,CD 段受力方向向右,且由对称性,两段导线受力大小相同,其合力为零。对矩形框的 AD 边和 BC 边,AD 边受力方向向下,BC 边受力方向向上。两段电流大小、长度都相等,但 AD 处磁场比 BC 处大。因此,AD 边受到的磁场力大小较大,合力方向朝下(指向长导线方向)。故答案为(a)。

本题也可由平行导线间作用力分析解答(参见例题 4－6)。两平行导线相互作用力大小和两段电流大小的乘积成正比,和导线距离成反比。本题中 AD 段和长导线电流方向相同,受到吸引力作用;BC 段和长导线电流方向相反,受到排斥力作用。两段导线长度和电流大小相同,但 AD 段距离长导线较近,受到作用力较大,因此合力指向长导线方向。

7. (e)　质子束在电磁场中运动时,受到电场力和磁场力的共同作用。其受到的磁场力为洛仑兹力:$\boldsymbol{F}=q\boldsymbol{v}\times\boldsymbol{B}$。由题意,质子带正电,其速度方向沿 $+x$ 方向,磁场沿 $+y$ 方向,因此其受到的磁场力沿 $+z$ 方向。由题意,质子受到的电场力和磁场力的合力为零,因此质子受到的电场力的方向必然沿着 $-z$ 方向。而正电荷受到的电场力方向和该处电场方向相同,可见电场方向指向 $-z$ 方向。故答案为(e)。

8. (d)　本题为带电粒子在均匀磁场中的运动情况。由本章第 5 节关于带电粒子在磁场中的运动分析可知,当带电粒子初速度 $\boldsymbol{v}$ 和磁场 $\boldsymbol{B}$ 成一定角度 θ 时,带电粒子的运动轨迹为一螺旋线,粒子在垂直于磁场的平面内做匀速率圆周运动,在平行磁场方向做匀速直线运动。因此,螺旋线的轴线平行于磁场方向(本题中为 y 方向)。故答案为(d)。

9. (c)　本题为带电粒子在垂直于均匀磁场平面内的匀速率圆周运动的问题。当带电粒子在垂直于均匀磁场的平面内做匀速率圆周运动时,洛仑兹力提供向心力,即

$$evB=m\frac{v^2}{r}$$

可将之化为 $eBr=mv$,即粒子要满足的运动方程。

对粒子的绕行方向,取粒子向上运动的时刻,此时由题中磁场方向可知,粒子受到的洛仑兹力的方向向左(即圆周运动的圆心在此刻左方),粒子向左绕行,做逆时针运动。

综合两个情况,本题答案为(c)。

10. (a)　由上题,此带电粒子在均匀磁场中做圆周运动时,要满足方程 $eBr=mv$,即粒子运动的速率为 $v=\frac{eBr}{m}$。因此,粒子做圆周运动的周期为

$$T=\frac{2\pi r}{v}=\frac{2\pi m}{eB}$$

因此,其循环的频率为 $f=\frac{1}{T}=\frac{eB}{2\pi m}$。

显然,循环频率 f 与 r 无关,为一常数。在图像上为平行于横坐标轴的直线,如选项(a)图所示。因此,答案为(a)。

11. (c)　安培环路定理是关于空间磁场和电流之间的关系,因此选项(a)、(b)可排除。和静电场中高斯定理的应用类似,安培环路定理对闭合回路(或无限长导线)产生的磁场都成立,但要利用安培环路定理来直接求解空间磁场大小,需要空间磁场满足一定的对称性,以简化安培环路定理中磁感应强度的环路积分。本题中,仅有选项(c)(无限长螺线管,参见例题 4－10)满足这一要求。圆环电流[选项(d)]和方形电流[选项(e)]在空间产生的磁场都不满足这一要求,因此无法利用安培环路定

理直接求解其空间磁场分布情况。故答案为(c)。

12. (b) 参见例题4-9,均匀载流圆柱导线产生的磁场具有轴对称性,因此可利用安培环路定理求解。取同轴圆环作为环路,则环路各点磁场大小相等且沿环路方向,因此磁感应强度的环路积分为$\oint \boldsymbol{B}\cdot \mathrm{d}\boldsymbol{l}=B(2\pi r)$。而当$r<R$时,环路内部所通过的电流:

$$I_{\text{closed}}=\frac{I}{\pi R^2}\pi r^2=\frac{Ir^2}{R^2}$$

因此,安培环路定理可写为$B(2\pi r)=\mu_0 I(\frac{r^2}{R^2})$。故答案为(b)。

13. (c) 本题目电流类似无限长圆柱电流情况,空间磁场具有轴对称性,可由安培环路定理来求空间各处磁场。取以轴处为圆心的圆环回路,对此回路应用安培环路定理。回路正方向为顺时针方向,对应正法线方向为垂直纸面向里。

回路半径为r,由空间磁场的性质,可知对该回路:$\oint \boldsymbol{B}\cdot \mathrm{d}\boldsymbol{l}=B\cdot 2\pi r=2\pi rB$。

当$r<1$ m时,回路中通过的电流为$\sum_{\text{closed}} I=I_0=1.0$ A。由安培环路定理,有$2\pi rB=\mu_0 I_0$,可得$B=\frac{\mu_0 I_0}{2\pi r}$。显然,此处磁场不为零。

当1 m$<r<$2 m时,回路中通过的电流为$\sum_{\text{closed}} I=I_0-jS=I_0-j(\pi r^2-\pi r_1^2)$,其中$r_1=1$ m。由安培环路定理,有$2\pi rB=\mu_0[I_0-j(\pi r^2-\pi r_1^2)]$,可得$B=\frac{\mu_0[I_0-j(\pi r^2-\pi r_1^2)]}{2\pi r}$。当$I_0-j(\pi r^2-\pi r_1^2)=0$时,即$r=\sqrt{r_1^2+\frac{I_0}{\pi j}}=\sqrt{1+\frac{1}{\pi}}$(m)时,磁场$B=0$。因此,选项(c)满足要求。

当$r>2$ m时,回路中通过电流为$\sum_{\text{closed}} I=I_0-jS=I_0-j(\pi r_2^2-\pi r_1^2)$,其中$r_1=1$ m,$r_2=2$ m,即$\sum_{\text{closed}} I=1-3\pi$(A)。由安培环路定理,有$2\pi rB=\mu_0(1-3\pi)$,可得$B=\frac{\mu_0(1-3\pi)}{2\pi r}$。显然,此时磁场也不为零。

综上,只有在$r=\sqrt{1+\frac{1}{\pi}}$ m处,磁场为零。故答案为(c)。

14. (b) 本题为Hall效应问题。如图所示,当回路接通时,铜板中电流方向从下向上。但金属中为带负电的电子导电,电子的定向运动方向和电流方向相反,即铜板中电子运动方向向下。而在磁场中的运动电子受到洛仑兹力的作用:$\boldsymbol{F}=q\boldsymbol{v}\times\boldsymbol{B}=-e\boldsymbol{v}\times\boldsymbol{B}$。由于电子带负电,其受到的洛仑兹力方向和$\boldsymbol{v}\times\boldsymbol{B}$的方向相反,即朝向左方。因此,电子向左方($P_1$处)汇聚,使得铜板中左方带负电,右方带正电,在铜板中产生一方向向左的电场(电子在其中受到的电场力朝右)来平衡运动电子受到的洛仑兹力的作用。因此,在平衡时,右端(P_2处)电势较高。故答案为(b)。

Free-Response

1. 解:(a) 由例题4-1可知,无限长直导线产生的磁场大小为$B=\frac{\mu_0 I}{2\pi r}$。由例题求解过程可知,直导线上各电流微元在导线外P点处产生的磁场方向相同,仅大小进行叠加(积分)获得总磁场。因此,上半根无限长导线和下半根无限长导线在P点处产生的磁场相等,都为总磁场的一半,即半无限长直导线产生的磁场应为

$$B=\frac{1}{2}\left(\frac{\mu_0 I}{2\pi r}\right)=\frac{\mu_0 I}{4\pi r}$$

(b) 参见例题 4－1，由 Biot-Savart 定律，导线上任意微元在 P 点产生的磁场为

$$\mathrm{d}\boldsymbol{B}=\frac{\mu_0}{4\pi}\frac{I\mathrm{d}\boldsymbol{l}\times\boldsymbol{r}'}{r'^3}$$

可得 $\mathrm{d}B=\frac{\mu_0}{4\pi}\frac{I\mathrm{d}z}{z^2+r^2}\sin\theta=\frac{\mu_0 I}{4\pi r}\sin\theta\mathrm{d}\theta$（过程可参见例题 4－1）。

对半无限长导线，在 P 点处产生的磁场为

$$B=\int\mathrm{d}B=\int_{\pi/2}^{\pi}\frac{\mu_0 I}{4\pi r}\sin\theta\mathrm{d}\theta=\frac{\mu_0 I}{4\pi r}\left(\cos\frac{\pi}{2}-\cos\pi\right)=\frac{\mu_0 I}{4\pi r}$$

(c) 对 $+z$ 轴上距离原点 z 处的 P 点，由(a)、(b)的结果可知，x 轴上的半无限长导线在 P 点产生的磁场大小为 $B_1=\frac{\mu_0 I}{4\pi z}$，方向沿着 $+y$ 轴方向（方向可由右手螺旋定则判定），即 $\boldsymbol{B}_1=\frac{\mu_0 I}{4\pi z}\boldsymbol{j}$；同理，$y$ 轴上的半无限长导线在 P 点产生的磁场大小为 $B_2=\frac{\mu_0 I}{4\pi z}$，方向沿着 $+x$ 轴方向，即 $\boldsymbol{B}_2=\frac{\mu_0 I}{4\pi z}\boldsymbol{i}$。因此，在 P 点处总磁场为 $\boldsymbol{B}=\boldsymbol{B}_1+\boldsymbol{B}_2=\frac{\mu_0 I}{4\pi z}(\boldsymbol{i}+\boldsymbol{j})$。

(d) 对如题目图中所示情况，半圆弧圆心处的磁场由两段直导线和一段半圆弧产生的磁场贡献。对两段直导线，半圆弧的圆心在直导线的延长线(或反向延长线)上，由 Biot-Savart 定律，直导线上任意一段电流元在该处激发的磁场均为零，因此两段直导线在半圆弧圆心处产生的磁场为零。对半圆弧，圆弧上各电流微元到圆心处的距离 R 相等，且激发磁场的方向相同，每个微元激发的磁场大小为 $\mathrm{d}B=\frac{\mu_0}{4\pi}\frac{I\mathrm{d}l}{R^2}$。因此，整个半圆弧在圆心处激发的磁场大小为 $B=\int\mathrm{d}B=\frac{\mu_0 I}{4\pi R^2}\cdot\pi R=\frac{\mu_0 I}{4R}$。故图示形状导线在半圆弧圆心处产生的磁场大小为 $B=\frac{\mu_0 I}{4R}$，方向垂直纸面向里。

(e) 对如题目图中所示情况，半圆弧圆心处磁场由两段半无限长直导线和一段半圆弧产生的磁场贡献。由(a)、(b)问可知，两段半无限长直导线在半圆弧圆心处产生的磁场大小均为 $B_1=B_2=\frac{\mu_0 I}{4\pi R}$，方向都垂直纸面向里。对半圆弧，由(d)可知，在圆心处产生的磁场大小为 $B_3=\frac{\mu_0 I}{4R}$，方向也垂直纸面向里。因此，整段导线在半圆弧圆心处产生的磁场大小为 $B=B_1+B_2+B_3=\frac{\mu_0 I}{4\pi R}+\frac{\mu_0 I}{4\pi R}+\frac{\mu_0 I}{4R}=\frac{\mu_0 I}{4R}\left(\frac{2}{\pi}+1\right)$，方向垂直纸面向里。

2. 解：(a) i. 由对称性，载流圆环在轴线上产生的磁场方向沿着轴线方向，和圆环电流间满足右手螺旋关系。在本题中，由圆环电流方向可知，P 点磁场方向为沿轴线竖直向上。

ii. 如图所示，对圆环上电流元 $I\mathrm{d}\boldsymbol{l}$，其在 P 点产生的磁场为 $\mathrm{d}\boldsymbol{B}$。由 Biot-Savart 定律，有

$$\mathrm{d}\boldsymbol{B}=\frac{\mu_0}{4\pi}\frac{I\mathrm{d}\boldsymbol{l}\times\boldsymbol{r}}{r^3}$$

可求得其大小为 $\mathrm{d}B=\frac{\mu_0}{4\pi}\frac{I\mathrm{d}l\sin(\pi/2)}{r^2}=\frac{\mu_0}{4\pi}\frac{I\mathrm{d}l}{\left[R^2+\left(\frac{R}{2}\right)^2\right]}=\frac{\mu_0 I\mathrm{d}l}{5\pi R^2}$，方向如图所示，和轴向成 α 角。

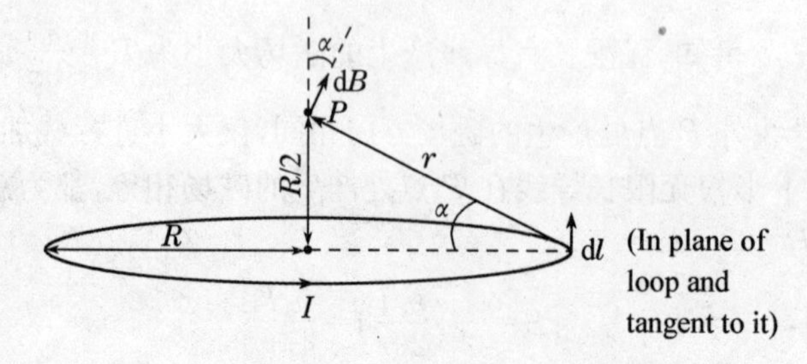

由 i. 中可知，圆环在 P 点产生总磁场的方向沿轴向向上，因此只需计算在轴向（竖直方向）的分量，则该电流元在 P 点产生磁场沿轴向的分量为

$$dB_v = dB\cos\alpha = \frac{\mu_0 I dl}{5\pi R^2}\frac{R}{r} = \frac{2\mu_0 I dl}{5\sqrt{5}\pi R^2}$$

因此，整个圆环在 P 点产生的磁场大小为

$$B_1 = \int dB_v = \int \frac{2\mu_0 I dl}{5\sqrt{5}\pi R^2} = \frac{2\mu_0 I}{5\sqrt{5}\pi R^2}\int dl = \frac{2\mu_0 I}{5\sqrt{5}\pi R^2}(2\pi R) = \frac{4\mu_0 I}{5\sqrt{5}R}$$

方向沿轴向竖直向上。

(b) 同(a)问计算，上面圆环在 P 点产生的磁场大小为

$$B_2 = \int dB_v = \frac{4\mu_0 I}{5\sqrt{5}R}$$

方向沿轴向竖直向上，和下面圆环在 P 点处产生的磁场方向相同。

P 点总磁场为两个圆环单独产生磁场的矢量和，但两者方向相同，大小也相同。因此，总磁场为 $B_{net} = B_1 + B_2 = 2B_1 = \dfrac{8\mu_0 I}{5\sqrt{5}R}$，方向沿轴向竖直向上。

3. 解：(a) 由题目，该圆筒可近似看做无限长，电流分布呈轴对称分布，因此空间磁场也具有相应轴对称分布特点：方向为在垂直于圆筒轴的平面内且以圆筒轴为圆心的同心圆周的切线方向；在相同同心圆周处磁场大小相同。由此对称性可利用安培环路定理求解空间各处磁场大小。

取垂直于轴线平面内的半径为 r 同心圆环作为安培回路应用安培回路定理。由磁场的对称性可知，磁感应强度沿此回路的积分为

$$\oint \boldsymbol{B}\cdot d\boldsymbol{l} = B(2\pi r)$$

i. 当 $r<a$ 时，此时闭合回路内所通过电流为 $I_{closed}=0$。

由安培环路定理，有 $B(2\pi r)=0$，可得 $B=0$。

ii. 当 $a<r<b$ 时，此时闭合回路内所通过电流：

$$I_{closed} = \frac{I_0}{\pi b^2 - \pi a^2}(\pi r^2 - \pi a^2) = \frac{I_0(r^2-a^2)}{b^2-a^2}$$

由安培环路定理，有 $B(2\pi r)=\mu_0\dfrac{I_0(r^2-a^2)}{b^2-a^2}$，可得 $B=\dfrac{\mu_0 I_0(r^2-a^2)}{2\pi r(b^2-a^2)}$。

iii. 当 $r = 2b$ 时，此时闭合回路内所通过电流为 $I_{closed}=I_0$。

由安培环路定理，有 $B(2\pi r)=\mu_0 I_0$，可得 $B=\dfrac{\mu_0 I_0}{2\pi r}=\dfrac{\mu_0 I_0}{4\pi b}$。

(b) 由(a)问中的分析可知，P 点处磁场强度的方向在截面内同心圆周的切线方向，和电流方向应呈右手螺旋关系，如下图所示。

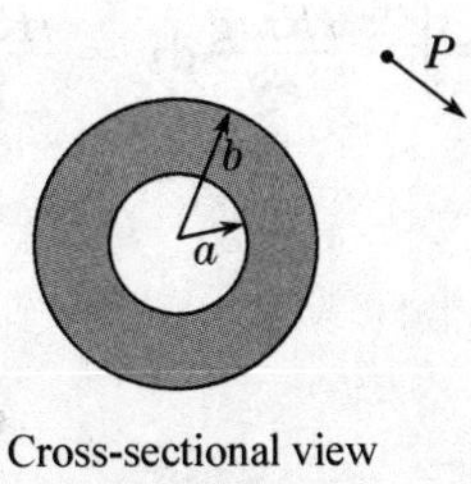

Cross-sectional view
(current into page)

(c) 电荷受到磁场力的公式为 $\boldsymbol{F}=q\boldsymbol{v}\times\boldsymbol{B}$。$P$ 点处有磁场存在，但若电子不运动，受到的磁场力为零。

导线中没有宏观电荷分布，因此 P 点电场为零，电子受到的电场力也为零。

4. 解:(a) 显然,电路为纯电阻电路。由欧姆定律,有 $\varepsilon=IR$。

因此,电路中电流为 $I=\frac{\varepsilon}{R}$,方向在回路中为顺时针方向(在导体棒中为从右向左流动)。

(b) 显然,当电缆中有电流通过时,导体棒会受到磁场力的作用。若要求导体棒受到的磁场力方向向上,由电流元在磁场中受力公式,由于导体棒的电流方向向左,电缆在导体棒处产生的磁场方向应垂直纸面朝外。而由长直导线产生磁场方向的关系(电流和磁场环绕方向呈右手螺旋关系),电缆中电流方向应该朝右。

本问也可直接由平行导线作用力方向的关系求得,即电流同向时相互吸引,电流反向时相互排斥。本问中导体棒要受到向上的力,显然电缆对其为排斥力,因此电缆中电流方向应该和导体棒的电流方向相反,即方向朝右。

(c) 若要满足题目要求,则电缆对导体棒的向上的作用力要等于导体棒的重力。

当电缆中电流为 I_c 时,其在导体棒位置处产生的磁场大小为 $B=\frac{\mu_0 I_c}{2\pi r}$。

导体棒受到总的磁场力大小为 $F=IBl=\frac{\varepsilon}{R}\frac{\mu_0 I_c}{2\pi r}l=\frac{\mu_0 I_c \varepsilon l}{2\pi rR}$。

而此磁场力的大小要等于导体棒的重力,即 $\frac{\mu_0 I_c \varepsilon l}{2\pi rR}=mg$,可求得电缆上所需通过的电流为

$$I_c=\frac{2\pi rRmg}{\mu_0 \varepsilon l}。$$

(d) 由于电缆电流在矩形框内产生的磁场不是均匀磁场,因此要计算电缆电流产生的磁场在矩形框中的磁通,需要将矩形框分成很多平行于电缆的细长矩形长条,如下图所示。

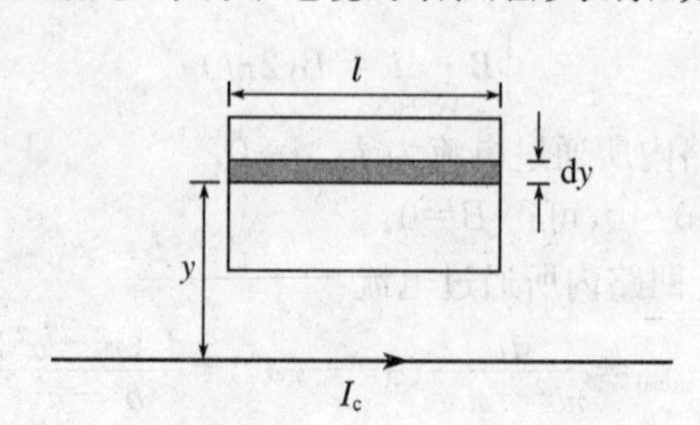

每个矩形长条与电缆的距离为 y,则该处磁场大小为 $B=\frac{\mu_0 I_c}{2\pi y}$。

该矩形长条面积为 $dS=l dy$,通过的磁通为 $d\Phi=BdS=\frac{\mu_0 I_c l}{2\pi y}dy$。

将(c)问中得到的 I_c 代入,可得 $d\Phi=\frac{\mu_0 I_c l}{2\pi y}dy=\frac{2\pi rRmg}{\mu_0 \varepsilon l}\frac{\mu_0 l}{2\pi y}dy=\frac{rRmg}{\varepsilon y}dy$。

因此,矩形框通过的总磁通为

$$\Phi=\int d\Phi=\int_r^{r+d}\frac{rRmg}{\varepsilon y}dy=\frac{rRmg}{\varepsilon}\ln\frac{r+d}{r}$$

第五章　电磁感应(Electromagnetism)

1. 电磁感应定律

上一章我们讲述了电流具有磁效应。那么,相反方向的情况,即磁场是否可以产生电流呢?

自 1824 年起,法拉第在这方面就进行了大量系统的探索,但直至 1831 年才成功发现了电磁感应现象。下面我们简单给出几个电磁感应现象的例子。

如图 5-1 所示,将一线圈直接和检流计相连,线路中没有电源存在,因此可以用检流计检测线圈上所产生的感应电流。一般可以通过以下几种方法在该线圈上产生感应电流:

第一种,如图 5-1(a)所示,用一磁铁靠近或离开线圈,则线圈内就用电流通过;反之,若磁铁不动,而是将线圈移近或离开磁铁,也有相同的效应。

第二种,如图 5-1(b)所示,用一通有电流的线圈代替第一种方法中的磁铁,移近或离开线圈时在线圈上也会产生电流,和磁铁的情况一样。

第三种,如图 5-1(c)所示,若将两个线圈都固定,但在有电源的线圈电路上通过变阻器等方式使电路中的电流发生变化,在检流线圈上也会引起电流产生。

第四种,如图 5-1(d)所示,将两线圈都固定且有电源线圈的电流也保持稳定,但在检测线圈中有铁芯插入,也会引起电流。

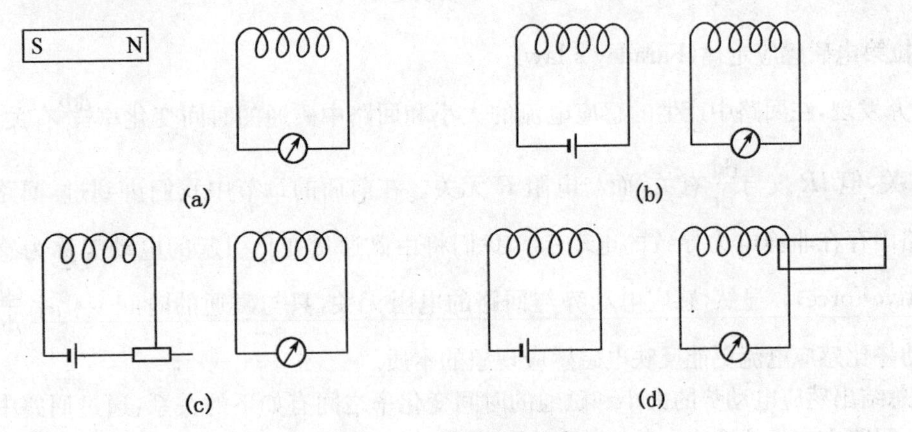

图 5-1　电磁感应现象

从以上这些产生电磁感应的现象中我们可以看到,只要检测线圈中磁感应强度 $\boldsymbol{B}$ 的通量发生变化,就会在检测线圈中产生感应电流(Induced current)。或者说,感应电流的产生来源于线圈中磁感应强度通量的变化。磁感应强度通量的变化可以由磁感应强度的变化(即磁场的变化)引起,也可以由导体在稳定磁场中的运动引起。

那么,在电磁感应现象中感应电流的大小和方向究竟是怎样的呢?在实验上,前人做了大量的工作,并总结出楞次定律及法拉第电磁感应定律来判断感应电流(或电压)的大小和方向。

(1) 楞次定律(Lenz's law)

实验研究发现,感应电流所起的作用是对抗产生感应的原因,即它倾向于力图阻止导体回路中磁感应强度通量的变化。当回路中磁通增加时,感应电流产生的磁通和原磁通的方向相反,以减缓磁通的增加程度;当回路中磁通减少时,感应电流产生的磁通和原磁通的方向相同,以减缓磁通的减少程度。

以图 5-2 中几种情况为例，对一导体圆环，若在圆环左侧有一磁铁，且磁铁的 N 极靠近圆环，此时在圆环中的磁场方向朝右，磁感应强度通量的方向也朝右。如图 5-2(a)所示，将磁铁移动靠近圆环，则在圆环中的磁感应强度大小增大，通过圆环的磁感应强度的通量也增加，即磁通的变化量朝右，此时在圆环上感应出顺时针方向（从圆环右侧观察）的环形电流，该电流产生的磁场在圆环内部方向朝左，即和原磁通方向相反，以减缓磁通变化。如图 5-2(b)所示，将此磁铁拉离圆环，则圆环中磁通变小，即有一向左的磁通变化量，此时在圆环上感应出逆时针方向的环形电流，该电路产生的磁场在圆环内部方向朝右，即和原磁通方向相同，以减缓磁通变化。同样，如图 5-2(c,d)所示，若将磁铁方向翻转，即 S 极靠近圆环，则在圆环内产生的磁场及磁通的方向相反，因此靠近或离开圆环时在圆环上产生的感应电流的方向和图 5-2(a,b)的情况分别相反。

有了楞次定律，我们就可以判断电磁感应效应中感应电流的方向了。

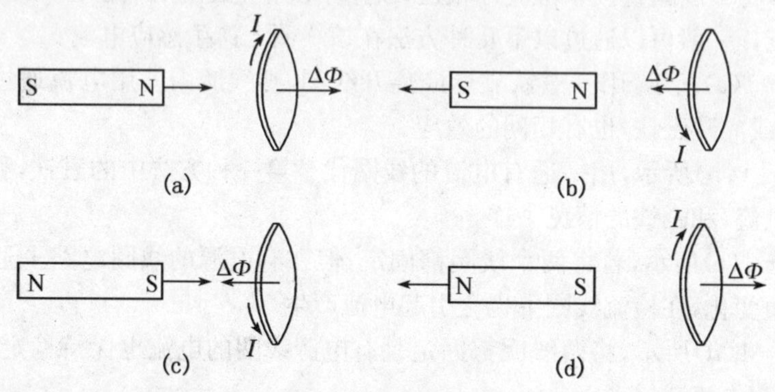

图 5-2　楞次定律

(2) 法拉第电磁感应定律(Faraday's law)

实验研究发现，在回路中产生的感应电流的大小和回路中磁通的时间变化率$\frac{d\Phi}{dt}$有关，还和回路的电阻 R 有关，但 IR 仅与$\frac{d\Phi}{dt}$有关，而与电阻 R 无关。在前面的章节中我们讲到过，回路中出现电流，说明回路中存在非静电力导致的电动势。我们将由磁通量变化引起的电动势称为感应电动势(Electromotive force)。显然，感应电动势与回路的电阻无关，只与磁通的时间变化率$\frac{d\Phi}{dt}$有关。因此，感应电动势比感应电流更能反映电磁感应现象的本质。

法拉第总结出感应电动势的大小和磁通的时间变化率之间有如下的关系：通过回路中的磁通量发生变化时，回路中产生的感应电动势的大小与磁通量的时间变化率的绝对值成正比，用公式表示为

$$|E|=K\left|\frac{d\Phi}{dt}\right|$$

若均采用国际单位制，则刚好可得到 $K=1$，则上式可写为

$$|E|=\left|\frac{d\Phi}{dt}\right|$$

这称为法拉第电磁感应定律。

法拉第电磁感应定律可以用来确定感应电动势的大小，楞次定律可以用来确定感应电动势的方向（或正负）。通过这两个定律，我们就可以得到感应电动势的全部信息。注意，习惯上我们将与磁通方向满足右手螺旋关系的回路环绕方向取为感应电动势的正方向。在这种情况下，综合感应电动势的大小和方向（正负）的规律，可以写成

$$E=-\frac{d\Phi}{dt}$$

这也被称为法拉第电磁感应定律。

例题 5-1　有一长直螺线管，在管的中部放置一个与它同轴线、面积 $S=6\ \text{cm}^2$、共绕有 $N=10$ 匝、总电阻 $R=2\ \Omega$的小线圈，如图 5-3(a)所示。开始时，螺线管内的恒定磁场为 $B_0=0.05\ \text{T}$，若现令管内磁场按指数规律 $B=B_0 e^{-t/\tau}$开始下降直到为零，式中 $\tau=0.01\ \text{s}$。求在小线圈内产生的最大感应电动势 E_{max}及通过小线圈截面的总感生电荷量 q。

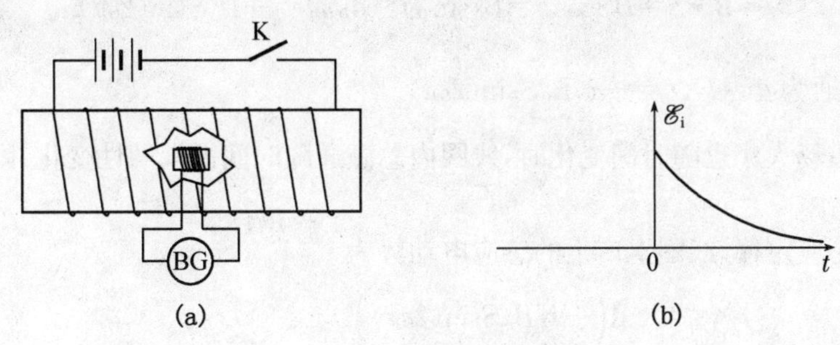

图 5-3　例题 5-1 图

解：通过小线圈上每匝的磁通量为 $\Phi'=B\cdot S=B_0 S e^{-t/\tau}$，则通过 N 匝小线圈的总的磁通量为

$$\Phi=N\Phi'=NB_0 S e^{-t/\tau}$$

因此，在小线圈上产生的总感应电动势为 $E_i=\left|\dfrac{d\Phi}{dt}\right|=\dfrac{NB_0 S}{\tau}e^{-t/\tau}$。

显然，此感应电动势随时间呈指数型减小，因此在 $t=0$ 时其有最大感应电动势为

$$E_{max}=\frac{NB_0 S}{\tau}=\frac{10\times 0.05\times 6\times 10^{-4}}{0.01}=0.03(\text{V})$$

在 $t=0$ 到 $t=\infty$时间内，小线圈截面通过的总感生电荷量为

$$q=\int_0^\infty I_i dt=\int_0^\infty \frac{E_i}{R}dt=\frac{1}{R}\int_0^\infty\left|\frac{d\Phi}{dt}\right|dt=\frac{1}{R}\int_{\Phi_0}^0|d\Phi|=\frac{\Phi_0}{R}=\frac{NB_0 S}{R}$$

代入数据，得

$$q=\frac{NB_0 S}{R}=\frac{10\times 0.05\times 6\times 10^{-4}}{2}=1.5\times 10^{-4}(\text{C})$$

例题 5-2　如图 5-4 所示，一回路 l 由 N 匝面积为 S 的线圈串联而成，回路绕行的正方向及面积 S 的法向矢量 $\boldsymbol{n}$ 均标明在图中。线圈绕 z 轴以匀角速度 ω 转动，$t=0$ 时线圈法向与 x 轴的夹角 $\theta=0$。若有均匀磁场沿 x 轴方向，求分别在以下情况下回路中的感应电动势：(a) 磁场为恒定磁场 $B=B_0$；(b) 磁场大小随时间做正弦函数变化 $B=B_0\sin\omega t$。

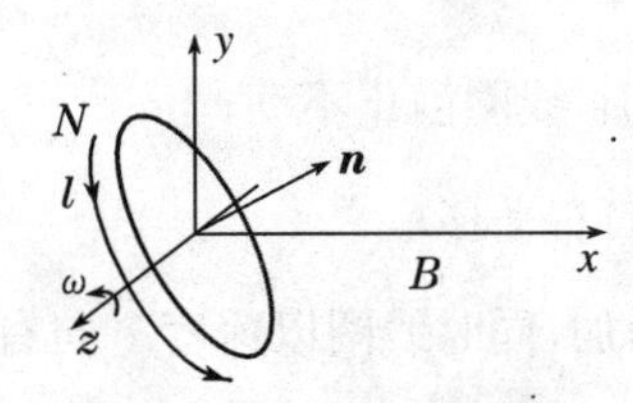

图 5-4　例题 5-2 图

解：(a) 由于磁场是均匀磁场，则每圈线圈上通过的磁通为 $\Phi_1=\boldsymbol{B}\cdot\boldsymbol{S}=B_0 S\cos\theta$。因此，$N$ 匝线圈通过的总磁通为 $\Phi=N\Phi_1=NB_0 S\cos\theta=NB_0 S\cos\omega t$。

当线圈绕 z 轴转动过程中，线圈平面法线方向和磁场的夹角随时间发生变化，则线圈上通过的磁通也随时间发生变化，线圈上产生感应电动势。

由法拉第电磁感应定律，线圈上产生的感应电动势为

$$\varepsilon=-\frac{\mathrm{d}\Phi}{\mathrm{d}t}=-\frac{\mathrm{d}(NB_0S\cos\omega t)}{\mathrm{d}t}=NB_0S\omega\sin\omega t$$

此感应电动势随时间做正弦函数变化。在一般发电机中就是此种情况，电动势变化的频率和线圈转动的频率一致。

(b) 若磁场大小也随时间做周期变化，则在 t 时刻每匝线圈中的磁通为

$$\Phi_1=\boldsymbol{B}\cdot\boldsymbol{S}=BS\cos\theta=B_0\sin\omega tS\cos\omega t=\frac{1}{2}B_0S\sin(2\omega t)$$

因此，线圈总磁通为 $\Phi=N\Phi_1=\frac{1}{2}NB_0S\sin(2\omega t)$。

当线圈转动且磁场大小也随时间变化时，线圈内总磁通随时间做周期性变化，则在线圈上产生感应电动势。

由法拉第电磁感应定律，线圈上产生的感应电动势为

$$\varepsilon=-\frac{\mathrm{d}\Phi}{\mathrm{d}t}=-\frac{\mathrm{d}\left(\frac{1}{2}NB_0S\sin(2\omega t)\right)}{\mathrm{d}t}=-NB_0S\omega\cos(2\omega t)$$

此时线圈上感应电动势的情况比起(a)问情况，一个是感应电动势变化的频率不同，当磁场也做相同频率的变化时，线圈中感应电动势的频率变为两倍；另一个不同之处在于相位也发生了一定的变化，在(a)问中 $t=0$ 时感应电动势为零，而本问中为负的最大值。

例题 5-3 如图 5-5 所示，一长直电流 I 旁距离 l 处有一与电流共面的边长为 a 的正方形线圈。求下列各种情况下正方形线圈中的感应电动势。

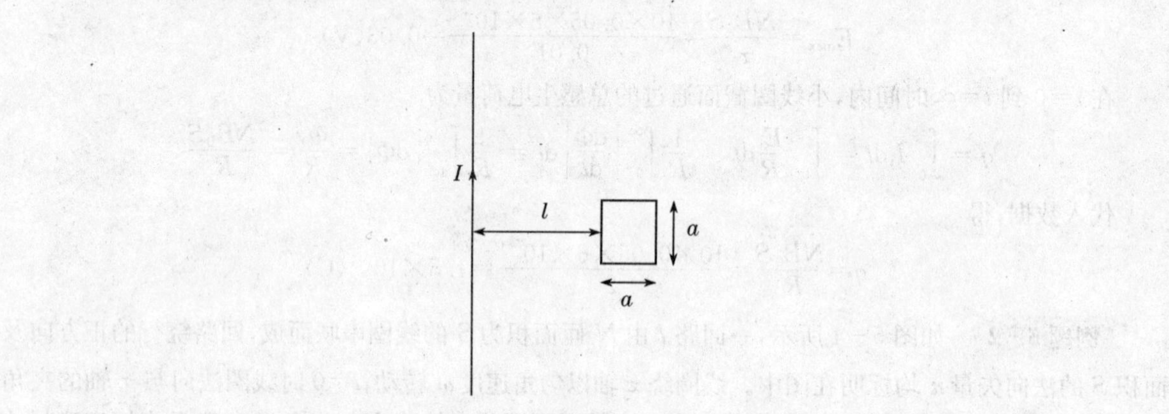

图 5-5 例题 5-3 图(1)

(a) 线圈尺寸很小且远离电流，即 $a\ll l$。

i. 导线电流以速率 $k=\frac{\mathrm{d}I}{\mathrm{d}t}$ 逐渐增加，线圈静止不动；

ii. 导线电流不变，线圈以速度 v 向右平移；

iii. 导线电流以速率 $k=\frac{\mathrm{d}I}{\mathrm{d}t}$ 逐渐增加，同时线圈以速度 v 向右平移。

(b) 若线圈尺寸相对较大且较靠近电流导线(需要考虑线圈内磁场的非均匀性)。

i. 导线电流以速率 $k=\frac{\mathrm{d}I}{\mathrm{d}t}$ 逐渐增加，线圈静止不动；

ii. 导线电流不变，线圈以速度 v 向右平移；

iii. 导线电流以速率 $k=\frac{\mathrm{d}I}{\mathrm{d}t}$ 逐渐增加，同时线圈以速度 v 向右平移。

解：(a) 若线圈尺寸很小且远离电流时，可近似将线圈处的磁场看做均匀磁场。此时长直导线在

线圈处产生的磁场近似为$B=\dfrac{\mu_0 I}{2\pi l}$,方向垂直纸面向里。

故线圈中通过的磁通量为$\Phi=\int \boldsymbol{B}\cdot \mathrm{d}\boldsymbol{S}=BS=\dfrac{\mu_0 I}{2\pi l}a^2$。

i. 若导线电流以速率$k=\dfrac{\mathrm{d}I}{\mathrm{d}t}$逐渐增加,而线圈静止不动。此时$I$随时间变化,但$l$、$a$不随时间变化。因此

$$\varepsilon=-\frac{\mathrm{d}\Phi}{\mathrm{d}t}=-\frac{\mathrm{d}\left(\dfrac{\mu_0 Ia^2}{2\pi l}\right)}{\mathrm{d}t}=-\frac{\mu_0 a^2}{2\pi l}\frac{\mathrm{d}I}{\mathrm{d}t}=-\frac{\mu_0 ka^2}{2\pi l}$$

符号为负,表示感应电动势的方向和磁通对应的方向相反。

ii. 若导线电流不变,线圈以速度v向右平移。此时参量I、a不变,l随时间发生变化。因此

$$\varepsilon=-\frac{\mathrm{d}\Phi}{\mathrm{d}t}=-\frac{\mathrm{d}\left(\dfrac{\mu_0 Ia^2}{2\pi l}\right)}{\mathrm{d}t}=-\frac{\mu_0 Ia^2}{2\pi}\frac{\mathrm{d}\left(\dfrac{1}{l}\right)}{\mathrm{d}t}=\frac{\mu_0 Ia^2}{2\pi l^2}\frac{\mathrm{d}l}{\mathrm{d}t}=\frac{\mu_0 Ia^2 v}{2\pi l^2}$$

符号为正,表示感应电动势的方向和磁通对应的方向相同。

iii. 若导线电流以速率$k=\dfrac{\mathrm{d}I}{\mathrm{d}t}$逐渐增加,同时线圈以速度$v$向右平移。此时参量$I$、$l$都随时间发生变化,仅$a$不变。因此

$$\varepsilon=-\frac{\mathrm{d}\Phi}{\mathrm{d}t}=-\frac{\mathrm{d}\left(\dfrac{\mu_0 Ia^2}{2\pi l}\right)}{\mathrm{d}t}=-\frac{\mu_0 a^2}{2\pi}\frac{l\dfrac{\mathrm{d}I}{\mathrm{d}t}-I\dfrac{\mathrm{d}l}{\mathrm{d}t}}{l^2}=\frac{\mu_0 a^2}{2\pi l^2}(Iv-kl)$$

即总电动势等于两种情况下产生电动势的总和。

(b) 若线圈尺寸相对较大且较靠近电流导线时,此时线圈内磁场不能看做均匀磁场,因此线圈内磁通的计算要通过积分计算。

如图 5-6 所示,将整个矩形线圈分为很多平行于长直导线方向的微元长条,每个微元长条到长直导线的距离为r,宽度为$\mathrm{d}r$,微元面积为$\mathrm{d}S=a\mathrm{d}r$。长直导线在该处产生磁场的大小为$B=\dfrac{\mu_0 I}{2\pi r}$,方向垂直纸面向里。该微元长条上通过的磁通量为

$$\mathrm{d}\Phi=B\mathrm{d}S=\frac{\mu_0 Ia}{2\pi r}\mathrm{d}r$$

因此,矩形框内的总磁通为

$$\Phi=\int \mathrm{d}\Phi=\int_l^{l+a}\frac{\mu_0 Ia}{2\pi r}\mathrm{d}r=\frac{\mu_0 Ia}{2\pi}\ln\frac{l+a}{l}$$

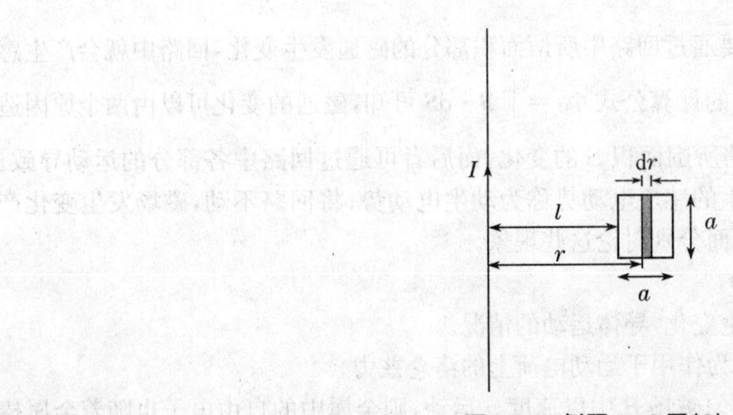

图 5-6 例题 5-3 图(2)

i. 若导线电流以速率 $k=\frac{\mathrm{d}I}{\mathrm{d}t}$ 逐渐增加，而线圈静止不动。此时 I 随时间变化，但 l、a 不随时间变化。因此

$$\varepsilon=-\frac{\mathrm{d}\Phi}{\mathrm{d}t}=-\frac{\mathrm{d}\left(\frac{\mu_0 Ia}{2\pi}\ln\frac{l+a}{l}\right)}{\mathrm{d}t}=-\frac{\mu_0 a}{2\pi}\ln\frac{l+a}{l}\frac{\mathrm{d}I}{\mathrm{d}t}=-\frac{\mu_0 ka}{2\pi}\ln\frac{l+a}{l}$$

符号为负，表示感应电动势的方向和磁通对应的方向相反。

当 $a\ll l$ 时，有 $\ln\frac{l+a}{l}=\ln\left(1+\frac{a}{l}\right)\approx\frac{a}{l}$。因此

$$\varepsilon=-\frac{\mu_0 ka}{2\pi}\ln\frac{l+a}{l}\approx-\frac{\mu_0 ka}{2\pi}\frac{a}{l}=-\frac{\mu_0 ka^2}{2\pi l}$$

和(a)问中第 i 题的结果一致。

ii. 若导线电流不变，线圈以速度 v 向右平移。此时参量 I、a 不变，l 随时间发生变化。因此

$$\varepsilon=-\frac{\mathrm{d}\Phi}{\mathrm{d}t}=-\frac{\mathrm{d}\left(\frac{\mu_0 Ia}{2\pi}\ln\frac{l+a}{l}\right)}{\mathrm{d}t}=-\frac{\mu_0 Ia}{2\pi}\frac{\mathrm{d}\left(\ln\frac{l+a}{l}\right)}{\mathrm{d}t}=-\frac{\mu_0 Ia}{2\pi}\cdot\frac{-a}{l(l+a)}\frac{\mathrm{d}l}{\mathrm{d}t}$$
$$=\frac{\mu_0 Ia^2 v}{2\pi l(l+a)}$$

符号为正，表示感应电动势的方向和磁通对应的方向相同。

当 $a\ll l$ 时，$l(l+a)\approx l^2$。因此 $\varepsilon=\frac{\mu_0 Ia^2 v}{2\pi l(l+a)}\approx\frac{\mu_0 Ia^2 v}{2\pi l^2}$，和(a)中第 ii 题的结果一致。

iii. 若导线电流以速率 $k=\frac{\mathrm{d}I}{\mathrm{d}t}$ 逐渐增加，同时线圈以速度 v 向右平移。此时参量 I、l 都随时间发生变化，仅 a 不变。因此

$$\varepsilon=-\frac{\mathrm{d}\Phi}{\mathrm{d}t}=-\frac{\mathrm{d}\left(\frac{\mu_0 Ia}{2\pi}\ln\frac{l+a}{l}\right)}{\mathrm{d}t}=-\frac{\mu_0 a}{2\pi}\left(\ln\frac{l+a}{l}\frac{\mathrm{d}I}{\mathrm{d}t}+\frac{-Ia}{l(l+a)}\frac{\mathrm{d}l}{\mathrm{d}t}\right)$$
$$=-\frac{\mu_0 ka}{2\pi}\ln\frac{l+a}{l}+\frac{\mu_0 Ia^2 v}{2\pi l(l+a)}$$

即总电动势等于两种情况下产生电动势的总和。

显然，当 $a\ll l$ 时，$\varepsilon=-\frac{\mu_0 ka}{2\pi}\ln\frac{l+a}{l}+\frac{\mu_0 Ia^2 v}{2\pi l(l+a)}\approx\frac{\mu_0 a^2}{2\pi l^2}(Iv-kl)$，和(a)问中第 iii 题的结果一致。

2. 动生电动势和感生电动势

从法拉第电磁感应定律可知，只要通过回路中所谓面积部分的磁通发生变化，回路中就会产生感应电动势。而由前面我们讲过的磁通的计算公式 $\Phi_B=\int_S \boldsymbol{B}\cdot\mathrm{d}\boldsymbol{S}$ 可知，磁通的变化可以由两个原因造成：磁场(磁感应强度 $\boldsymbol{B}$)的变化及回路所围面积 S 的变化，而后者可通过回路中各部分的运动导致。我们将磁场不变，回路导体运动所产生的感应电动势称为动生电动势；将回路不动，磁场发生变化产生的感应电动势称为感生电动势。下面分别讨论这些现象。

(1) 动生电动势(Motional EMF)

动生电动势，即磁场不随时间发生变化，导体运动的情况。

这时产生感应电动势的非静电力为作用于运动电荷上的洛仑兹力。

如图 5-7 所示，一根金属棒在均匀磁场 $\boldsymbol{B}$ 中以速度 v 运动，则金属中的自由电子也随着金属棒一起运动。因此，每一电子(带电量为 $-e$)上都会受到磁场所施加的洛仑兹力的作用，此洛仑兹力为

$$\boldsymbol{f}=-e\boldsymbol{v}\times\boldsymbol{B}$$

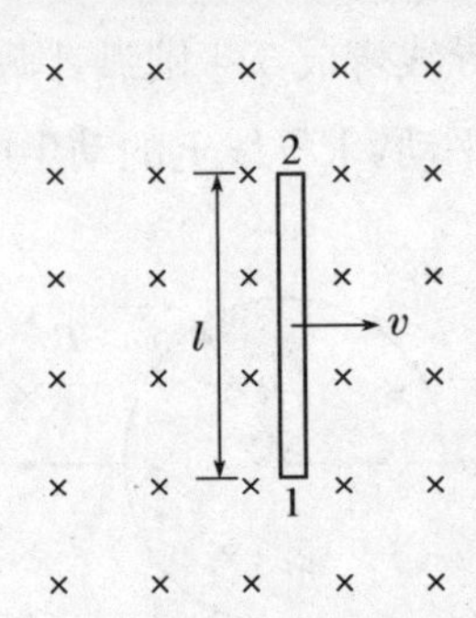

图 5-7　均匀磁场中运动的导体棒

可将电子受到的洛仑兹力的作用看做处在一非静电场 E_k 中，则此非静电场为

$$\boldsymbol{E}_k = \frac{\boldsymbol{f}}{-e} = \boldsymbol{v} \times \boldsymbol{B}$$

棒中的感应电动势为非静电场沿电路(从低电势到高电势)的路径积分，即

$$E = \int_1^2 \boldsymbol{E}_k \cdot \mathrm{d}\boldsymbol{l} = \int_1^2 (\boldsymbol{v} \times \boldsymbol{B}) \cdot \mathrm{d}\boldsymbol{l}$$

若对于闭合电路的情况，感应电动势为

$$E = \oint_l (\boldsymbol{v} \times \boldsymbol{B}) \cdot \mathrm{d}l$$

这就是磁场不随时间变化、导体运动情况下的感应电动势即动生电动势的公式。

再来看一下如图 5-8 所示的情况，一个由导线做成的回路，其中长度为 l 的一段导线在磁感应强度为 $\boldsymbol{B}$ 的匀强磁场中以速度 $\boldsymbol{v}$ 向右做匀速直线运动，设运动导线、$\boldsymbol{v}$ 和 $\boldsymbol{B}$ 三者相互垂直。由上式可求得回路中的感应电动势(动生电动势)为

$$E = \oint_l (\boldsymbol{v} \times \boldsymbol{B}) \cdot \mathrm{d}\boldsymbol{l} = \int_1^2 (\boldsymbol{v} \times \boldsymbol{B}) \cdot \mathrm{d}\boldsymbol{l} = vBl$$

若用法拉第电磁感应定律计算，设运动的导线与导体框另一边的距离为 x，则通过回路的磁通量为

$$\Phi = Blx$$

则回路上产生的感应电动势为

$$E = -\frac{\mathrm{d}\Phi}{\mathrm{d}t} = -Bl\frac{\mathrm{d}x}{\mathrm{d}t} = Blv$$

两种计算方法得到的结果是一致的。在数学上也可以证明，在磁场不随时间发生变化的条件下，这两种方法计算的结果在任何的运动情况下都是一致的。实际上我们采用哪一种方法来求解都可以。

当运动导体和其余部分构成回路时，感应电动势可以在整个回路中形成感应电流，如图 5-8 所示。

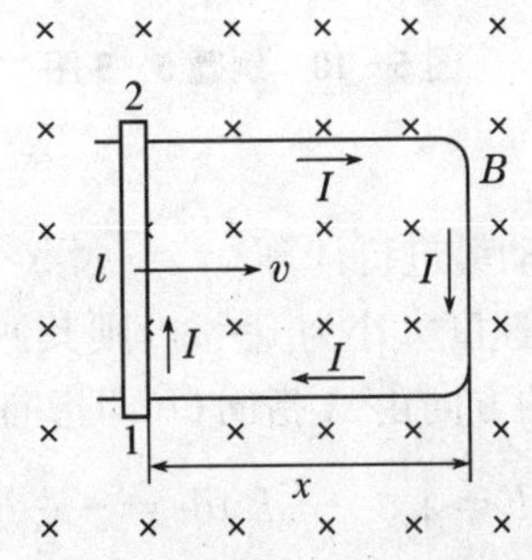

图 5-8　均匀磁场下运动导体构成回路

例题 5-4 如图 5-9 所示，一导线弯成 3/4 圆弧，圆弧的半径为 R。导线在与圆面垂直的均匀磁场 B 中以速度 v 垂直于磁场向右平动，求导线上的动生电动势。

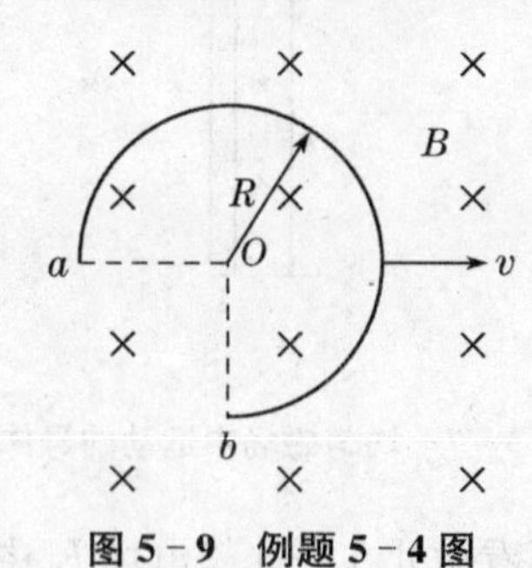

图 5-9 例题 5-4 图

解: 对于非直线运动的问题，可以通过动生电动势的基本公式 $\varepsilon=\int_1^2(\boldsymbol{v}\times\boldsymbol{B})\cdot \mathrm{d}\boldsymbol{l}$ 进行积分求得。也可以通过计算导线扫过面积的磁通量来求解，但这些方法相对比较麻烦。比较简单的办法是通过虚拟一个回路借助法拉第电磁感应定律来求解。

如图所示，假设用导线连接 Oa 和 Ob，和圆弧一起构成一个闭合回路(注意，电路中任意部分的动生电动势与是否构成回路无关)。由于是在均匀磁场中运动，因此此闭合回路中的磁通变化为零，回路中总感应电动势为零，说明各部分产生的感应电动势在整个回路中相互抵消了。

对 Oa 段假设导线，运动方向和导线方向平行(不切割磁力线)，因此没有动生电动势，即 $\varepsilon_{Oa}=0$。

对 Ob 段假设导线，该导线为直线，运动方向和导线方向垂直，其导线长度为 R，因此其动生电动势大小为 $\varepsilon_{Ob}=vBR$，方向向上。

故圆弧上产生的动生电动势的大小也必然为 $\varepsilon=vBR$，其方向应抵消 Ob 段上的动生电动势，即沿圆弧由 b 到 a 的方向。

由本题可以看出，在均匀磁场中运动的任意形状导线上的动生电动势大小总等于其在垂直运动方向上投影直导线运动的动生电动势大小。

例题 5-5 如图 5-10 所示，长度为 L 的金属棒，在与棒垂直的均匀磁场中沿逆时针方向绕其一端旋转，角速度为 ω。求棒中感应电动势的大小和方向。

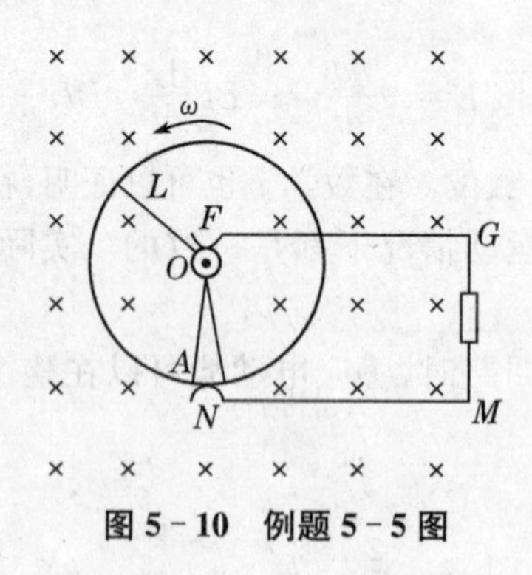

图 5-10 例题 5-5 图

解: 本题可以采用两种方法求解。

第一种，通过运动导体的动生电动势进行计算。

对棒中的任一小段微元 $\mathrm{d}r$，其线速度大小为 $v=\omega r$，则其两端的感应电动势 $\mathrm{d}E=(\boldsymbol{v}\times\boldsymbol{B})\cdot\mathrm{d}\boldsymbol{l}=-r\omega B\mathrm{d}r$，其中负号表示感生电动势的方向由 A 指向 O(即指向转动轴)，和 $\mathrm{d}r$ 的方向相反。

棒上总的感应电动势为 $E=\int_O^A \mathrm{d}E=\int_0^L(-r\omega B)\mathrm{d}r=-\dfrac{1}{2}B\omega L^2$，积分由 O 到 A，负号即表示实际

电动势从 A 指向 O,大小为$\frac{1}{2}B\omega L^2$。

第二种方法,可通过假想电路构成闭合回路,通过闭合回路的磁通变化计算相应感应电动势的值。

如图所示,假想有一圆心在 O 点且半径为 L 的导体圆框,A 端沿着圆框滑动,另有一导体框 $FGMN$,它的两端用弹片压住 O 点和圆框,则导体棒和此假想电路构成闭合回路。棒在 $\mathrm{d}t$ 时间内转过的角度为 $\mathrm{d}\theta=\omega\mathrm{d}t$,这时假想的闭合回路中面积减小了$\frac{1}{2}L^2\mathrm{d}\theta=\frac{1}{2}L^2\omega\mathrm{d}t$。若以顺时针方向为正方向,则假想闭合回路中磁通的变化为

$$\mathrm{d}\Phi=-\frac{1}{2}BL^2\omega\mathrm{d}t$$

其中负号表示磁通在减小。

由此可得,假想闭合回路上的感应电动势为

$$E=-\frac{\mathrm{d}\Phi}{\mathrm{d}t}=\frac{1}{2}B\omega L^2$$

E 为正值,表示感应电动势也为顺时针方向,即在棒中由 A 指向 O。

在此假想闭合回路中,除 OA 棒外其他部分不运动,因此没有感应电动势,故所有的感应电动势为棒上的感应电动势,大小为$\frac{1}{2}B\omega L^2$,方向由 A 指向 O。

(2) 感生电动势(Induced EMF)

感生电动势,即导体回路静止,磁场随时间发生变化的情况。

在这种情况下,显然导体上自由电荷并没有受到洛仑兹力的作用,即这一感应电动势不能用洛仑兹力来解释。通过实验研究人们发现:随时间变化的磁场会激发涡旋式的电场(又称感生电场)。在此感生电场中对任意回路 L,有

$$\oint_L \boldsymbol{E}_{\text{in}}\cdot\mathrm{d}\boldsymbol{l}=-\frac{\mathrm{d}\Phi}{\mathrm{d}t}=-\frac{\mathrm{d}}{\mathrm{d}t}\int_S\boldsymbol{B}\cdot\mathrm{d}\boldsymbol{S}=-\int_S\left(\frac{\partial\boldsymbol{B}}{\partial t}\right)\cdot\mathrm{d}\boldsymbol{S}$$

式中 S 为闭合回路 L 所包围的曲面。即感应电场沿任意闭合回路的路径积分等于回路所围曲面上磁感应强度的时间变化率对该曲面的面积分的负值。利用这一公式,可求出在给出磁场随时间变化情况下空间感生电场的分布。

如图 5-11 所示,感生电场的电场线是围绕$-\frac{\partial\boldsymbol{B}}{\partial t}$的闭合曲线,电场线与$\frac{\partial\boldsymbol{B}}{\partial t}$间成左手螺旋关系(与$-\frac{\partial\boldsymbol{B}}{\partial t}$间成右手螺旋关系)。

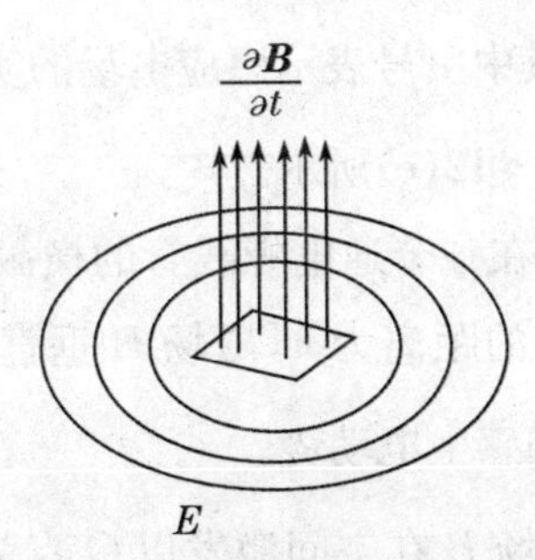

图 5-11 变化磁场激发的涡旋电场

若将一闭合导体回路放入这个感生电场中,则导体上的自由电荷会受到感生电场的作用而形成电流。回路的感生电动势就等于感生电场沿回路的路径积分:

$$E=\oint_L \boldsymbol{E}_{\text{in}}\cdot \mathrm{d}\boldsymbol{l}=-\int_S\left(\frac{\partial \boldsymbol{B}}{\partial t}\right)\cdot \mathrm{d}\boldsymbol{S}$$

这就是感生电动势的基本公式。

例题 5-6 如图 5-12(a)所示,半径为 R 的无限长直螺旋管内部的均匀磁场 B 正随时间线性增加(增加速率 $k=\frac{\mathrm{d}B}{\mathrm{d}t}$)。求它所激发的有旋电场在空间各点的大小和方向。

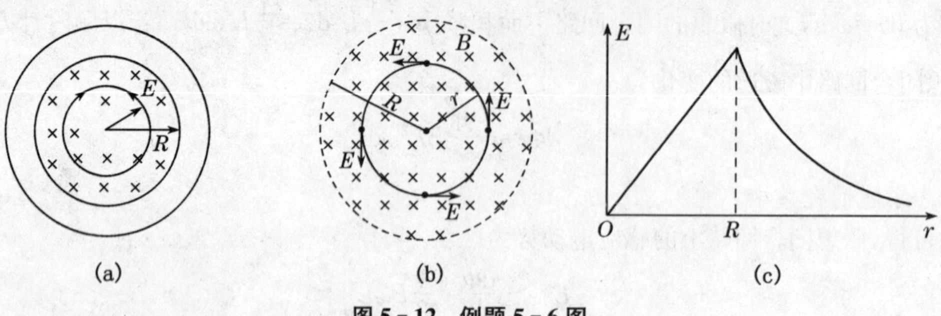

图 5-12 例题 5-6 图

解:由于无限长直螺线管内部的磁场是轴对称的,故变化磁场也是轴对称的,所以它激发的有旋电场也必然是轴对称的,而满足轴对称的有旋电场的力线,只能是绕对称轴的一族同心圆,且在同一圆周上,场强的大小 E 应处处相等,方向沿同心圆周的切线方向,和磁场的变化方向间呈左手螺旋关系,如图 5-12(b)所示。

如图 5-12(b)所示,取一同心圆周作为回路,由于磁场方向垂直纸面向里,且磁场在增强,则磁场变化率$\frac{\mathrm{d}B}{\mathrm{d}t}$也是垂直纸面向里的。由楞次定律可判定出,回路中感生电动势是逆时针方向的,即绕$\frac{\mathrm{d}B}{\mathrm{d}t}$左旋(或绕$-\frac{\mathrm{d}B}{\mathrm{d}t}$右旋)。

由感生电动势基本公式:$\oint_L \boldsymbol{E}_{\text{in}}\cdot \mathrm{d}\boldsymbol{l}=-\int_S\left(\frac{\partial \boldsymbol{B}}{\partial t}\right)\cdot \mathrm{d}\boldsymbol{S}$,注意到公式中闭合回路 L 的绕行方向应和 $\boldsymbol{S}$ 的法线方向对应,即 $\boldsymbol{S}$ 取垂直纸面向里时,L 绕行方向应为顺时针方向。

考虑螺线管内部时,闭合回路中所围磁场的总面积为 $S=\pi r^2$。因此,可得 $E_{\text{in}}\cdot 2\pi r=-\frac{\mathrm{d}B}{\mathrm{d}t}\pi r^2$。

可求得 $E_{\text{in}}=-\frac{r}{2}\frac{\mathrm{d}B}{\mathrm{d}t}=-\frac{kr}{2}$,其中负号表示感应电场的实际方向为逆时针方向。

对螺线管外部,闭合回路中所围磁场总面积为 $S=\pi R^2$。因此,可得 $E_{\text{in}}\cdot 2\pi r=-\frac{\mathrm{d}B}{\mathrm{d}t}\pi R^2$。

可求得 $E_{\text{in}}=-\frac{R^2}{2r}\frac{\mathrm{d}B}{\mathrm{d}t}=-\frac{kR^2}{2r}$,其中负号表示感应电场的实际方向为逆时针方向。

感应电场大小和 r 的关系如图 5-12(c)所示。

例题 5-7 如图 5-13 所示,在一个通电螺线管的横截面上,有一长度为 L 的金属棒 MN,与螺线管轴线的距离为 h,磁场 B 垂直纸面向里,且以 $k=\frac{\mathrm{d}B}{\mathrm{d}t}$的速率增强。求金属棒上的感生电动势。

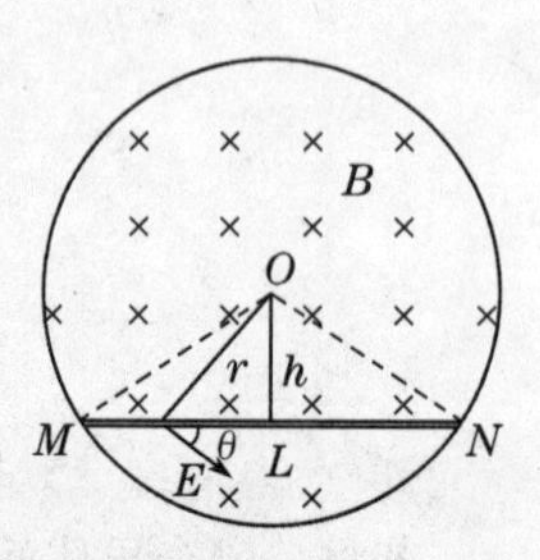

图 5-13 例题 5-7 图

解:由例题 5-6 可知,变化的磁场 B 在空间激发以 O 点为圆心的涡旋电场。如图所示,在和圆心 O 距离为 r 的地方激发的感应电场方向和径向垂直,大小由例题 5-6 计算可知

$$E_{\text{in}}=\frac{r}{2}\frac{\mathrm{d}B}{\mathrm{d}t}$$

将感应电场沿直线 MN 积分，可得到棒 MN 上总的感应电动势为

$$E=\int_M^N \boldsymbol{E}_{\text{in}}\cdot \mathrm{d}\boldsymbol{l}=\int_0^L \frac{r}{2}\frac{\mathrm{d}B}{\mathrm{d}t}\cos\theta \mathrm{d}l=\int_0^L \frac{h}{2}\frac{\mathrm{d}B}{\mathrm{d}t}\mathrm{d}l=\frac{hL}{2}\frac{\mathrm{d}B}{\mathrm{d}t}=\frac{khL}{2}$$

方向由 M 指向 N。

本题还有另外一种方法求解。

连接 OM、ON，和 MN 构成一假想的闭合回路，此闭合回路的面积为 $S=\frac{1}{2}Lh$，通过的磁通为 $\Phi=BS=\frac{1}{2}BLh$(以顺时针方向为正)。则该闭合回路总的感应电动势为 $E=-\frac{\mathrm{d}\Phi}{\mathrm{d}t}=-\frac{hL}{2}\frac{\mathrm{d}B}{\mathrm{d}t}=-\frac{khL}{2}$，负号表示实际的感应电动势沿逆时针方向。

在该闭合回路中，OM 和 ON 段均沿半径方向，和感应电场的方向始终垂直，因此在 OM、ON 段的感应电动势为零，整个回路的感应电动势就等于 MN 段的感应电动势。即 MN 棒上的感应电动势大小为 $\frac{khL}{2}$，方向由 M 指向 N。

综合动生电动势和感生电动势的情况，对一般情况，即空间既有导体的运动，又有磁场随时间的变化，则法拉第电磁感应定律中的磁通变化包含磁场变化和导体移动所引起的效应的叠加。对闭合回路，有

$$E=-\frac{\mathrm{d}\Phi}{\mathrm{d}t}=-\frac{\mathrm{d}}{\mathrm{d}t}\int_S \boldsymbol{B}\cdot \mathrm{d}\boldsymbol{S}=-\int_S\left(\frac{\partial \boldsymbol{B}}{\partial t}\right)\cdot \mathrm{d}\boldsymbol{S}+\oint_L(\boldsymbol{v}\times\boldsymbol{B})\cdot \mathrm{d}\boldsymbol{l}$$

即回路中总的感应电动势为动生电动势和感生电动势的总和。

3. 自感和互感

(1) 自感(Self inductance)

我们知道，当一个回路中通有电流时，就有这一电流本身所产生的磁通量通过这一回路。当这一回路中的电流或者回路形状发生变化时，通过自身回路的磁通量也将随之发生变化。相应地，在回路中就会产生感应电动势。这种由于回路中电流产生的磁通量发生变化，而在自己本身回路中激发起感应电动势的现象，称为自感现象，相应激发的感应电动势称为自感电动势。

对处于真空中的电流回路，由毕-萨-拉定律，该回路在空间任意位置处产生的磁感应强度与回路的电流 I 成正比，因此通过该回路本身的磁通量 Φ 也与 I 成正比，即

$$\Phi=LI$$

这一比例系数 L 就称为该回路的自感系数(简称自感)。显然，对真空中的电流回路问题，自感系数 L 的数值仅决定于回路的几何形状，而与所通电流的大小无关。如图 5-14 所示，通常取电流正方向和磁通正方向满足右手螺旋关系，这时回路的自感系数 L 总是正值。

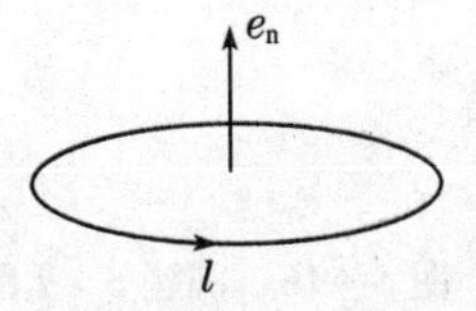

图 5-14　回路方向与磁通正方向的关系

在国际单位制中，自感系数(自感)的单位为亨利(H)。对已知回路(或器件)可通过给定电流 I 求其通过的磁通值来确定自感系数。

在回路中,若电流 I 发生变化时,在回路上产生的感应电动势为

$$E=-\frac{\mathrm{d}\Phi}{\mathrm{d}t}=-\frac{\mathrm{d}(LI)}{\mathrm{d}t}=-\left(L\frac{\mathrm{d}I}{\mathrm{d}t}+I\frac{\mathrm{d}L}{\mathrm{d}t}\right)$$

如果回路的 L 保持不变,则有

$$E=-L\frac{\mathrm{d}I}{\mathrm{d}t}$$

即回路上的自感电动势的大小与电流时间变化率成正比。考虑到自感系数 $L>0$,则可知:当回路中$\frac{\mathrm{d}I}{\mathrm{d}t}>0$ 时,感应电动势 $E<0$,即自感电动势与电流方向相反;当回路中$\frac{\mathrm{d}I}{\mathrm{d}t}<0$ 时,感应电动势 $E>0$,即自感电动势与电流方向相同。综上,回路中的自感电动势总是和电流变化的方向相反,即自感电动势总是反抗回路中电流的改变。

例题 5-8 计算螺绕环的自感系数。设螺绕环的平均长度为 l,共绕有 N 匝导线,螺绕环的截面积为 S,且 S 很小,环内磁场可以认为是均匀的,环内为真空。

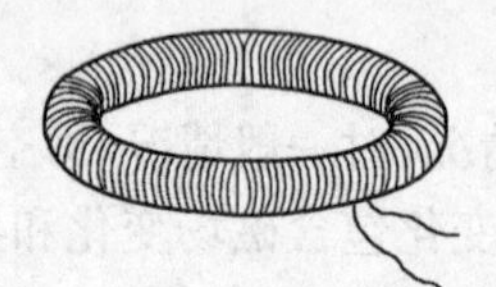

图 5-15 例题 5-8 图

解:对螺绕环,当在导线上通过电流 I 时,螺绕环内的磁场大小可由安培环路定理计算。由题意,环内磁场近似为均匀磁场,因此 $B\cdot l=\mu_0 NI$。

可求得环内磁场为 $B=\frac{\mu_0 NI}{l}$,则螺绕环上每圈线圈通过的磁通为 $\Phi'=BS=\frac{\mu_0 NIS}{l}$。

螺绕环上共有 N 匝导线,总磁通为 $\Phi=N\Phi'=\frac{\mu_0 N^2 IS}{l}$。

由自感系数的定义,可得螺绕环的自感系数为 $L=\frac{\Phi}{I}=\frac{\mu_0 N^2 S}{l}$。

例题 5-9 同轴电缆由两个同轴的导体薄圆筒组成,其间为真空,如图 5-16 所示。使用时内、外圆筒分别沿轴向流过大小相等、方向相反的电流。设电缆长度为 l,内外圆筒半径分别为 R_1 和 R_2,求电缆的自感系数。

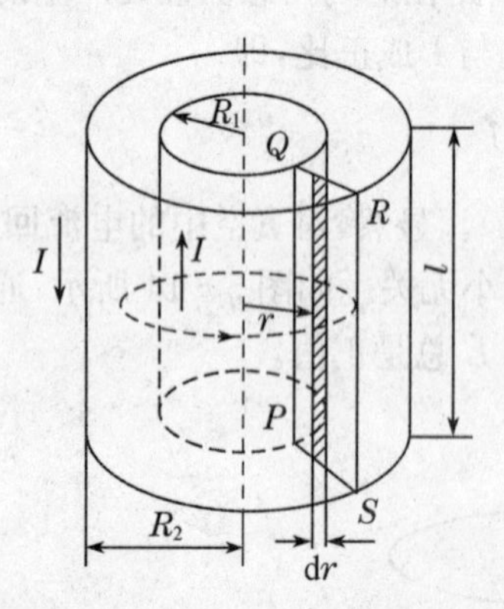

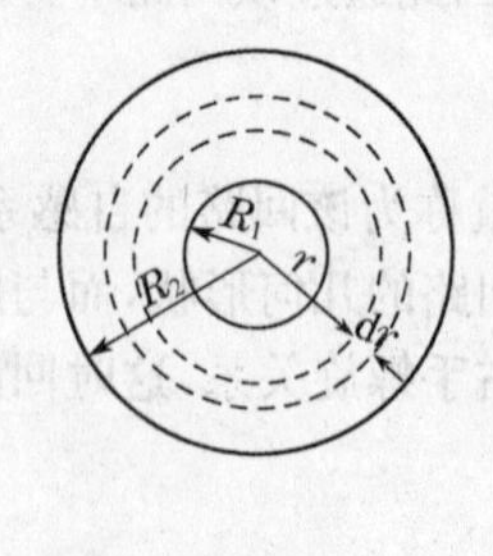

图 5-16 例题 5-9 图

解:忽略边缘效应,由安培环路定理可求得空间磁场分布:

$$B=\begin{cases}0 & r<R_1\\ \dfrac{\mu_0 I}{2\pi r} & R_1<r<R_2\\ 0 & r>R_2\end{cases}$$

即磁场集中在两圆筒之间，且为绕轴的同心环形方向。因此，计算回路的磁通时，回路应取垂直于磁场方向的位置，即如图中的 $PQRSP$ 矩形回路。

回路中的磁场是非均匀磁场，可通过积分的方法求得回路磁通。如图 5－16 所示，可将回路分成很多平行于轴线方向的细长条，每个长条上的磁通为

$$d\Phi=BdS=\frac{\mu_0 I}{2\pi r}l\,dr$$

因此，整个回路的磁通为

$$\Phi=\int d\Phi=\int_{R_1}^{R_2}\frac{\mu_0 I}{2\pi r}l\,dr=\frac{\mu_0 Il}{2\pi}\ln\frac{R_2}{R_1}$$

故电缆的自感系数为

$$L=\frac{\Phi}{I}=\frac{\mu_0 l}{2\pi}\ln\frac{R_2}{R_1}$$

每单位长度上的自感系数为

$$L_l=\frac{L}{l}=\frac{\mu_0}{2\pi}\ln\frac{R_2}{R_1}$$

(2) 互感(Mutual inductance)

当存在一个以上的载流回路时，任一回路所产生的磁感应线通常会有一部分穿过另一回路。当此回路中的电流发生变化(或回路形变或运动)时，其在另一回路中所产生的磁通量将发生变化，因而在该回路中产生感应电动势。这种现象称为互感现象，相应激发的感应电动势称为互感电动势。

如图 5－17 所示，考虑两个处于真空中的回路 1 和回路 2。通过回路 1 的磁通量为

$$\Phi_1=\int_{S_1}(\boldsymbol{B}_1+\boldsymbol{B}_2)\cdot d\boldsymbol{S}_1=\int_{S_1}\boldsymbol{B}_1\cdot d\boldsymbol{S}_1+\int_{S_1}\boldsymbol{B}_2\cdot d\boldsymbol{S}_1=\Phi_{11}+\Phi_{12}$$

式中：$\boldsymbol{B}_1$为回路 1 中电流 I_1激发的磁场；$\boldsymbol{B}_2$为回路 2 中电流 I_2激发的磁场；S_1为回路 1 所围的曲面；Φ_{11}为回路 1 电流激发的磁场在回路 1 所围曲面上产生的磁通；Φ_{12}为回路 2 电流激发的磁场在回路 1 所围曲面上产生的磁通。

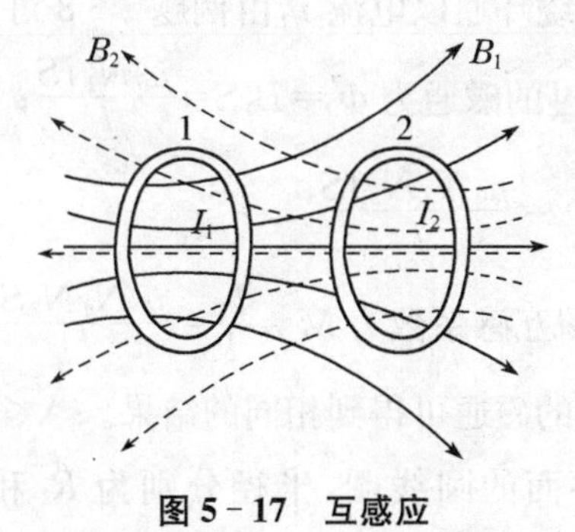

图 5－17　互感应

显然，由于 $\boldsymbol{B}_1$正比于 I_1，$\boldsymbol{B}_2$正比于 I_2，则 Φ_{11}正比于 I_1，Φ_{12}正比于 I_2。由自感的定义，我们已知：

$$\Phi_{11}=L_1 I_1$$

式中 L_1为回路 1 的自感系数。

同样可以类似定义互感系数，对 Φ_{12}，有

$$\Phi_{12}=M_{12}I_2$$

式中 M_{12}称为回路 2 对回路 1 的互感系数(简称互感)。同自感系数一样，对真空中的回路，互感系数

也只与两个回路的形状及相互之间的位置有关，而与回路上通过的电流大小无关。

通过回路 1 的总磁通为

$$\Phi_1=\Phi_{11}+\Phi_{12}=L_1I_1+M_{12}I_2$$

同样可以得到通过回路 2 的总磁通为

$$\Phi_2=\int_{S_2}\boldsymbol{B}_1\cdot \mathrm{d}\boldsymbol{S}_2+\int_{S_2}\boldsymbol{B}_2\cdot \mathrm{d}\boldsymbol{S}_2=\Phi_{21}+\Phi_{22}=M_{21}I_1+L_2I_2$$

式中比例系数 M_{21} 称为回路 1 对回路 2 的互感系数。

由前面的公式，可以得到两个互感的计算公式：

$$M_{12}=\frac{\Phi_{12}}{I_2}=\frac{1}{I_2}\int_{S_1}\boldsymbol{B}_2\cdot \mathrm{d}\boldsymbol{S}_1,M_{21}=\frac{\Phi_{21}}{I_1}=\frac{1}{I_1}\int_{S_2}\boldsymbol{B}_1\cdot \mathrm{d}\boldsymbol{S}_2$$

在数学上可以证明，无论两个回路的空间形状为何种形式，总有

$$M_{12}=M_{21}=M$$

即回路 2 对回路 1 的互感系数和回路 1 对回路 2 的互感系数总是相同的，因此我们只用一个系数 M 就可以描述两个回路间的互感系数了。

若每个回路的自感系数及回路间的互感系数均为常数，不随时间发生变化。由法拉第定律，回路 1 中的感应电动势为

$$E_1=-\frac{\mathrm{d}\Phi_1}{\mathrm{d}t}=-L_1\frac{\mathrm{d}I_1}{\mathrm{d}t}-M\frac{\mathrm{d}I_2}{\mathrm{d}t}$$

即回路 1 上的感应电动势为自身电流变化导致的自感电动势和回路 2 上的电流变化在回路 1 上产生的互感电动势之和。

同理，回路 2 中的感应电动势为

$$E_2=-\frac{\mathrm{d}\Phi_2}{\mathrm{d}t}=-M\frac{\mathrm{d}I_1}{\mathrm{d}t}-L_2\frac{\mathrm{d}I_2}{\mathrm{d}t}$$

例题 5-10 在例题 5-8 中螺绕环外侧面上再密绕上一组线圈，两组线圈都可以看做平均长度为 l、截面积为 S 的螺绕环，分别各绕有 N_1 匝和 N_2 匝导线，S 很小，环内磁场可以认为是均匀的，且环内为真空，两组线圈的导线之间相互绝缘。求此两组线圈之间的互感系数。

解：计算互感系数时，可给其中一组回路通过电流 I，计算另一组回路上通过的磁通来计算两组回路间的互感系数。

本题中，对其中 N_1 匝线圈的螺绕环通以电流 I，由例题 5-8 可知，此时螺绕环内的磁场为 $B_1=\frac{\mu_0N_1I}{l}$。则螺绕环 2 上每圈导线通过的磁通为 $\Phi'=B_1S=\frac{\mu_0N_1IS}{l}$；

螺绕环 2 上总磁通为 $\Phi_2=N_2\Phi'=\frac{\mu_0N_1N_2IS}{l}$。

由互感系数定义，可得两组线圈互感系数为 $M=\frac{\Phi_2}{I}=\frac{\mu_0N_1N_2S}{l}$。

若对线圈 2 通电流计算线圈 1 的磁通可得到相同的结果。

例题 5-11 有两个圆心共面的圆线圈，半径分别为 R_1 和 R_2，且 $R_1\ll R_2$。若小线圈中通过电流 I 时，求大线圈内通过的磁通量。

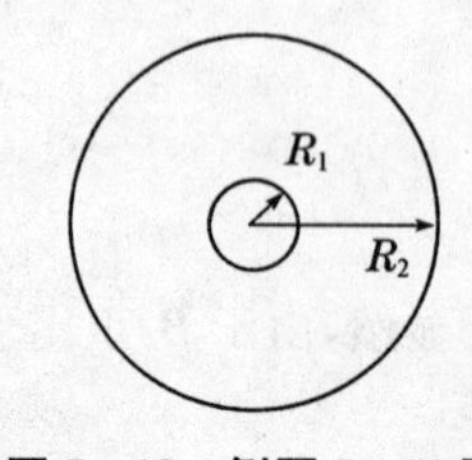

图 5-18 例题 5-11 图

解：由于小线圈通电流时在平面空间各处产生的磁场既不均匀，也很难直接计算，因此通过磁场分布来计算大线圈的磁通很困难。本题可通过回路间的互感关系来求解。

先求两个线圈间的互感系数。令大线圈通过电流 I，则其在圆心处产生的磁场为

$$B_2=\frac{\mu_0 I}{2R_2}$$

由于小线圈半径很小,可近似认为其内部的磁场是均匀的,因此小线圈上通过的磁通为

$$\Phi_{12}=B_2 S=\frac{\mu_0 I}{2R_2}\pi R_1^2=\frac{\mu_0 \pi R_1^2 I}{2R_2}$$

因此,两线圈间的互感系数为 $M=\frac{\Phi_{12}}{I}=\frac{\mu_0 \pi R_1^2}{2R_2}$。

故当小线圈通过电流 I 时,大线圈内通过的磁通量为

$$\Phi_{21}=MI=\frac{\mu_0 \pi R_1^2 I}{2R_2}$$

例题 5-12　如图 5-19 所示,一长直导线与一宽为 a、高为 b 的单匝矩形回路共面,相距为 d。若矩形回路中有顺时针方向的电流 I,且 I 正以速率 $k=\frac{\mathrm{d}I}{\mathrm{d}t}$ 增加,求长直导线中的感应电动势。

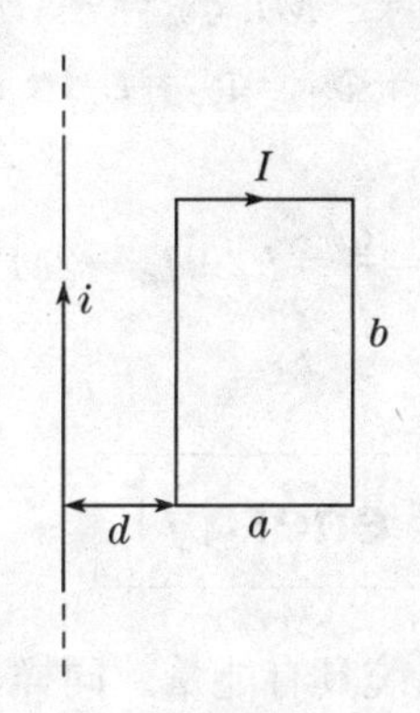

图 5-19　例题 5-12 图

解:长直导线可看做在无限远处闭合的回路,但其内部通过的磁通难以计算,因此本题也应该采用互感的方法来计算。将长直导线和矩形线圈看做两个回路。

设长直导线中通过电流 i,其在空间产生的磁场大小为 $B=\frac{\mu_0 i}{2\pi r}$。参见例题 5-3(b)中内容,可求得矩形框内通过的磁通为

$$\Phi=\int \mathrm{d}\Phi=\int_d^{d+a}\frac{\mu_0 i}{2\pi r}b\,\mathrm{d}r=\frac{\mu_0 ib}{2\pi}\ln\frac{d+a}{d}$$

因此,两者之间的互感系数为 $M=\frac{\Phi}{i}=\frac{\mu_0 b}{2\pi}\ln\frac{d+a}{d}$。

当矩形回路中通过变化电流时,由互感器件间感应电动势的关系,可得到长直导线上的感应电动势大小为

$$\varepsilon=M\frac{\mathrm{d}I}{\mathrm{d}t}=\frac{\mu_0 b}{2\pi}\frac{\mathrm{d}I}{\mathrm{d}t}\ln\frac{d+a}{d}=\frac{\mu_0 bk}{2\pi}\ln\frac{d+a}{d}$$

由楞次定律可知,其感应电动势的方向应向下。

例题 5-13　如图 5-20 所示,有两自感线圈串接。若已知两自感线圈自感系数为 L_1 和 L_2,互感系数为 M,求串联线圈的等效自感。

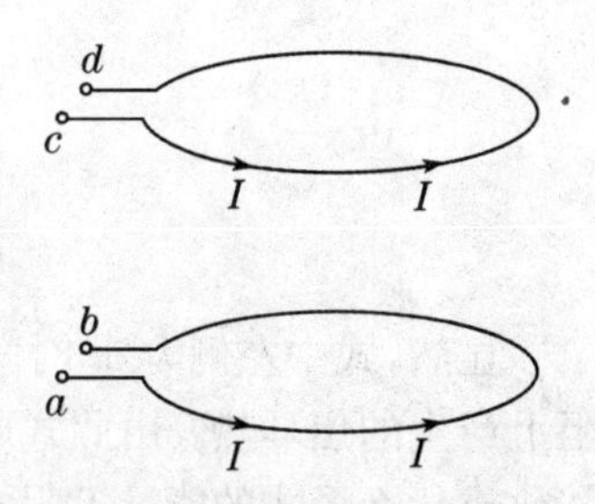

图 5-20　例题 5-13 图

解:若将 b、c 两点连接,则整个回路的方向为 $abcd$ 方向。设回路中通过电流 I,则回路总磁通为两个线圈磁通之和。而每个线圈的磁通包括自身磁场导致的磁通和另一线圈磁场导致的磁通,即

$$\Phi=\Phi_1+\Phi_2=\Phi_{11}+\Phi_{12}+\Phi_{21}+\Phi_{22}$$

此时两线圈的磁通的正方向都为向上方向，且此时两线圈在自身及另一线圈内部产生的磁场方向也都为向上方向。因此

$$\Phi_{11}=L_1I,\Phi_{12}=MI,\Phi_{21}=MI,\Phi_{22}=L_2I$$

故

$$\Phi=L_1I+L_2I+2MI$$

因此，回路总自感系数为

$$L=\frac{\Phi}{I}=L_1+L_2+2M$$

这种两线圈磁场互相增强的情况，我们称两个线圈是顺接的。

若将 b、d 两端连接，则整个回路的方向为 $abdc$ 方向。设回路中通过电流 I 时，在 ab 环中由 a 到 b，在 cd 环中由 d 到 c，此时两线圈产生的磁场是互相削弱的，即 ab 线圈产生磁通的正方向向上，而 cd 线圈产生磁通的正方向向下。两线圈产生的磁场在另一线圈中产生的磁通都和另一线圈本身磁通方向相反。因此

$$\Phi_{11}=L_1I,\Phi_{12}=-MI,\Phi_{21}=-MI,\Phi_{22}=L_2I$$

故

$$\Phi=\Phi_{11}+\Phi_{12}+\Phi_{21}+\Phi_{22}=L_1I+L_2I-2MI$$

因此，回路总自感系数为

$$L=\frac{\Phi}{I}=L_1+L_2-2M$$

这种情况我们称两个线圈是反接的。

4. 磁场的能量(Magnetic energy)

在静电学中我们讲述了电场或电荷系统具有能量。同样，磁场也具有能量。我们通过一个电感电路来讨论一下磁场能量的问题。

在自感的相关内容我们讲过，像螺线管这类器件连接在电路中时，当电路中的电流发生变化时，由于自感效应器件两端会产生较高的感应电动势。我们将这种器件称为自感器件，或简称电感(Inductor)。

如图 5－21 所示，对一包括电源、电阻和电感的电路，当开关闭合后，电路中电流逐渐变化，经足够长时间后达到稳恒电路的情况。在过程中任何时刻，有

$$\varepsilon-L\frac{\mathrm{d}i}{\mathrm{d}t}=iR$$

其中：ε 为电源的电动势；L 为电感器件的自感系数；R 为电阻阻值；i 的正方向为顺时针方向。

将上式变化一下，可得

$$\varepsilon i\mathrm{d}t=i^2R\mathrm{d}t+Li\mathrm{d}i$$

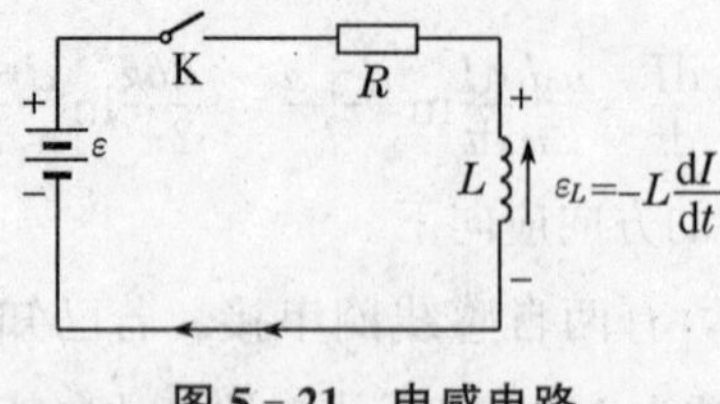

图 5－21　电感电路

显然，式中左侧为 $\mathrm{d}t$ 时间内电源所做的功，即电源所供给的能量。右侧第一项表示 $\mathrm{d}t$ 时间内电阻上产生的焦耳热。由此式可知，$\mathrm{d}t$ 时间内电源做功一部分转化成焦耳热损耗掉，另一部分 $Li\mathrm{d}i$ 又转化成什么形式的能量了呢？我们知道，由于电感的存在，在电流增长过程中电感上会出现与电流反向的感应电动势。因此，电流要克服感应电动势做功，从而使一部分能量转化为电流所激发的磁场的

能量。式中 $Li\mathrm{d}i$ 表示 $\mathrm{d}t$ 时间内电流克服感应电动势做功所转化的磁场能。当电流达到稳定值 I_0 后，磁场能量 W_m 为

$$W_\mathrm{m}=\int_0^{I_0}Li\,\mathrm{d}i=\frac{1}{2}LI_0^2$$

即当电路中通有大小为 I_0 的电流时，电路中的电感上储存的磁场能为 $\frac{1}{2}LI_0^2$。

5. RL 电路

我们在前面的章节中介绍了含电容器的电路充放电的暂态过程。对于含电感器件的电路，由于电感器件在电路中电流发生变化时器件两端会产生感应电动势，从而影响整个电路的电流变化情况，使电流通常需要经过一段时间才能达到稳定值。因此，对包含电感的电路，也可以计算其暂态过程。

图 5 - 22 所示为一 RL 电路。当把开关打到 1 处，电源接入电路，电感上电流逐渐增加；当把开关打到 2 处，电源从电路断开，电感和电阻直接构成回路，电感上电流逐渐减小。我们来具体计算一下在不同情况下电路中电流随时间变化的情况。

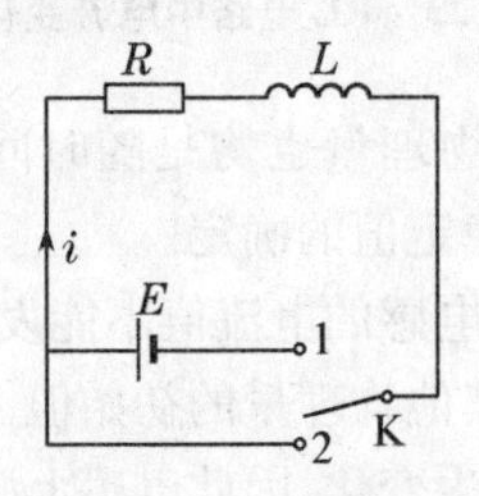

图 5 - 22　RL 电路

设电流参考方向为顺时针方向。当把开关打到 1 处时，电源接入电路，由于自感的作用，电流不能瞬间从 0 变到稳定值 $I_0=\frac{E}{R}$，电路中电流是逐渐增大的，在电感器件上会产生和电流方向相反的感应电动势。回路中的总电动势为 $E-L\frac{\mathrm{d}i}{\mathrm{d}t}$。由欧姆定律，有

$$E-L\frac{\mathrm{d}i}{\mathrm{d}t}=iR$$

将上式整理一下，可得

$$\frac{\mathrm{d}i}{\frac{E}{R}-i}=\frac{R}{L}\mathrm{d}t$$

考虑到初始条件：$t=0$ 时 $i=0$，对上式两边积分，有

$$\int_0^i\frac{\mathrm{d}i}{\frac{E}{R}-i}=\int_0^t\frac{R}{L}\mathrm{d}t$$

可推导得

$$i=\frac{E}{R}(1-\mathrm{e}^{-\frac{R}{L}t})=\frac{E}{R}(1-\mathrm{e}^{-\frac{t}{\tau}})$$

即电流随时间做指数型的变化。式中 $\tau=\frac{L}{R}$ 称为回路的时间常数，和电流变化的快慢有关。时间常数 τ 越大，电流趋近稳定值越慢；时间常数 τ 越小，电流趋近稳定值越快。

当开关打到 2 处时，有类似的推导方法。电路中没有电源，电感上电流逐渐减小，在电感上产生感应电动势。由欧姆定律，有

$$-L\frac{\mathrm{d}i}{\mathrm{d}t}=iR$$

考虑到初始条件：$t=0$ 时 $i=I_0=E/R$，可得到

$$\int_{I_0}^{i}\frac{\mathrm{d}i}{i}=\int_0^t-\frac{R}{L}\mathrm{d}t$$

可求得

$$i=I_0\mathrm{e}^{-\frac{R}{L}t}=I_0\mathrm{e}^{-\frac{t}{\tau}}$$

即电流也是随时间做指数型的变化。两种情况下，电流随时间变化的函数图像如图 5－23 所示。

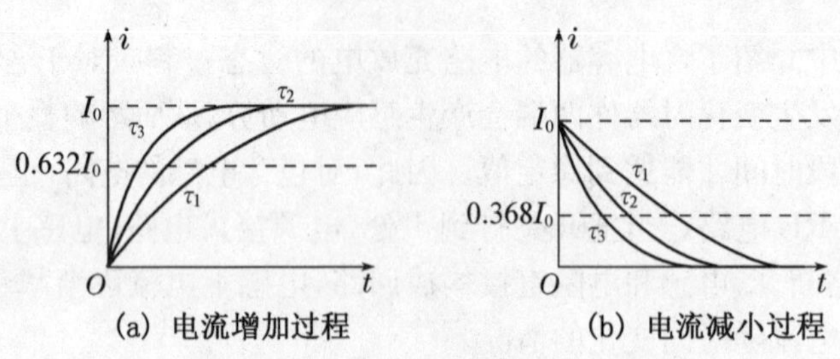

图 5－23　RL 电路中电流变化情况

对 RL 电路，和 RC 电路类似，所有物理量也均是随时间从初始值向稳定值做指数型的趋近变化，关键也在于在不同情况下初始值和稳定值的确定。

对电感电路，由于电感的特点，通过电感的电流值不能发生突变，即在初始时通过电感的电流要和之前是一样的，再由此电流可以求出其他物理量的初始值。对电感电路，电路稳定后相当于稳恒电路，此时电路中电流稳定，不随时间再发生变化，因此电感上感应电动势为零，电感器件相当于短路的作用，然后由电路具体情况求解出各物理量的稳定值。

6. LC 振荡电路

若将已充电的电容器两极板用完全没有自感的导线(电阻)连接，电容器将放电，到两极板电势相等时，放电结束，电流也变为零。但若是将此电容器用一自感器件相连，情况就会完全不一样。如图 5－24 所示，开始时电容器两极板带电，电路中电流为零。当开关闭合后，电容器开始放电，电路中电流逐渐增加，当放电过程达到两极板电势相等的一瞬间，此时电路中电流达到最大值，而电感上的感应电动势却要使这一电流维持下去，因而发生电容器极板的反向充电。然后电路中电流逐渐减小，但电容器极板上的带电量却逐渐增大。经过一段时间后，电流减小到零，但电容器两极板却带有和初始时符号相反的电荷。然后又开始反向放电，电容器两极板电势差为零时电路电流值又达到最大，再对电容器极板充电，电流再为零时，电容器两极板又回到初始时所带电荷的情况。这一过程就类似于弹簧振子一样，会发生周期性的变化。从能量的角度看，能量在电容器充电后具有的电能和电感通电流时具有的磁场之间相互转化，若电路中没有电阻导致能量损耗，电能和磁能的总量守恒，这一振荡将一直持续下去。

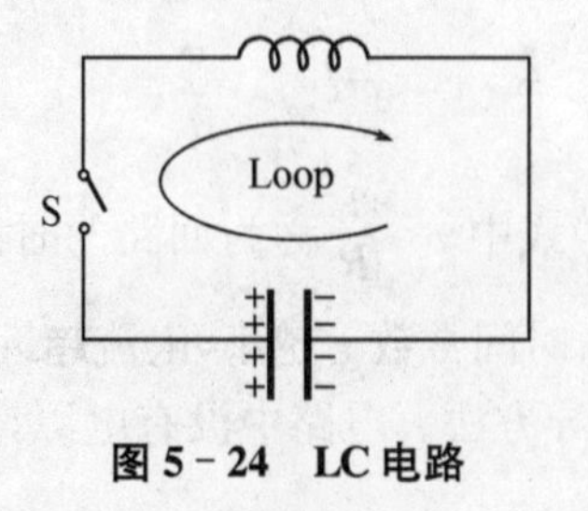

图 5－24　LC 电路

我们具体求解一下其中的关系。如图 5-24 所示,对此电路,由基尔霍夫方程,自感电动势与两极板间电势差有如下关系

$$L\frac{\mathrm{d}i}{\mathrm{d}t}+\frac{q}{C}=0$$

由于 $i=\frac{\mathrm{d}q}{\mathrm{d}t}$,方程可变化为

$$\frac{\mathrm{d}^2q}{\mathrm{d}t^2}+\frac{1}{LC}q=0$$

类比于我们在力学中简谐振动中的方程,可以知道,此方程的解为

$$q=Q_0\cos(\omega t+\varphi)$$

其中:$\omega=\sqrt{\frac{1}{LC}}$,即电容器极板上电荷随时间做余弦函数形式的变化;$Q_0$ 为电容器上电荷的最大值,称为电荷振幅;φ 为初始时刻的相位,称为初相。Q_0 和 φ 都由初始条件决定。振荡圆频率为 $\omega=\sqrt{\frac{1}{LC}}$,周期为 $T=2\pi\sqrt{LC}$。

电路中电流:

$$i=\frac{\mathrm{d}q}{\mathrm{d}t}=-\omega Q_0\sin(\omega t+\varphi)=-I_0\sin(\omega t+\varphi)$$

是一振幅为 $I_0=\omega Q_0$ 的正弦函数,振荡频率和周期与电容器极板上电荷 q 振动的频率和周期相同,即 LC 电路为一电荷的简谐振动的电路。

在振动过程中的任一时刻,电容器上储存的电能为

$$W_\mathrm{e}=\frac{q^2}{2C}=\frac{Q_0^2}{2C}\cos^2(\omega t+\varphi)$$

此时自感器件内的磁场能为

$$W_\mathrm{m}=\frac{Li^2}{2}=\frac{L\omega^2Q_0^2}{2}\sin^2(\omega t+\varphi)$$

则电路中任何时刻的总能量为(注意 $\omega=\sqrt{\frac{1}{LC}}$)

$$\begin{aligned}W=W_\mathrm{e}+W_\mathrm{m}&=\frac{Q_0^2}{2C}\cos^2(\omega t+\varphi)+\frac{L\omega^2Q_0^2}{2}\sin^2(\omega t+\varphi)\\&=\frac{Q_0^2}{2C}[\cos^2(\omega t+\varphi)+\sin^2(\omega t+\varphi)]=\frac{Q_0^2}{2C}\end{aligned}$$

故总能量保持不变。

7. 麦克斯韦方程组(Maxwell's equations)

我们在静电学和静磁学中各自讲述了真空中的静电场和静磁场所各要满足的两个方程,即各自的高斯定理和环路定理。

$$\oint_S \boldsymbol{E}\cdot\mathrm{d}\boldsymbol{S}=\frac{1}{\varepsilon_0}\sum_{\text{closed}}Q \qquad \oint_S \boldsymbol{B}\cdot\mathrm{d}\boldsymbol{S}=0$$

$$\oint_L \boldsymbol{E}\cdot\mathrm{d}\boldsymbol{l}=0 \qquad \oint_L \boldsymbol{B}\cdot\mathrm{d}\boldsymbol{l}=\mu_0\sum_{\text{closed}}I$$

这就是真空中静电场和静磁场所满足的基本方程。

除此之外,在本章中我们还学习了法拉第电磁感应定律,其中讲述了变化的磁场可以产生感应电场:

$$\oint_L \boldsymbol{E}_{\text{in}} \cdot \mathrm{d}\boldsymbol{l} = -\frac{\mathrm{d}\Phi}{\mathrm{d}t} = -\int_S \left(\frac{\partial \boldsymbol{B}}{\partial t}\right) \cdot \mathrm{d}\boldsymbol{S}$$

将之和静电场的环路定理结合在一起，有

$$\oint_L \boldsymbol{E} \cdot \mathrm{d}\boldsymbol{l} = -\int_S \left(\frac{\partial \boldsymbol{B}}{\partial t}\right) \cdot \mathrm{d}\boldsymbol{S}$$

式中电场 $\boldsymbol{E}$ 为包括静电场和感应电场的总电场。这样我们就得到了动态情况下的电场环路定理。

既然变化的磁场可以产生感应电场，那么我们不禁要问一个问题：变化的电场可以产生磁场吗？

我们再来看这样一个问题：在电容器充放电时，接在电容器极板上的导线上是有电流的，但电容器两极板间是没有电流的，也就是说电流在电容器处不连续了(其导致电容器两极板上的电荷变化)。

如图 5－25 所示，取一闭合曲面包围电容器的一个极板。由电流的连续性方程，有

$$\oint_S \boldsymbol{j} \cdot \mathrm{d}\boldsymbol{S} = -\frac{\mathrm{d}q}{\mathrm{d}t} = -\frac{\mathrm{d}}{\mathrm{d}t}\int_V \rho \mathrm{d}V$$

即通过此闭合曲面向外的总电流等于内部所围体积内电荷总量增量的负值。注意，在此问题中，只有导线上有电流，电容器极板间电流为零。

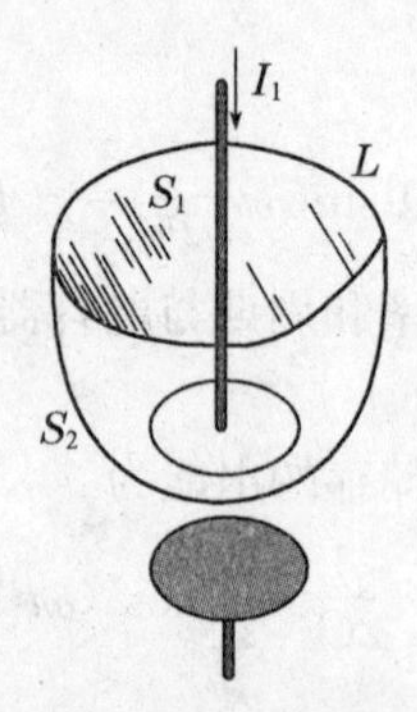

图 5－25　电容器充放电过程的电流连续性

我们要注意，电容器极板间虽然没有电流存在，但由于极板上电荷量的变化，极板间电场强度也是在发生变化的。考虑到电场的高斯定理，对上述的闭合曲面，有

$$\oint_S \boldsymbol{E} \cdot \mathrm{d}\boldsymbol{S} = \frac{1}{\varepsilon_0}\int_V \rho \mathrm{d}V$$

结合电流连续性方程，有

$$\oint_S \boldsymbol{j} \cdot \mathrm{d}\boldsymbol{S} + \frac{\mathrm{d}}{\mathrm{d}t}\oint_S \varepsilon_0 \boldsymbol{E} \cdot \mathrm{d}\boldsymbol{S} = \oint_S \boldsymbol{j} \cdot \mathrm{d}\boldsymbol{S} + \oint_S \frac{\partial(\varepsilon_0 \boldsymbol{E})}{\partial t} \cdot \mathrm{d}\boldsymbol{S} = 0$$

或者写为

$$\oint_S \left[\boldsymbol{j} + \frac{\partial(\varepsilon_0 \boldsymbol{E})}{\partial t}\right] \cdot \mathrm{d}\boldsymbol{S} = 0$$

即 $\boldsymbol{j} + \frac{\partial(\varepsilon_0 \boldsymbol{E})}{\partial t}$ 这一物理量对任意闭合曲面的面积分为零，或者说 $\boldsymbol{j} + \frac{\partial(\varepsilon_0 \boldsymbol{E})}{\partial t}$ 这一物理量对这种情况是一个连续量。因此，我们可将这整个部分看做是一个总电流，其中 $\boldsymbol{j}$ 为实际电荷运动导致的自由电流，$\frac{\partial(\varepsilon_0 \boldsymbol{E})}{\partial t}$ 为电场变化所导致的一种等效电流，我们将之称为位移电流(Displacement current)。由此可知，对任意情况，自由电流和位移电流的总和总是连续的。因此，我们可以用总电流来写磁场的环路定理：

$$\oint_L \boldsymbol{B} \cdot \mathrm{d}\boldsymbol{l} = \mu_0 \int_S \left[\boldsymbol{j} + \frac{\partial(\varepsilon_0 \boldsymbol{E})}{\partial t}\right] \cdot \mathrm{d}\mathrm{S}$$

即空间的磁感应强度与自由电流有关，还与位移电流有关，或者说与电场强度的时间变化率有关。因此，我们也可以讲，变化的电场也可以产生磁场。

考虑了电磁场的变化，我们可将电场和磁场的方程总写为

$$\oint_S \boldsymbol{E}\cdot d\boldsymbol{S}=\frac{1}{\varepsilon_0}\int_V \rho dV \qquad \oint_S \boldsymbol{B}\cdot d\boldsymbol{S}=0$$

$$\oint_L \boldsymbol{E}\cdot d\boldsymbol{l}=-\int_S\left(\frac{\partial \boldsymbol{B}}{\partial t}\right)\cdot d\boldsymbol{S} \qquad \oint_L \boldsymbol{B}\cdot d\boldsymbol{l}=\mu_0\int_S\left[\boldsymbol{j}+\frac{\partial(\varepsilon_0 \boldsymbol{E})}{\partial t}\right]\cdot d\boldsymbol{S}$$

这一方程组描述了真空中电磁场的基本定律，称为麦克斯韦方程组。麦克斯韦方程组是对真空中的电磁场的基本规律的总结，通过这一方程组可以了解真空中电磁场的各种性质，包括电磁波的传播等内容。

注意，我们以上给出的方程组是针对真空中电磁场的情况，不包括存在电介质及磁介质的情况。包含介质情况下的麦克斯韦方程组要对以上方程做一些改进，本章节就不再论述了。

Multiple-Choice Questions

1. A conducting loop of wire that is initially around a magnet is pulled away from the magnet to the right, as indicated in the figure below, inducing a current in the loop. What is the direction of the force on the magnet and the direction of the magnetic field at the center of the loop due to the induced current?

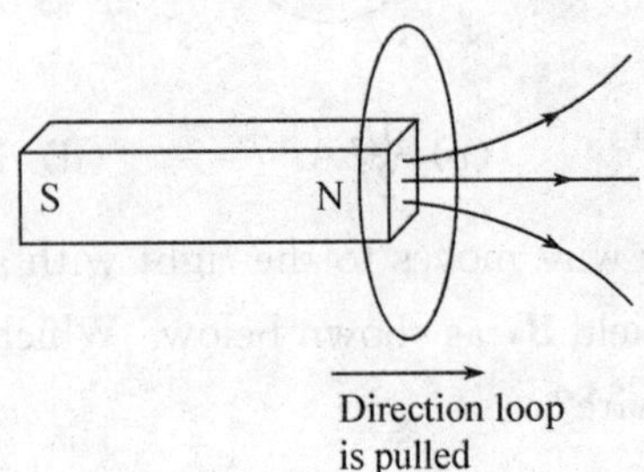

	Direction of force on the magnet	Direction of magnetic field at center of loop due to induced current
(a)	To the right	To the right
(b)	To the right	To the left
(c)	To the left	To the right
(d)	To the left	To the left
(e)	No direction; the force is zero	To the left

2. A square wire loop with side L and resistance R is held at rest in a uniform magnetic field of magnitude B directed out of the page, as shown below. The field decreases with time t according to the equation $B=a-bt$, where a and b are positive constants. The current I induced in the loop is

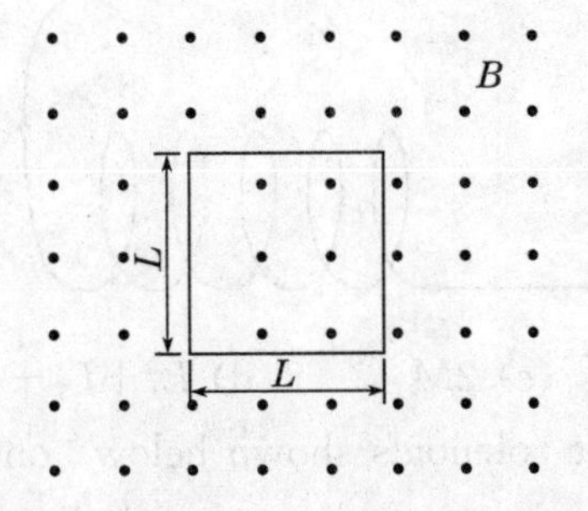

(a) zero (b) $\frac{aL^2}{R}$, clockwise

(c) $\frac{aL^2}{R}$, counterclockwise (d) $\frac{bL^2}{R}$, clockwise

(e) $\frac{bL^2}{R}$, counterclockwise

3. A circular current-carrying loop lies so that the plane of the loop is perpendicular to a constant magnetic field of strength B. Suppose that the radius R of the loop could be made to increase with time t so that $R = at$, where a is a constant. What is the magnitude of the emf that would be generated around the loop as a function of t?

(a) $2\pi Ba^2t$ (b) $2\pi Bat$ (c) $2\pi Bt$ (d) πBa^2t (e) $\frac{\pi}{3}Ba^2t^3$

4. A wire loop of area A is placed in a time-varying but spatially uniform magnetic field that is perpendicular to the plane of the loop, as shown below. The induced emf in the loop is given by $\varepsilon = bAt^{1/2}$, where b is a constant. The time-varying magnetic field could be given by

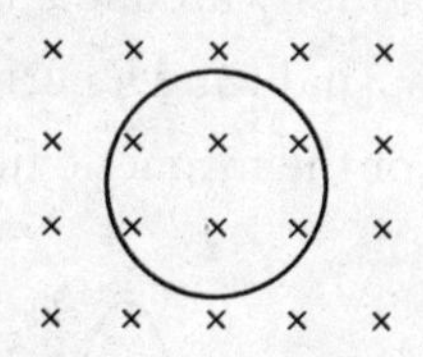

(a) $\frac{1}{2}bAt^{-1/2}$ (b) $\frac{1}{2}bt^{-1/2}$ (c) $\frac{1}{2}bAt^{1/2}$ (d) $\frac{2}{3}bAt^{3/2}$ (e) $\frac{2}{3}bt^{3/2}$

5. A vertical length of copper wire moves to the right with a steady velocity $\boldsymbol{v}$ in the direction of a constant horizontal magnetic field $\boldsymbol{B}$, as shown below. Which of the following describes the induced charges on the ends of the wire?

	Top end	Bottom end
(a)	Positive	Negative
(b)	Negative	Positive
(c)	Negative	Zero
(d)	Zero	Negative
(e)	Zero	Zero

6. Consider two coils of wire arranged as shown below. The two coils have self-inductance L_1 and L_2 and together have a mutual inductance of M. The inductance of the series assembly is

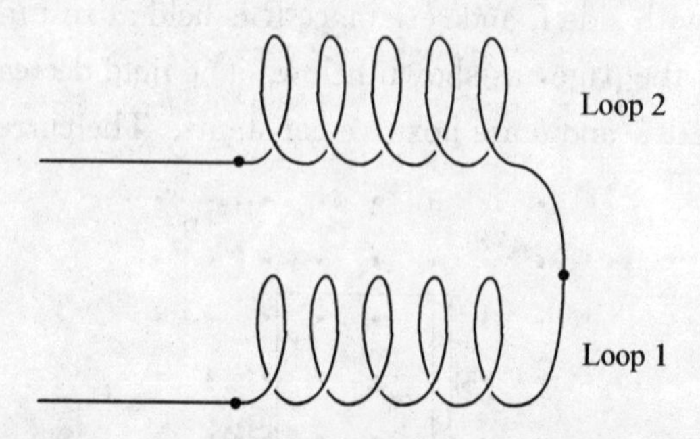

(a) L_1+L_2 (b) M (c) $2M$ (d) L_1+L_2+2M (e) L_1+L_2-2M

7. Consider the two concentric solenoids shown below, one of which is attached to a battery and a switch and the other of which is attached to a lightbulb (No current passes directly between

the two circuits). When the switch is turned on, what is expected to happen?

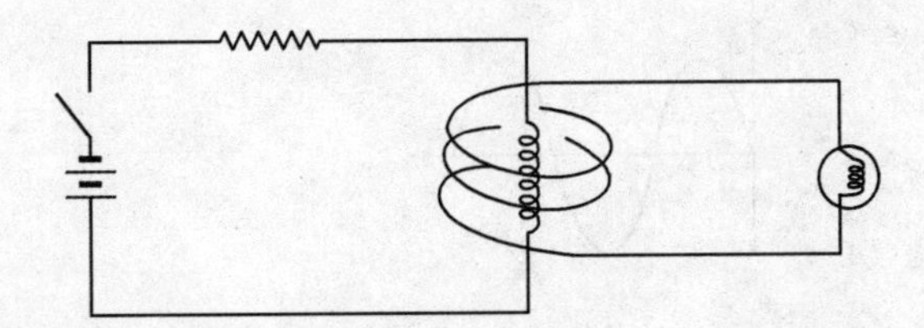

(a) No current passes through the lightbulb

(b) The intensity of the lightbulb increases and quickly reaches its maximum, final intensity

(c) The lightbulb flickers on and off with a regular frequency and constant intensity

(d) The lightbulb flickers on and off with a regular frequency and decreasing intensity

(e) The lightbulb flashes on once, and then no current passes through it

Questions 8—9 relate to the circuit represented below. The switch S, after being open for a long time, is then closed.

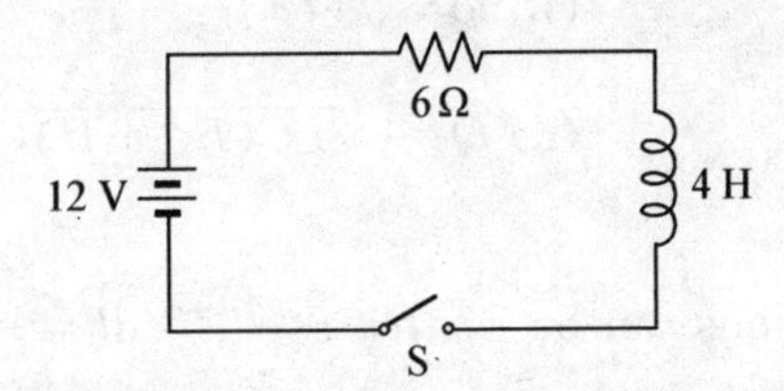

8. What is the current in the circuit after the switch has been closed a long time?

(a) 0 A (b) 1.2 A (c) 2 A (d) 3 A (e) 12 A

9. What is the potential difference across the resistor immediately after the switch is closed?

(a) 0 V (b) 2 V (c) 7.2 V (d) 8 V (e) 12 V

10. Consider the circuit shown below. The switch is closed at $t = 0$, when the capacitor is uncharged and no current is flowing through the inductor. What is the initial current that passes through the battery the instant after the switch is closed?

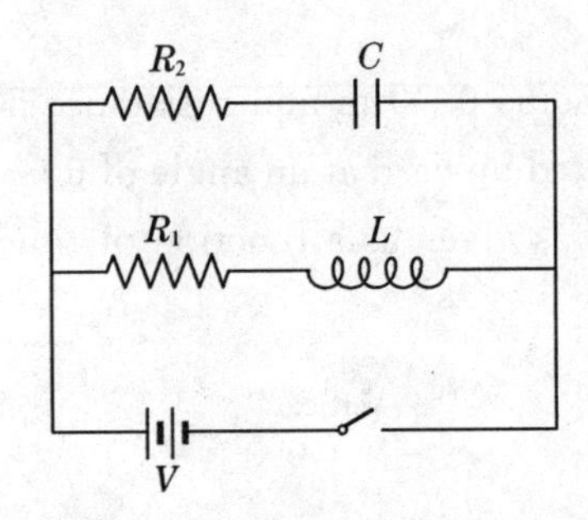

(a) $I=0$ (b) $I=\frac{V}{R_1}$ (c) $I=\frac{V}{R_2}$ (d) $I=\frac{V}{R_1+R_2}$ (e) $I=\frac{V(R_1+R_2)}{R_1R_2}$

11. What is the final current in the circuit shown in question 10?

(a) $I=0$ (b) $I=\frac{V}{R_1}$ (c) $I=\frac{V}{R_2}$ (d) $I=\frac{V}{R_1+R_2}$ (e) $I=\frac{V(R_1+R_2)}{R_1R_2}$

12. A fully charged capacitor is put in series with an inductor at time $t = 0$. The current through this LC circuit is shown below. Which graph shows the energy stored in the capacitor as a function of time?

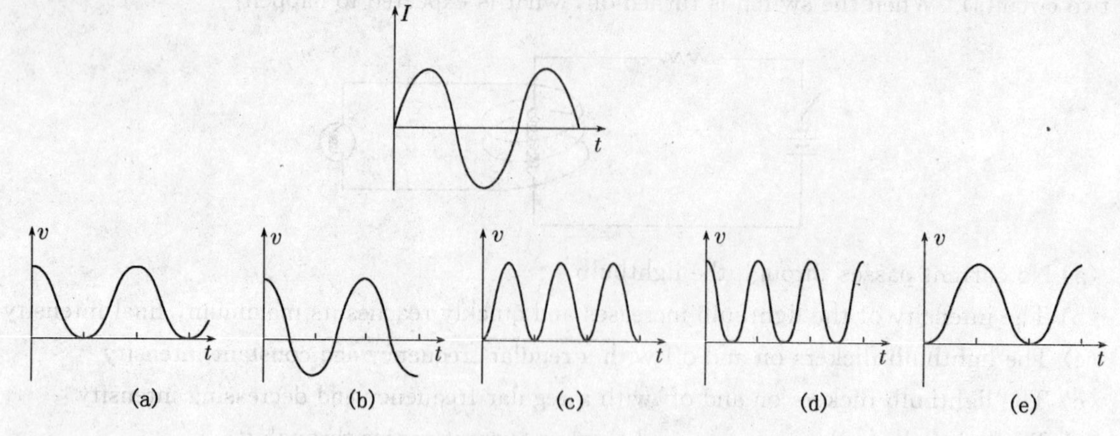

13. An LC circuit consists of a capacitor with capacitance C and an inductor of inductance L, with a maximum current of I_{max}. Which of the following functions gives the magnitude of the charge on the capacitor in terms of the current through the circuit?

(a) $Q=\sqrt{\frac{1}{2}LC(I_{max}^2-I^2)}$ (b) $Q=\sqrt{LC(I_{max}^2-I^2)}$

(c) $Q=\sqrt{2LC(I_{max}^2-I^2)}$ (d) $Q=\sqrt{2LC(I_{max}^2+I^2)}$

(e) none of the above

14. One of Maxwell's equations can be written as $\oint \boldsymbol{E}\cdot \mathrm{d}\boldsymbol{l}=-\frac{\mathrm{d}\varphi_m}{\mathrm{d}t}$. This equation expresses the fact that

(a) a changing magnetic field produces an electric field

(b) a changing electric field produces a magnetic field

(c) the net magnetic flux through a closed surface depends on the current inside

(d) the net electric flux through a closed surface depends on the charge inside

(e) electric charge is conserved

Free-Response Questions

1. A circular wire loop with radius 0.10 m and resistance 50 Ω is suspended horizontally in a magnetic field of magnitude B directed upward at an angle of 60° with the vertical, as shown below. The magnitude of the field in teslas is given as a function of time t in seconds by the equation $B=4(1-0.2t)$.

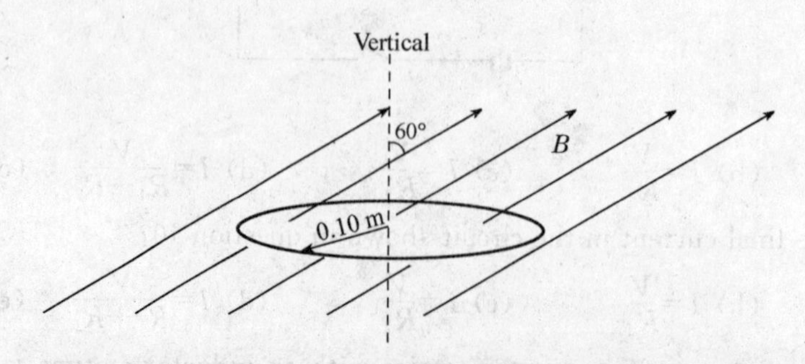

(a) Determine the magnetic flux Φ_m through the loop as a function of time.

(b) Graph the magnetic flux Φ_m as a function of time on the axes below.

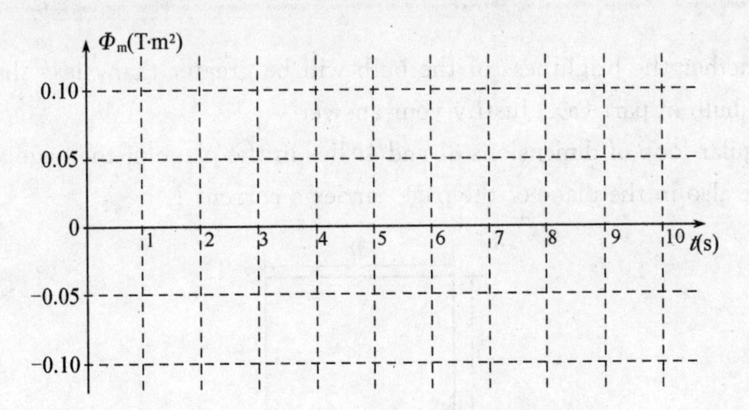

(c) Determine the magnitude of the induced emf in the loop.

(d) i. Determine the magnitude of the induced current in the loop.

ii. Show the direction of the induced current on the above diagram.

(e) Determine the energy dissipated in the loop from $t=0$ to $t=4$ s.

2. A uniform magnetic field $\boldsymbol{B}$ exists in a region of space defined by a circle of radius $a=0.60$ m as shown below. The magnetic field is perpendicular to the page and increase out of the page at a constant rate of 0. 40 T/s. A single circular loop of wire of negligible resistance and radius $r=$ 0. 90 m is connected to a lightbulb with a resistance $R=5.0\ \Omega$, and the assembly is placed concentrically around the region of magnetic field.

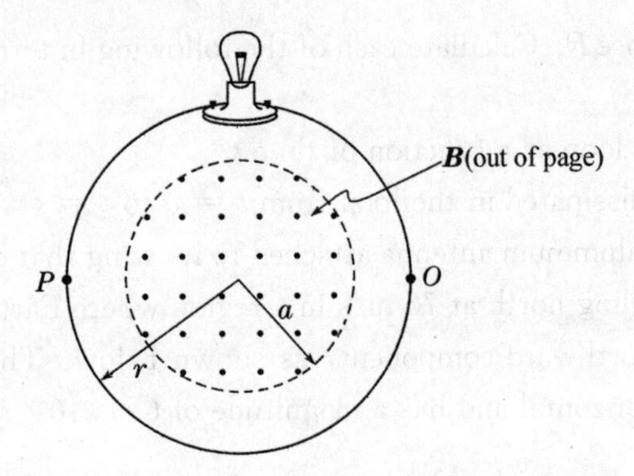

(a) Determine the emf induced in the loop.

(b) Determine the magnitude of the current in the circuit. On the figure above, indicate the direction of the current in the loop at point O.

(c) Determine the total energy dissipated in the lightbulb during a 15 s interval.

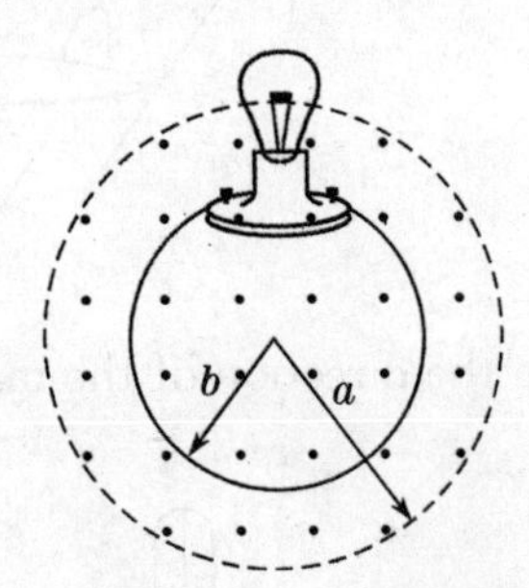

The experiment is repeated with a loop of radius $b=0.40$ m placed concentrically in the same magnetic field as before. The same lightbulb is connected to the loop, and the magnetic field again increase our of the page at a rate of 0. 40 T/s. Neglect any direct effects of the field on the lightbulb itself.

(d) State whether the brightness of the bulb will be greater than, less than, or equal to the brightness of the bulb in part (a). Justify your answer.

3. A rectangular loop of dimensions $3l$ and $4l$ lies in the plane of the page as shown below. A long straight wire also in the plane of the page carries a current I.

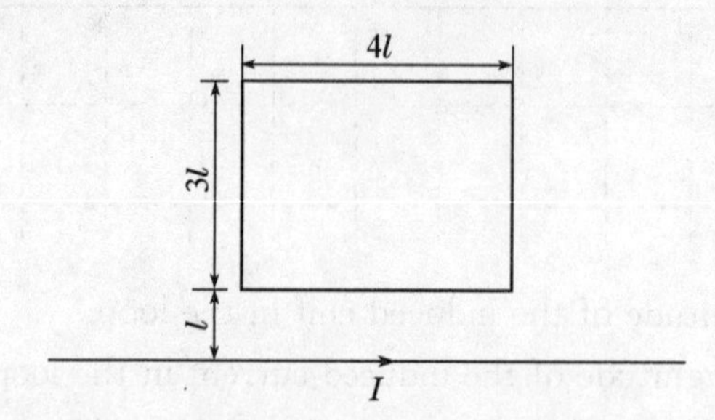

(a) Calculate the magnetic flux through the rectangular loop in terms of I, l, and fundamental constants.

Starting at time $t = 0$, the current in the long straight wire is given as a function of time t by $I(t) = I_0 e^{-kt}$, where I_0 and k are constants.

(b) The current induced in the loop is in which direction?

______ Clockwise ______ Counterclockwise

Justify your answer.

The loop has a resistance R. Calculate each of the following in terms of R, I_0, k, l, and fundamental constants.

(c) The current in the loop as a function of time t.

(d) The total energy dissipated in the loop from $t = 0$ to $t = \infty$.

4. An airplane has an aluminum antenna attached to its wing that extends 15 m from wingtip to wingtip. The plane is traveling north at 75 m/s in a region where Earth's magnetic field has both a vertical component and a northward component, as shown below. The net magnetic field is at an angle of 55 degrees from horizontal and has a magnitude of 6.0×10^{-5} T.

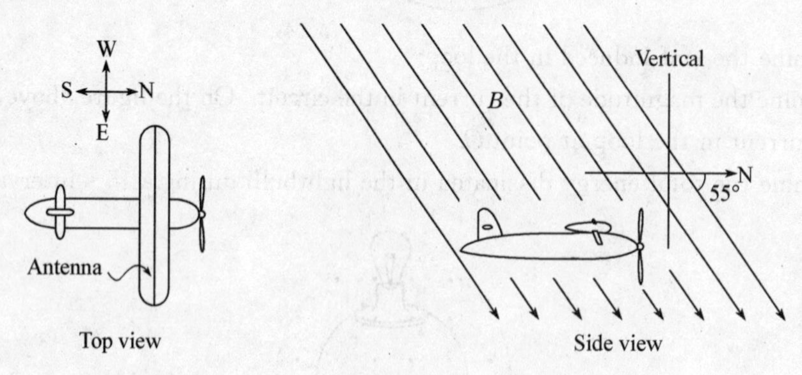

(a) On the figure below, indicate the direction of the magnetic force on electrons in the antenna. Justify your answer.

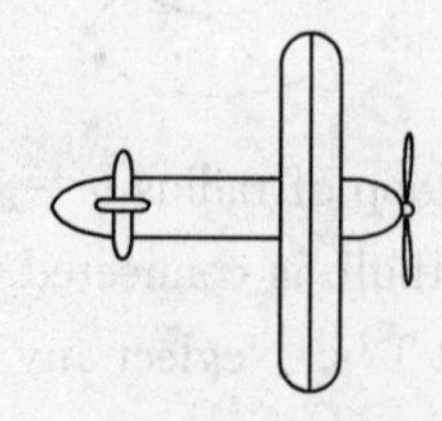

(b) Determine the magnitude of the electric field generated in the antenna.

(c) Determine the potential difference between the ends of the antenna.

(d) On the figure below, indicate which end of the antenna is at higher potential.

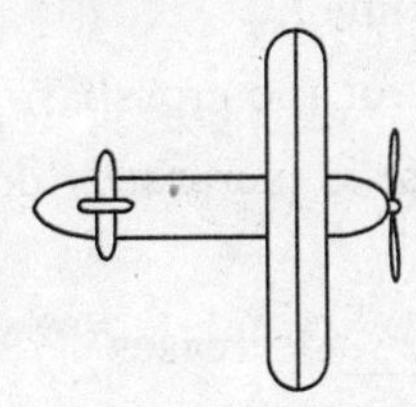

(e) The ends of the antenna are now connected by a conducting wire so that a closed circuit is formed.

i. Describe the condition(s) that would be necessary for a current to be induced in the circuit. Give a specific example of how the condition(s) could be created.

ii. For the example you gave in i. above, indicate the direction of the current in the antenna on the figure below.

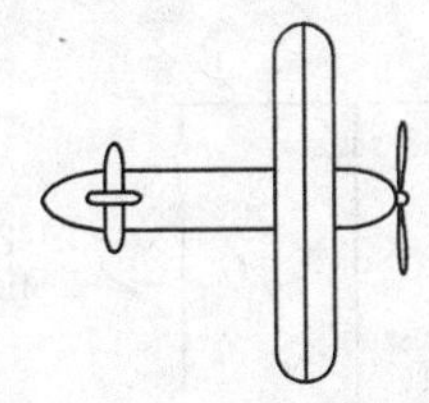

5. A closed loop is made of a U-shaped metal wire of negligible resistance and a movable metal crossbar of resistance R. The crossbar has mass m and length L. It is initially located a distance h_0 from the other end of the loop. The loop is placed vertically in a uniform horizontal magnetic field of magnitude B_0 in the direction shown in the figure below. Express all algebraic answers to the questions below in terms of B_0, L, m, h_0, R, and fundamental constants, as appropriate.

Crossbar

B_0　h_0　L

(a) Determine the magnitude of the magnetic flux through the loop when the crossbar is in the position shown.

The crossbar is released from rest and slides with negligible friction down the U-shaped wire without losing electrical contact.

(b) On the figure below, indicate the direction of the current in the crossbar as it falls. Justify your answer.

(c) Calculate the magnitude of the current in the crossbar as it falls as a function of the crossbar's speed v.

(d) Derive, but do NOT solve, the differential equation that could be used to determine the speed v of the crossbar as a function of time t.

(e) Determine the terminal speed v_T of the crossbar.

(f) If the resistance R of the crossbar is increased, does the terminal speed increase, decrease, or remain the same?

______Increases　　______Decreases　　______Remains the same

Give a physical justification for your answer in terms of the forces on the crossbar.

6. A loop of wire of width w and height h contains a switch and a battery and is connected to a spring of force constant k, as shown below. The loop carries a current I in a clockwise direction, and its bottom is in a constant, uniform magnetic field directed into the plane of the page.

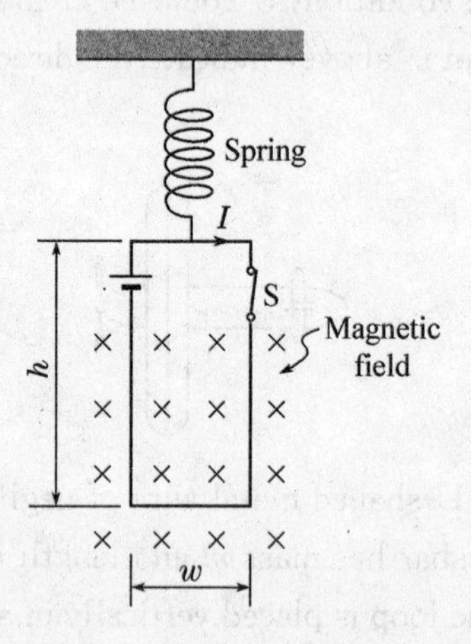

(a) On the diagram of the loop below, indicate the directions of the magnetic forces, if any, that act on each side of the loop.

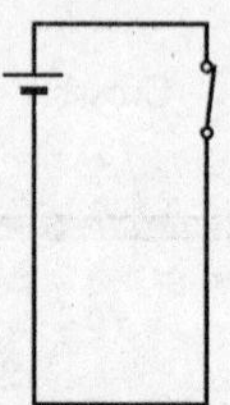

(b) The switch S is opened, and the loop eventually comes to rest at a new equilibrium position that is a distance x from its former position. Derive an expression for the magnitude B_0 of the uniform magnetic field in terms of the given quantities and fundamental constants.

(c) i. On the diagram of the new loop below, indicate the direction of the induced current in the loop as the loop moves upward.

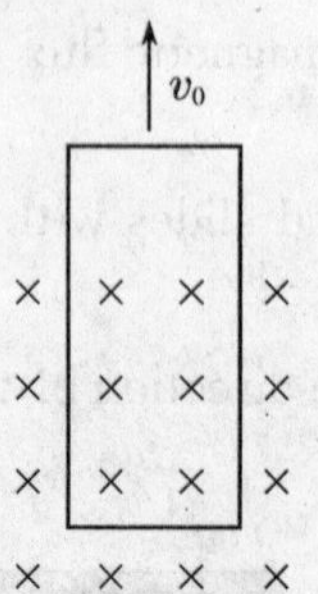

ii. Derive an expression for the magnitude of this current.

(d) Derive an expression for the power dissipated in the loop as the loop is pulled at constant speed out of the field.

(e) Suppose the magnitude of the magnetic field is increased. Does the external force required to pull the loop at speed v_0 increase, decrease, or remain the same?

____Increases ____Decreases ____Remains the same

Justify your answer.

7. In the circuit shown below, resistors 1 and 2 of resistance R_1 and R_2, respectively, and an inductor of inductance L are connected to a battery of emf ε and a switch S. The switch is closed at time $t = 0$. Express all algebraic answers in terms of the given quantities and fundamental constants.

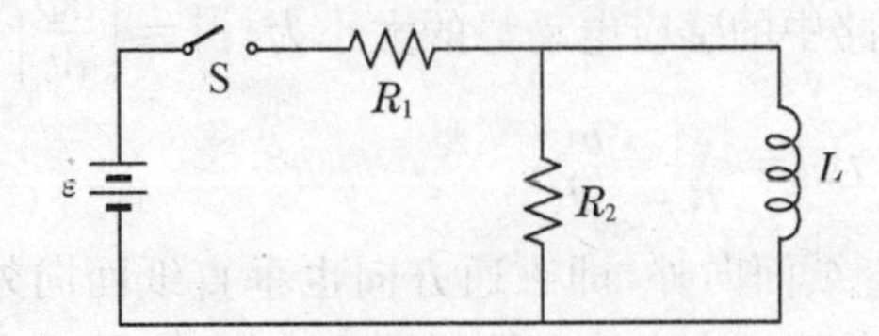

(a) Determine the current through resistor 1 immediately after the switch is closed.

(b) Determine the magnitude to the initial rate of change of current, $\frac{dI}{dt}$, in the inductor.

(c) Determine the current through the battery a long time after the switch has been closed.

(d) On the axes below, sketch a graph of the current through the battery as a function of time.

Some time after steady state has been reached, the switch is opened.

(e) Determine the voltage across resistor 2 just after the switch has been opened.

8. The circuit represented below contains a 9.0 V battery, a 25 mF capacitor, a 5.0 H inductor, a 500 Ω resistor, and a switch with two positions, S_1 and S_2. Initially the capacitor is uncharged and the switch is open.

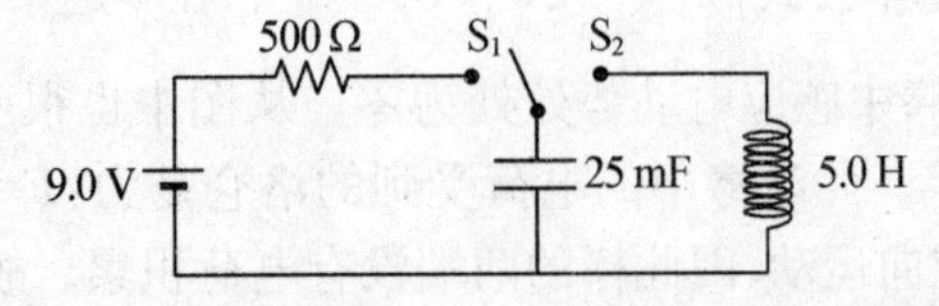

The switch is closed to position S_1 at time t_1, and then moved to position S_2 at time t_2 when the magnitude of the charge on the capacitor plate is 105 mC, allowing electromagnetic oscillations in the LC circuit.

(a) Calculate the energy stored in the capacitor at time t_2.

(b) Calculate the maximum current that will be present during the oscillations.

(c) Calculate the time rate of change of the current when the charge on the capacitor plate is 50 mC.

习题答案

Multiple-Choice

1. (a)　对磁铁产生的磁场，随与磁铁之间的距离的增加而逐渐减小。当线圈向右移动时，线圈中向右的磁通在减小。由楞次定律，应尽量减缓线圈中磁通减小的趋势。对磁铁来说，和线圈同向运动时(向右移动)，线圈中磁通减小较慢，因此可判断磁铁受到向右的力的作用。对线圈自身而言，线圈内向右的磁通减小。由楞次定律，线圈上产生的感应电流的方向应对应于产生向右磁通的方向，即线圈上产生的感应电流在线圈内部产生的磁场方向也向右。综合这两个分析，可知答案为(a)。

2. (e)　方形回路中通过的磁通为 $\Phi=\int \boldsymbol{B}\cdot \mathrm{d}\boldsymbol{S}=BS=(a-bt)L^2$。

由法拉第电磁感应定律，回路中的感应电动势的大小为 $|\varepsilon|=\left|\frac{\mathrm{d}\Phi}{\mathrm{d}t}\right|=bL^2$。

因此，回路中感应电流大小为 $I=\frac{|\varepsilon|}{R}=\frac{bL^2}{R}$。

而此时回路中磁场方向垂直纸面向外，即磁通方向也垂直纸面向外，且此磁通随时间在逐渐减小。由楞次定律，感应电流产生的磁通方向应和原磁通方向一致，即感应电流产生的磁场方向应垂直纸面向外，则此感应电流的方向为逆时针方向。

综上所述，本题答案为(e)。

3. (a)　此圆环在时刻 t 时半径为 $R=at$，面积为 $S=\pi R^2=\pi a^2t^2$，其内通过的磁通为 $\Phi=\int \boldsymbol{B}\cdot \mathrm{d}\boldsymbol{S}=BS=\pi Ba^2t^2$。由法拉第电磁感应定律，圆环上产生的感应电动势的大小为 $|\varepsilon|=\left|\frac{\mathrm{d}\Phi}{\mathrm{d}t}\right|=2\pi Ba^2t$。因此，本题答案为(a)。

4. (e)　设磁场为 B，则圆环内通过的磁通为 $\Phi=\int \boldsymbol{B}\cdot \mathrm{d}\boldsymbol{S}=BA$。由法拉第电磁感应定律，圆环上产生的感应电动势的大小为 $|\varepsilon|=\left|\frac{\mathrm{d}\Phi}{\mathrm{d}t}\right|=A\frac{\mathrm{d}B}{\mathrm{d}t}$。由题意 $\varepsilon=bAt^{1/2}$，可得到关于磁场 B 的微分方程

$$A\frac{\mathrm{d}B}{\mathrm{d}t}=bAt^{1/2}$$

分离变量，可得 $\mathrm{d}B=bt^{1/2}\mathrm{d}t$。

两边积分，可得 $B=\frac{2}{3}bt^{3/2}$。

因此，磁场随时间变化的函数为 $B=\frac{2}{3}bt^{3/2}$。故答案为(e)。

5. (e)　由动生电动势的基本公式：$\varepsilon=\int_1^2(\boldsymbol{v}\times\boldsymbol{B})\cdot \mathrm{d}\boldsymbol{l}$。在本题中，导体棒运动速度 $\boldsymbol{v}$ 和磁场 $\boldsymbol{B}$ 的方向相同，因此 $\boldsymbol{v}\times\boldsymbol{B}=0$，故棒中感应电动势处处为零。从图中也很明显看出，导体棒运动时不切割磁力线，因此感应电动势为零。此时棒中的电荷受到的洛仑兹力：$\boldsymbol{F}=q\boldsymbol{v}\times\boldsymbol{B}=0$，即棒中电荷受到洛仑兹力为零，并不产生宏观定向运动，因此棒的两端没有电荷积累。故答案为(e)。

6. (e)　若对该器件从下方线圈 1 处通入电流 I(向右)，从上方线圈 2 处流出(向左)，则从题目图中所示的线圈环绕方向可以看出，线圈 1 中电流产生的磁场在线圈 1 内部为向左方向，线圈 2 中电流产生的磁场在线圈 2 内部为向左方向，这相应的方向为各自磁通量的正方向。而根据螺线管产生磁场的特点，线圈 1 电流在线圈 2 位置处产生的磁场方向向右，在线圈 2 上产生的磁通量为负值，大小为 MI；同理，线圈 2 电流在线圈 1 上产生的磁通量也为负值，大小也为 MI。而各自线圈在本线圈中产生的磁通分别为 L_1I 和 L_2I，都为正值。因此，器件回路中的总磁通为 $\Phi_B=L_1I+L_2I-MI-$

$MI=(L_1+L_2-2M)I$。

因此，回路的总自感系数为 $L=\frac{\Phi_B}{I}=L_1+L_2-2M$。

故答案为(e)。

7. (e)　和电源直接相连接的回路为RC电路。当开关闭合后，回路电流从零开始呈指数型增加到最终电流：$I=I_0(1-e^{-t/\tau})$。其电流一开始变化较快，随后逐渐变化缓慢并趋近于最终值。另一回路中线圈的磁通和前一回路中自感器件内部的磁场成正比，即和前一回路的电流成正比，而该回路的感应电动势和磁通的变化率成正比，即和前一回路电流的变化率成正比。初始时，RC回路电流变化快，灯泡回路中有较大的感应电动势，灯泡发亮。但很快RC回路中电流的变化率变得比较缓慢，灯泡回路中的感应电动势也迅速变小趋近于零，灯泡就不再发亮了。因此，答案为(e)。

8. (c)　此电路为RL电路。当开关闭合很长时间之后，可看做稳恒电路情况，此时电感器件相当于短路的作用，即电路相当于电阻直接连接到电源上。因此，电路中的电流大小为

$$I=\frac{V}{R}=\frac{12}{6}=2(\text{A})$$

故本题答案为(c)。

9. (a)　当开关闭合瞬间时，电感上电流不能突变，还维持开关闭合之前的电流，即此时电路中电流为零，因此电阻两端的电压也为零。故答案为(a)。

10. (c)　开关闭合瞬间，对电感电路，支路中电流不能突然变化，因此初始时该支路电流为零 $I_L=0$(由题目初始条件)。对电容电路，电容上电荷不会突然变化，或者电容两端电势差不会突变，因此初始时电容两端电压为0(由题目初始条件)，此时 R_2 电阻两端电压等于电源电压 V，该支路中电流为 $I_C=\frac{V}{R_2}$。因此，通过电源的总电流为 $I=I_L+I_C=\frac{V}{R_2}$。故答案为(c)。

11. (b)　对10题电路，最终达到稳定状态之后，为稳恒电路，电路中电感器件相当于短路，而电容器件相当于断路。因此，该电路相当于只有电阻 R_1 连接到电源上，通过电源的电流为 $I=\frac{V}{R_1}$。故答案为(b)。

12. (d)　题目中给出LC回路中电流函数为 $I=I_0\sin\omega t$。在 $t=0$ 时，电路中电流为零，电路中电感储能此时为零。此时电容器上电荷最大，系统能量全储存在电容器上。因此，电容器上的电荷变化函数应为 $Q=Q_0\cos\omega t$。则电容器储能函数为 $W_e=\frac{1}{2}\frac{Q^2}{C}=\frac{1}{2}\frac{Q_0^2}{C}\cos^2\omega t$，即电容器储能的函数为 $\cos^2\omega t$ 的函数图像。因此，答案为(d)。

13. (b)　对LC电路，总能量保持不变，即电容器储能和电感上的能量之和保持不变，等于电容器的最大储能或电感上的最大储能：$\frac{1}{2}\frac{Q^2}{C}+\frac{1}{2}LI^2=\frac{1}{2}LI_{max}^2$。从此式可求得 $Q=\sqrt{LC(I_{max}^2-I^2)}$。因此，答案为(b)。

14. (a)　显然，此麦克斯韦方程左边为电场的环路积分，右边为磁通相对时间变化率的负值。其物理意义为磁通随时间变化时，环路上产生电场，即变化的磁场在空间激发电场。因此，答案为(a)。

选项(b)中变化的电场产生磁场，和题目的公式不符合。而空间闭合曲面的磁通量应为零(磁场高斯定理)，因此选项(c)是错误的。选项(d)为电场的高斯定理，通过闭合曲面的电通量和内部电荷有关，与时间变化无关，和题目方程不符合。选项(e)为电荷守恒，也和题目方程不符。

Free-Response

1. 解：(a) 此磁场为空间均匀磁场，因此圆环中通过的磁通量为

$$\Phi_m=\int \boldsymbol{B}\cdot d\boldsymbol{S}=BS\cos\theta$$

由题意，磁场随时间变化：$B=4(1-0.2t)$，圆环面积 $S=\pi R^2=\pi(0.1)^2=0.01\pi$，磁场和圆环面法向夹角 $\theta=60°$。代入磁通量公式，可得

$$\Phi_m=4(1-0.2t)\times 0.01\pi\times\cos 60°\approx 0.063(1-0.2t)(\mathrm{T\cdot m^2})$$

(b) 由(a)问中得到磁通函数 $\Phi_m=0.063(1-0.2t)$，可作函数图像如下。

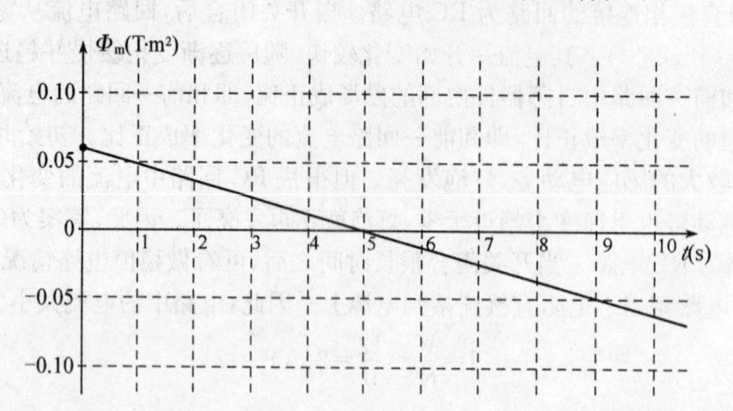

注意，函数图像为一直线，和坐标轴的交点分别为 $\Phi_m=0.063$ 和 $t=5.0$。

(c) 由法拉第电磁感应定律，有

$$\varepsilon=\frac{d\Phi_m}{dt}=\frac{d}{dt}[0.063(1-0.2t)]=-0.063\times(-0.2)\approx 0.013(\mathrm{V})$$

即线圈上的感应电动势的大小为 0.013 V。

(d) i. 由(c)问可知，圆环中感应电动势为 0.013 V，因此感应电流的大小为

$$I=\frac{\varepsilon}{R}=\frac{0.013}{50}=2.6\times 10^{-4}(\mathrm{A})$$

ii. 由楞次定律，圆环中本身磁通方向向上，且在一直减小，因此感应电流在圆环内产生的磁通(磁场)应和原磁通方向相同，也朝上方。因此，感应电流的方向如下图所示。

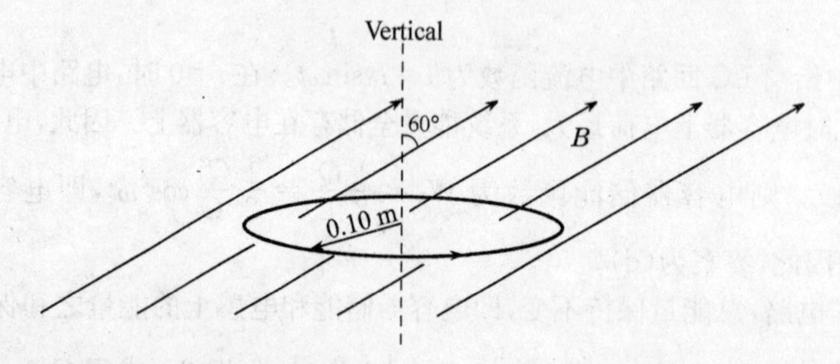

图中圆环上箭头方向即为感应电流的方向。

(e) 由(d)问中第 i 题结果可知，本题圆环上的感应电流为一恒量，因此消耗在圆环上的热功率为 $P=I^2R$。

在 $t=0$ 到 $t=4$ s 时间内，消耗在圆环上的能量为

$$U=\int P\mathrm{d}t=Pt=I^2Rt=(2.6\times 10^{-4})^2\times 50\times 4\approx 1.4\times 10^{-5}(\mathrm{J})$$

2. 解：(a) 由于磁场仅限制在半径 a 的圆周范围内，回路中通过的总磁通为

$$\Phi_m=\int \boldsymbol{B}\cdot d\boldsymbol{S}=BS=B\pi a^2$$

由法拉第电磁感应定律，回路上的感应电动势为

$$\varepsilon=-\frac{d\Phi_m}{dt}=-\pi a^2\frac{dB}{dt}=-\pi\times 0.60^2\times 0.40\approx -0.45(\mathrm{V})$$

即感应电动势的大小为 0.45 V，方向和磁场的反方向呈右手螺旋关系，也即图中的顺时针方向。

(b) 由(a)问得到回路中的感应电动势大小为 0.45 V,方向为图中的顺时针方向。因此,回路中的电流大小为

$$I=\frac{\varepsilon}{R}=\frac{0.45}{5.0}=0.090(\mathrm{A})$$

电流方向也为顺时针方向,因此在 O 点处电流方向向下。

(c) 此电流为恒定大小电流,灯泡功率:$P=I^2R$(或 $P=\varepsilon I, P=\frac{\varepsilon^2}{R}$)。

因此,在灯泡中消耗的能量为

$$U=\int P\mathrm{d}t=Pt=I^2Rt=0.090^2\times 5.0\times 15\approx 0.61(\mathrm{J})$$

(d) 当回路半径变为小于磁场半径时,此时回路中的磁通不再是整个磁场造成的磁通,而仅是回路内部磁场的磁通:$\Phi'_{\mathrm{m}}=\int \boldsymbol{B}\cdot \mathrm{d}\boldsymbol{S}=BS=B\pi b^2$。由于 $b<a$,当前回路中磁通小于前面情况下大回路中的磁通。若磁场以相同的速率变化,则小回路中磁通的时间变化率也较小,即回路中的感应电动势较小。而灯泡电阻相同,因此回路中的电流比大回路情况下小,回路中灯泡的亮度也小于之前情况下灯泡的亮度。

3. 解:(a) 载流长直导线在空间中产生的磁场大小为 $B=\frac{\mu_0 I}{2\pi r}$,其中 r 为到长直导线的距离。显然此磁场为非均匀磁场,因此矩形框中的磁通要用积分的方法计算。

参见例题 5-3(b)中的内容,将矩形框划分成很多平行于长直导线的微小长条,每个微小长条到长直导线的距离为 r,宽度为 $\mathrm{d}r$,长为 $4l$。因此,微小长条的微元面积为 $\mathrm{d}S=4l\mathrm{d}r$,长直导线在该处产生的磁场为 $B=\frac{\mu_0 I}{2\pi r}$。故该微小长条通过的磁通量为

$$\mathrm{d}\Phi_{\mathrm{m}}=\boldsymbol{B}\cdot \mathrm{d}\boldsymbol{S}=B\mathrm{d}S=\frac{\mu_0 I}{2\pi r}(4l\mathrm{d}r)=\frac{2\mu_0 Il}{\pi r}\mathrm{d}r$$

因此,整个矩形框内通过的磁通为

$$\Phi_{\mathrm{m}}=\int \mathrm{d}\Phi_{\mathrm{m}}=\int_l^{4l}\frac{2\mu_0 Il}{\pi r}\mathrm{d}r=\frac{2\mu_0 Il}{\pi}\ln\frac{4l}{l}=\frac{2\mu_0 Il}{\pi}\ln 4$$

(b) 由题意,长直导线电流大小随时间减小,而矩形框中的磁通量的大小和长直导线电流大小成正比,因此矩形框内的磁通也随时间减小。而长直导线电流方向向右,在矩形框内产生的磁场方向垂直纸面向外,矩形框中的磁通方向也垂直纸面向外。由楞次定律,磁通量减小时,回路中感应电流产生的磁场方向应和原磁通方向相同,即感应电流产生的磁场在矩形框内部为垂直纸面向外。因此,感应电流的方向为逆时针方向。

(c) 由(a)问中可得到矩形回路中的磁通:$\Phi_{\mathrm{m}}=\frac{2\mu_0 Il}{\pi}\ln 4$。

若长直导线的电流随时间发生变化,则矩形回路内磁通随时间发生变化,矩形回路中的感应电动势为

$$\varepsilon=-\frac{\mathrm{d}\Phi_{\mathrm{m}}}{\mathrm{d}t}=-\frac{\mathrm{d}}{\mathrm{d}t}\left(\frac{2\mu_0 Il}{\pi}\ln 4\right)=-\frac{2\mu_0 l}{\pi}(\ln 4)\frac{\mathrm{d}I}{\mathrm{d}t}$$

由题意可知,$I(t)=I_0\mathrm{e}^{-kt}$,则 $\frac{\mathrm{d}I}{\mathrm{d}t}=-kI_0\mathrm{e}^{-kt}$。代入感应电动势中,可得

$$\varepsilon=-\frac{2\mu_0 l}{\pi}(\ln 4)\times(-kI_0\mathrm{e}^{-kt})=\frac{2kl\mu_0 I_0}{\pi}(\ln 4)\mathrm{e}^{-kt}$$

回路中电阻为 R,因此回路中电流为

$$I=\frac{\varepsilon}{R}=\frac{2kl\mu_0 I_0}{\pi R}(\ln 4)\mathrm{e}^{-kt}$$

(d) 由(c)问可知，回路电流随时间变化的函数，则回路的热损耗功率为

$$P=I^2R=\left[\frac{2kl\mu_0 I_0}{\pi R}(\ln 4)\mathrm{e}^{-kt}\right]^2R=\frac{4k^2l^2\mu_0^2I_0^2}{\pi^2R}(\ln 4)^2\mathrm{e}^{-2kt}$$

因此，在从 $t=0$ 到 $t=\infty$ 时间范围内，电路中损耗的总能量为

$$U=\int P\mathrm{d}t=\int_0^\infty \frac{4k^2l^2\mu_0^2I_0^2}{\pi^2R}(\ln 4)^2\mathrm{e}^{-2kt}\mathrm{d}t=\frac{4k^2l^2\mu_0^2I_0^2}{\pi^2R}(\ln 4)^2\int_0^\infty \mathrm{e}^{-2kt}\mathrm{d}t$$

$$=\frac{4k^2l^2\mu_0^2I_0^2}{\pi^2R}(\ln 4)^2\left(\frac{-1}{2k}\mathrm{e}^{-2kt}\right)\Bigg|_0^\infty=\frac{4k^2l^2\mu_0^2I_0^2}{\pi^2R}(\ln 4)^2\ \frac{1}{2k}=\frac{2kl^2\mu_0^2I_0^2}{\pi^2R}(\ln 4)^2$$

4. 解：(a) 显然，飞机的运动方向($\boldsymbol{v}$ 方向)水平向右(向北)，即飞机天线上金属中的电子速度方向也是向正北方，而空间磁场 $\boldsymbol{B}$ 方向沿北偏下方。

由运动粒子受到的洛仑兹力的公式：$\boldsymbol{F}=q\boldsymbol{v}\times\boldsymbol{B}$。此时对电子，$\boldsymbol{v}\times\boldsymbol{B}$ 的方向指向正西方，但由于电子带负电，其受到的洛仑兹力的方向和 $\boldsymbol{v}\times\boldsymbol{B}$ 的方向相反。因此，电子实际受到的磁场力的方向指向正东方，如下图所示。

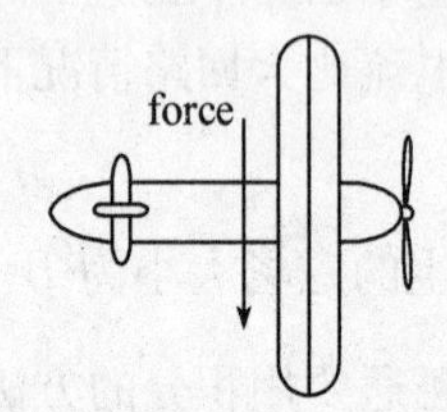

(b) 由(a)问可知，天线中电子受到指向正东方向的磁场力的作用，因此电子会在天线的东边缘聚集，则天线东部带负电，西部带正电，在天线中产生了一个电场来平衡电子受到的磁场力的作用。达到平衡状态后，电子受到的电场力的大小应该等于其受到的磁场力的大小，但方向相反，即 $q\boldsymbol{E}=-q\boldsymbol{v}\times\boldsymbol{B}$。

因此，可得电场强度的大小为

$$E=vB\sin\theta=75\times6.0\times10^{-5}\times\sin 55°\approx3.7\times10^{-3}(\mathrm{V/m})$$

(c) 在导体(天线)中电场近似为均匀电场，因此其两端的电势差为

$$V=\int\boldsymbol{E}\cdot\mathrm{d}\boldsymbol{l}=Ed=3.7\times10^{-3}\times15=0.055(\mathrm{V})$$

(d) 由(a)问可知，天线中电子受到的磁场力方向指向正东方，为使电子受力平衡，其受到的电场力应该指向正西方，而电子带负电，其受到的电场力的方向和该处电场的方向相反。因此，天线中电场的方向指向正东方。而电场强度总是从高电势指向低电势，因此飞机天线上西端的电势高，如下图标示。

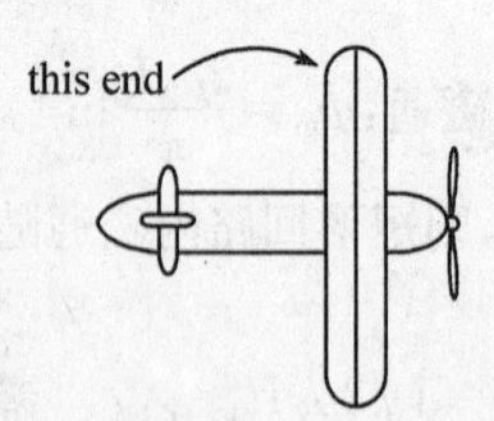

(e) i. 若要连接闭合回路，使回路中有电流通过，由电磁感应定律，回路中的磁通必需发生变化。例如固定回路使飞机改变飞行方向(和磁场角度发生变化)或使回路面积发生变化等。

ii. 如下图所示，在天线两端用导线连接，导线接到机尾方向。此时若飞机飞行方向向下方倾斜一些角度，则此回路平面和磁场间的角度逐渐减小，回路中的磁通也逐渐减小，回路中就会产生感应电流。由楞次定律，回路中磁通减少时感应电流产生的磁场方向和原磁场方向相同。因此，在天线上产生的电流方向如下图所示。

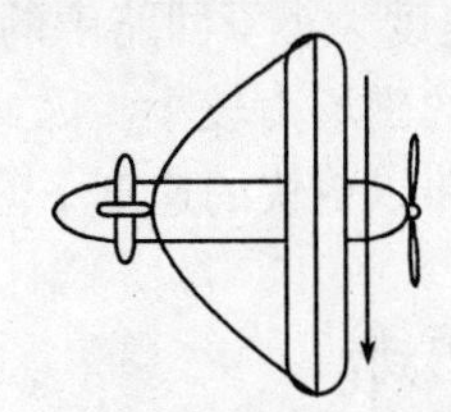

5. 解:(a) 此回路的面积为 $S=Lh_0$,回路中为均匀磁场,因此通过回路的磁通为

$$\Phi_m=\int \boldsymbol{B}\cdot d\boldsymbol{S}=BS=B_0Lh_0$$

(b) 当棒向下落时,棒中感应电流方向向右,如下图所示。

可以有以下两种方法解释其原因:

从动生电动势的观点,当棒向下运动时,棒上产生动生电动势:$\varepsilon=\int_1^2(\boldsymbol{v}\times\boldsymbol{B})\cdot d\boldsymbol{l}$,由图中速度 $\boldsymbol{v}$ 方向向下,磁场 $\boldsymbol{B}$ 方向垂直纸面向里,因此棒上感应电动势的方向向右,形成回路后,棒中的感应电流的方向也向右。这也是洛仑兹力的观点,棒中电荷运动方向向下,正电荷受到的洛仑兹力的方向即为 $\boldsymbol{v}\times\boldsymbol{B}$ 的方向,朝右方。因此,棒中正电荷在洛仑兹力的作用下向右运动,在回路中形成电流,即棒中的电流方向向右(对负电荷导电,受力方向向左,运动方向向左,但电流方向还是向右)。

也可以从回路中磁通变化的观点来看,回路中磁场方向垂直纸面向里,当棒向下落时,回路面积减小,回路中磁通量减少。由楞次定律,回路中感应电流产生的磁场方向应和原磁场方向一致,即垂直纸面向里。因此,回路中的感应电流为顺时针方向,在棒中的电流方向向右。

(c) 当金属棒距离底端的距离为 h 时,回路中的磁通量为

$$\Phi_m=\int \boldsymbol{B}\cdot d\boldsymbol{S}=BS=B_0Lh$$

当金属棒以速度 $\boldsymbol{v}$ 向下运动时,回路中的感应电动势为

$$\varepsilon=-\frac{d\Phi_m}{dt}=-\frac{d}{dt}(B_0Lh)=-B_0L\frac{dh}{dt}=-B_0L\cdot(-v)=B_0Lv$$

回路中的总电阻为 R,因此回路中的感应电流大小为

$$I=\frac{\varepsilon}{R}=\frac{B_0Lv}{R}$$

(d) 设在时刻 t,棒下落的速度大小为 v。则由(c)问可知,此时棒中通过的电流大小为 $I=\frac{B_0Lv}{R}$,方向向右。因此,载流棒受到磁场的作用力,大小为 $F_m=IBL=\frac{B_0^2L^2v}{R}$,方向由安培力公式:$\boldsymbol{F}=I d\boldsymbol{l}\times\boldsymbol{B}$ 可知,方向向上。

对金属棒,受到重力和磁场力的作用,合力为 $F_{net}=mg-F_m=mg-\frac{B_0^2L^2v}{R}$,方向向下。

因此,棒的加速度大小为 $a=\frac{F_{net}}{m}=g-\frac{B_0^2L^2v}{mR}$。

由加速度公式,可得关于速度的微分方程:$\frac{dv}{dt}=g-\frac{B_0^2L^2v}{mR}$。

(e) 棒的极限速度大小对应于其加速度为零的时刻,即金属棒受到的合力为零的时刻,即有

$$F_{net}=mg-F_m=mg-\frac{B_0^2L^2v_T}{R}=0$$

因此,可求得其极限速度为 $v_T=\frac{mgR}{B_0^2L^2}$。

(f) 若回路中电阻增加，则棒在相同速度大小下回路中的感应电动势大小相同，但大的电阻导致回路中通过的电流较小，此时作用在棒上的磁场力较小。因此，以原来的极限速度下落时，磁场力已不足以和重力平衡。要和重力平衡，需要棒以更快的速度下落，因此回路中电阻增加会导致极限速度增大。

本问也可直接由(e)问中的结果公式得到。

6. 解：(a) 由于磁场方向垂直纸面向里，由磁场力的公式 $\boldsymbol{F}=I\mathrm{d}\boldsymbol{l}\times\boldsymbol{B}$ 可知：

回路左边导线电流方向向上，受到的磁场力方向向左；

回路下边导线电流方向向左，受到的磁场力方向向下；

回路右边导线电流方向向下，受到的磁场力方向向右；

回路上边导线处在磁场外，因此不受到磁场力的作用。

具体各边受力示意图如下所示。

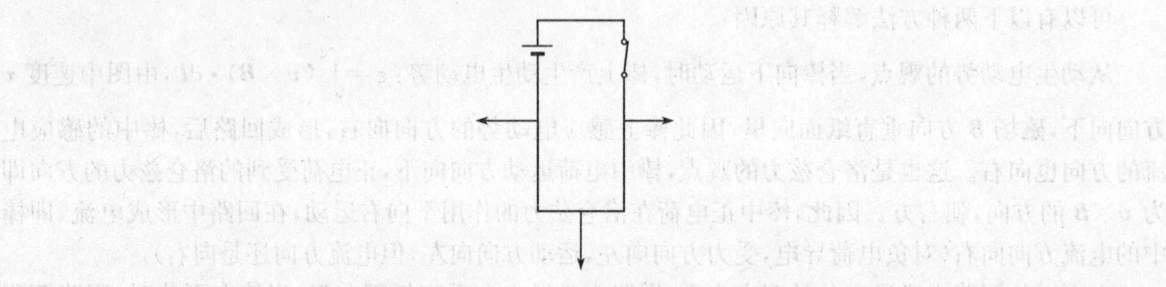

(b) 由(a)问可知，当回路中通有电流时，回路受到的磁场力的合力方向向下，大小为 $F=IwB_0$，这一作用力和达到平衡位置时弹簧被拉长增加的弹力相平衡。由题意可知，回路中没有电流时弹簧的长度和有电流情况下弹簧的长度相差了 x，即回路中有电流存在时弹簧被多拉长了 x 长度，这一长度对应的弹簧的弹力就等于作用在回路上的向下的磁场力的大小。因此，有 $IwB_0=kx$，可求得 $B_0=\dfrac{kx}{Iw}$。

(c) i. 当回路向上运动时，回路中的磁通量减少。由楞次定律，回路中感应电流产生的磁场应该和原磁场方向相同，即垂直纸面向里。因此，回路中感应电流的方向应为顺时针方向，如下图所示。

ii. 设回路下边和磁场上边缘的距离为 l，则此时回路中的磁通为

$$\Phi_{\mathrm{m}}=\int\boldsymbol{B}\cdot\mathrm{d}\boldsymbol{S}=BS=B_0wl$$

当回路向上运动时，回路中磁通减少。由法拉第电磁感应定律，此时回路中产生的感应电动势为

$$\varepsilon=-\frac{\mathrm{d}\Phi_{\mathrm{m}}}{\mathrm{d}t}=-\frac{\mathrm{d}}{\mathrm{d}t}(B_0wl)=-B_0w\frac{\mathrm{d}l}{\mathrm{d}t}=-B_0w\cdot(-v_0)=B_0wv_0$$

若回路电阻为 R，则回路中的感应电流大小为

$$I_{\mathrm{in}}=\frac{\varepsilon}{R}=\frac{B_0wv_0}{R}$$

(d) 当回路以恒定速度向上运动离开磁场时，由(c)中第 ii 题的结果可知，回路中的感应电流大

小为 $I_{in}=\frac{\varepsilon}{R}=\frac{B_0wv_0}{R}$，则回路中损耗的功率为 $P=I_{in}^2R=\left(\frac{B_0wv_0}{R}\right)^2R=\frac{B_0^2w^2v_0^2}{R}$。

(e) 当回路以速度 v_0 向上运动时，回路中产生的感应电流为 $I_{in}=\frac{Bwv_0}{R}$。通有电流的回路在磁场中受到的磁场合力为 $F_m=I_{in}wB=\frac{B^2w^2v_0}{R}$，因此外力要和磁场力平衡，则使回路以速度 v_0 向上运动的外力大小应为 $F_{ex}=F_m=\frac{B^2w^2v_0}{R}$。显然，当磁场大小增加时，这一外力也要相应增加。

7. 解：(a) 当开关闭合瞬间，电感上电流不会突然变化，即此时电感支路中电流为零($I_L=0$)，相当于电感断路。此时电路相当于两电阻串联后接到电源两端，因此电路中电流为

$$I=\frac{\varepsilon}{R_1+R_2}$$

即电阻 1 上通过的电流。

(b) 由(a)问可知，开关刚接通瞬间，电路中电流(通过 R_1 和 R_2 的电流)大小为

$$I=\frac{\varepsilon}{R_1+R_2}$$

因此，此时电阻 2 两端的电压为 $V_2=IR_2=\frac{\varepsilon R_2}{R_1+R_2}$。

此时电感两端的电压和电阻 2 两端的电压相等，即 $V_L=V_2=\frac{\varepsilon R_2}{R_1+R_2}$。

而对电感两端电压，有 $V_L=L\frac{dI}{dt}$，因此 $L\frac{dI}{dt}=\frac{\varepsilon R_2}{R_1+R_2}$。

由此可得在初始时刻电感上的电流变化率：$\frac{dI}{dt}=\frac{\varepsilon R_2}{L(R_1+R_2)}$。

(c) 当开关闭合足够长时间后，电感相当于短路，即电阻 2 两端也被短路。电路中相当于只有电阻 1 和电源连接，因此电路中总电流为 $I=\frac{\varepsilon}{R_1}$。

(d) 对 RL 电路，各物理量都是随时间从初始值向稳定值以指数变化形式趋近。而由(a)和(c)问可知，电源中通过的电流初始值为 $I_0=\frac{\varepsilon}{R_1+R_2}$，稳定值为 $I_f=\frac{\varepsilon}{R_1}$，即从一个较小的值向一个较大的值以指数变化形式趋近。因此，其随时间变化的函数图像如下图所示。

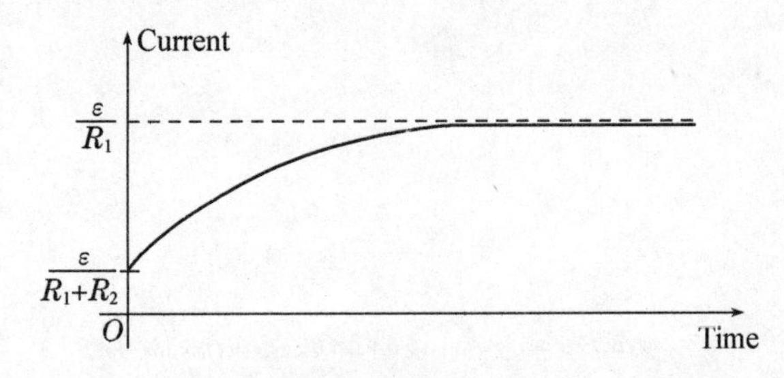

(e) 当开关闭合足够长时间之后，电路为稳定状态，电感相当于短路状态，其上通过的电流为此时主干路的电流，即 $I_L=\frac{\varepsilon}{R_1}$。

当此时开关突然打开瞬间，电感上的电流不会发生突变，即此时电感支路上电流仍为 $I_L=\frac{\varepsilon}{R_1}$。

此时电感和电阻 2 构成一个回路，因此电阻 2 上通过的电流等于电感上通过的电流，即 $I_{R_2}=I_L=\frac{\varepsilon}{R_1}$。

电阻 2 两端的电压为 $V_{R_2}=I_{R_2}R_2=\frac{\varepsilon R_2}{R_1}$。

8. 解:(a) 在 t_2 时刻,电容器上的带电量为 105 mC,即 0.105 C,则此时电容器的储能值为

$$U=\frac{1}{2}\frac{Q^2}{C}=\frac{1}{2}\times\frac{0.105^2}{25\times10^{-3}}\approx0.22(\text{J})$$

(b) 当开关打到 S_2 之后,电路为 LC 振荡电路,振荡过程中系统能量守恒。而系统总能量为初始时刻电容器上的储能,即 $U=0.22$ J。

当电流为最大时,电容器上带电量为零,此时系统所有能量储存在电感上,即

$$U=\frac{1}{2}LI_{\max}^2$$

因此,可求得电路中最大电流值为

$$I_{\max}=\sqrt{\frac{2U}{L}}=\sqrt{\frac{2\times0.22}{5.0}}\approx0.30(\text{A})$$

(c) 对 LC 振荡电路,有 $L\frac{\mathrm{d}I}{\mathrm{d}t}+\frac{Q}{C}=0$。

因此,电流变化率为

$$\frac{\mathrm{d}I}{\mathrm{d}t}=-\frac{Q}{LC}=-\frac{50\times10^{-3}}{5.0\times25\times10^{-3}}=-0.40(\text{A/s})$$

附录一 常用物理常数及单位

TABLE OF INFORMATION

CONSTANTS AND CONVERSION FACTORS

Proton mass, $m_p=1.67\times10^{-27}$ kg	Electron charge magnitude, $e=1.60\times10^{-19}$ C
Neutron mass, $m_e=1.67\times10^{-27}$ kg	1 electron volt, 1 eV$=1.60\times10^{-19}$ J
Electron mass, $m_e=9.11\times10^{-31}$ kg	Speed of light, $c=3.00\times10^{8}$ m/s
Avogadro's number, $N_0=6.02\times10^{23}$ mol^{-1}	Universal gravitational constant, $G=6.67\times10^{-11}$ $m^3/(kg\cdot s^2)$
Universal gas constant, $R=8.31$ J/(mol・k)	Acceleration due to gravity at Earth's surface, $g=9.8$ m/s^2
Boltzmann's constant, $k_R=1.38\times10^{-23}$ J/K	

1 unified atomic mass unit, 1 u$=1.66\times10^{-27}$ kg$=931$ MeV/c^2

Planck's constan, $h=6.63\times10^{-34}$ J・s$=4.14\times10^{-15}$ eV・s

$hc=1.99\times10^{-25}$ J・m$=1.24\times10^{3}$ eV・nm

Vacuum permittivity, $\varepsilon_0=8.85\times10^{-12}$ $C^2/N\cdot m^2$

Coulomb's law constant, $k=1/4\pi\varepsilon_0=9.0\times10^{9}$ $N\cdot m^2/C^2$

Vacuum permeability, $\mu_0=4\pi\times10^{-7}$ (T・m)/A

Magnetic constant, $k'=\mu_0/4\pi=10^{-7}$ (T・m)/A

1 atmosphere pressure, 1 atm$=1.0\times10^{5}$ $N/m^2$$=1.0\times10^{5}$ Pa

UNIT SYMBOLS								
	meter,	m	mole,	mol	watt,	W	farad,	F
	kilogram,	kg	hertz,	Hz	coulomb,	C	tesla,	T
	second,	s	newton,	N	volt,	V	degree Celsius,	℃
	ampere,	A	pascal,	Pa	ohm,	Ω	electron-volt,	eV
	kelvin,	K	joule,	J	henry,	H		

PREFIXES

Factor	Prefix	Symbol
10^9	giga	G
10^6	mega	M
10^3	kilo	k
10^{-2}	centi	c
10^{-3}	milli	m
10^{-6}	micro	μ
10^{-9}	nano	n
10^{-12}	pico	p

VALUES OF TRIGONOMETRIC FUNCTIONS FOR COMMON ANGLES

θ	0°	30°	37°	45°	53°	60°	90°
$\sin\theta$	0	1/2	3/5	$\sqrt{2}/2$	4/5	$\sqrt{3}/2$	1
$\cos\theta$	1	$\sqrt{3}/2$	4/5	$\sqrt{2}/2$	3/5	1/2	0
$\tan\theta$	0	$\sqrt{3}/3$	3/4	1	4/3	$\sqrt{3}$	∞

附录二 常用物理方程

ADVANCED PLACEMENT PHYSICS C EQUATIONS

MECHANICS

$v = v_0 + at$

$x = x_0 + v_0 t + \frac{1}{2}at^2$

$v^2 = v_0^2 + 2a(x - x_0)$

$\sum \boldsymbol{F} = \boldsymbol{F}_{net} = m\boldsymbol{a}$

$\boldsymbol{F} = \frac{d\boldsymbol{p}}{dt}$

$\boldsymbol{J} = \int \boldsymbol{F} dt = \Delta \boldsymbol{p}$

$\boldsymbol{p} = m\boldsymbol{v}$

$F_{fric} \leqslant \mu N$

$W = \int \boldsymbol{F} \cdot d\boldsymbol{r}$

$K = \frac{1}{2}mv^2$

$P = \frac{dW}{dt}$

$P = \boldsymbol{F} \cdot \boldsymbol{v}$

$\Delta U_g = mgh$

$a_C = \frac{v^2}{r} = \omega^2 r$

$\boldsymbol{\tau} = \boldsymbol{r} \times \boldsymbol{F}$

$\sum \boldsymbol{\tau} = \boldsymbol{\tau}_{net} = I\boldsymbol{v}$

$I = \int r^2 dm = \sum mr^2$

$\boldsymbol{r}_{cm} = \sum m\boldsymbol{r} / \sum m$

$v = r\omega$

$\boldsymbol{L} = \boldsymbol{r} \times \boldsymbol{p} = I\boldsymbol{\omega}$

$K = \frac{1}{2}I\omega^2$

$\omega = \omega_0 + \alpha t$

$\theta = \theta_0 + \omega_0 t + \frac{1}{2}\alpha t^2$

$\boldsymbol{F}_s = -k\boldsymbol{x}$

$U_s = \frac{1}{2}kx^2$

$T = \frac{2\pi}{\omega} = \frac{1}{f}$

$T_s = 2\pi\sqrt{\frac{m}{k}}$

$T_p = 2\pi\sqrt{\frac{l}{g}}$

$\boldsymbol{F}_G = -\frac{Gm_1 m_2}{r^2}\boldsymbol{r}$

$U_G = -\frac{Gm_1 m_2}{r}$

a = acceleration
F = force
f = frequency
h = height
I = rotational inertia
J = impulse
K = kinetic energy
k = spring constant
l = length
L = angular momentum
m = mass
N = normal force
P = power
p = momentum
r = radius or distance
$\boldsymbol{r}$ = position vector
T = period
t = time
U = potential energy
v = velocity or speed
W = work done on a system
x = position
μ = coefficient of friction
θ = angle
τ = torque
ω = angular speed
α = angular acceleration

ELECTRICITY AND MAGNETISM

$F = \frac{1}{4\pi\varepsilon_0}\frac{q_1 q_2}{r^2}$

$\boldsymbol{E} = \frac{\boldsymbol{F}}{q}$

$\oint \boldsymbol{E} \cdot d\boldsymbol{A} = \frac{Q}{\varepsilon_0}$

$E = -\frac{dV}{dr}$

$V = \frac{1}{4\pi\varepsilon_0}\sum_i \frac{q_i}{r_i}$

$U_E = qV = \frac{1}{4\pi\varepsilon_0}\frac{q_1 q_2}{r}$

$C = \frac{Q}{V}$

$C = \frac{\kappa\varepsilon_0 A}{d}$

$C_p = \sum_i C_i$

$\frac{1}{C_s} = \sum_i \frac{1}{C_i}$

$I = \frac{dQ}{dt}$

$U_C = \frac{1}{2}QV = \frac{1}{2}CV^2$

$R = \frac{\rho l}{A}$

$\boldsymbol{E} = \rho \boldsymbol{J}$

$I = Nev_d A$

$V = IR$

$R_s = \sum_i R_i$

$\frac{1}{R_p} = \sum_i \frac{1}{R_i}$

$P = IV$

$\boldsymbol{F}_M = q\boldsymbol{v} \times \boldsymbol{B}$

$\oint \boldsymbol{B} \cdot d\boldsymbol{l} = \mu_0 I$

$d\boldsymbol{B} = \frac{\mu_0}{4\pi}\frac{I d\boldsymbol{l} \times \boldsymbol{r}}{r^3}$

$\boldsymbol{F} = \int I d\boldsymbol{l} \times \boldsymbol{B}$

$B_s = \mu_0 n I$

$\Phi_m = \int \boldsymbol{B} \cdot d\boldsymbol{A}$

$\varepsilon = -\frac{d\Phi_m}{dt}$

$\varepsilon = -L\frac{dI}{dt}$

$U_L = \frac{1}{2}LI^2$

A = area
B = magnetic field
C = capacitance
d = distance
E = electric field
ε = emf
F = force
I = current
J = current density
L = inductance
l = length
n = number of loops of wire per unit length
N = number of charge carriers per unit volume
p = power
Q = charge
q = point charge
R = resistance
r = distance
t = time
U = potential or stored energy
V = electric potential
v = velocity or speed
ρ = resistivity
Φ_m = magnetic flux
κ = dielectric constant